普·通·高·等·教·育·教·材

Python
新思维教程

张基温　编著

化学工业出版社

·北京·

内容简介

本书旨在打造一本彰显 Python 的亮点、有深度地讲清其概念的教材。全书共 6 章。第 1 章为 Python 编程生态，在为全书学习奠定基础的同时，重点是要在读者心目中筑牢 Python 以对象为程序主角的"一切皆对象"思想。第 2～4 章分别介绍 Python 结构化编程基础、函数式编程，以及基于类的编程。第 5 章为 Python 容器操作，介绍 Python 面向应用的数据结构基础——容器。第 6 章为 Python 开发举例，通过数据库访问、数据处理、WWW 访问和 GUI 编程，介绍本书倡导的应用开发重在熟悉领域知识的思想。

本书结构合理、概念精准，并提供了一些有助于教学的机制，例如，习题按大节组织，以便针对性更强；用二维码扩展知识范围；每篇有一张思维导图等，供学习者学前了解本篇知识概况，学后进行知识与思路整理。还提供了 PPT 和教学参考大纲。

本书适合高等学校计算机科学与技术、电子信息工程、自动化及通信工程等专业师生选用，也可供想学习 Python 编程语言的读者自学使用。

扫码获取资源

图书在版编目（CIP）数据

Python 新思维教程 / 张基温编著. -- 北京 : 化学工业出版社，2025. 5. --（普通高等教育教材）.
ISBN 978-7-122-47339-4
Ⅰ．TP312.8
中国国家版本馆 CIP 数据核字第 2025N7X852 号

责任编辑：周　红
文字编辑：袁　宁
责任校对：李雨晴
装帧设计：王晓宇

出版发行：化学工业出版社
　　　　　（北京市东城区青年湖南街 13 号　邮政编码 100011）
印　　装：河北尚唐印刷包装有限公司
787mm×1092mm　1/16　印张 15¾　字数 382 千字
2025 年 6 月北京第 1 版第 1 次印刷

购书咨询：010-64518888　　　　　售后服务：010-64518899
网　　址：http://www.cip.com.cn
凡购买本书，如有缺损质量问题，本社销售中心负责调换。

定　　价：69.00元　　　　　　版权所有　违者必究

前言 PREFACE

计算机是人类思维的辅助工具，并依靠程序设计语言来与人沟通、交流。随着计算机的发展和应用的深化，程序设计语言在竞争中不断发展，推陈出新，呈现出琳琅满目的景象。据统计，迄今已经开发出了超过 2500 种的高级程序设计语言。曾几何时，在长期的"明争暗斗"中，在 TIOBE 的擂台上，C、Java、C++ 一直垄断着前三霸的地位。许多程序设计语言也曾经想冲击这个位置，却一直无功而返。但这一局面却在近年被荷兰的吉多·范罗苏姆（Guido van Rossum）于 1989 年圣诞节假期为打发无聊的时光而创作出来的 Python 打破了。如图 0.1 所示，从 2018 年开始，Python 就疾步攀升，并从 2022 年起便将 TIOBE 擂台上首席霸主的金腰带牢牢握在手中。

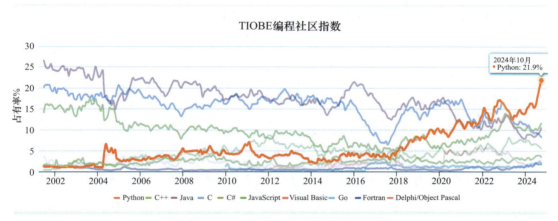

图 0.1　Python 在 TIOBE 中的排名变化情况

Python 的成功并非偶然。它之所以能得到广泛的青睐，是因为大众被它的特点所吸引。但是，不同的人对同一件事物会有不同的感觉。下面是本书作者的刍荛之见。

1. Python深厚的"一切皆对象"

现在，多数高级程序设计语言都祭起了"一切皆对象"的大旗。Python 虽也如此，但比其他语言覆盖面要宽泛得多，寓意要深刻得多。一个突出的特点是，在 Python 程序中以对象作为主角，具有 ID、type、应用属性和引用计数器；变量只作为角色的名字。这样就增加了内存管理的自动化程度，降低了内存泄漏和内存溢出的概率，有助于提高程序的稳定性、安全性。

2. 基于不变性原则和第一类对象的函数式编程

Python 基于类型将大部分数据对象定义为不可变类型，并配合有效的作用域法则，大大提高了程序的安全性，有力地支持了函数式编程。同时将函数定义为第一类对象，使函数既可以作为参数，也可以作为返回值。在这两大机制支持下的 Python 函数式编程，彰显出极有特色的模式，将程序代码转换成数学推演形式的同时，做到了逻辑严密，易于理解，方便管理，便于并发，可以热升级。

3. 具有多层抽象和多样灵活性的面向对象编程范式

封装、继承、多态是面向对象编程的三大基本特性。Python 除了支持这三大基本特性外，还通过多层抽象，以及魔法方法和魔法属性等多种灵活性机制，将面向对象的抽象和多态发挥得淋漓尽致。

4. 良好的程序开发生态

Python 提供了丰富的程序开发资源，并将这些资源分为三级：
① 可以直接使用的内置资源（常量、属性、函数和方法）。
② 需导入才可使用的标准库模块。
③ 需安装、导入才可使用的第三方扩展库模块。

本书旨在彰显 Python 的亮点，讲清它的本质。为此，将有关内容组织成如下六章。

第 1 章以 Python 编程生态为题，介绍 Python 的一些基础知识，为后续学习打下基础。其中最为重要的是筑牢 Python 程序设计以对象为主角的意识。Python 最著名的标签是"一切皆对象"。这个标签别的程序设计语言也用过，但是，那里的"一切皆对象"的背后是变量唱主角。而 Python 的一切皆对象的背后是对象唱主角。

第 2、3、4 三章，分别介绍 Python 结构化编程基础、Python 函数式编程和 Python 基于类的编程。通过这三章的学习，才能真正理解为什么说 Python 是一种多范型的程序设计语言。

第 5 章以 Python 容器操作为题，介绍 Python 具有特色的、面向应用的基本数据结构和应用。著名计算机科学家沃斯有一本名著《算法 + 数据结构 = 程序》，他把数据结构与算法并列为程序的两大核心元素，说明了数据结构的重要性。这个思想对程序开发，乃至整个计算机科学产生了极大影响。Python 提供的字符串、元组、列表、字典、集合和文件，不仅具有广泛的实际应用价值，还进一步构造出现代数据结构的基本构件和工具。它们各自提供了不同的特性和用途，可以帮助开发者高效地管理和操作数据。

第 6 章通过数据库访问、数据处理、WWW 访问和 GUI 编程 4 个基本应用方向，介绍基于库（标准库或扩展库）进行软件开发的基本思路。

为向学习者提供更好的学习环境，本书除了在正文中准确地介绍有关概念、方法，选择经典例题外，还配有习题，供学习者对学习成果进行测试。习题的题型有选择题、判断题、填空题、简答题、代码分析题、实践题等。

此外，本书为了兼顾教学课时安排，将一部分章节标以星号。这部分内容，课时少的教学可以省略，仅供阅读参考。

在本书出版之际，谨向给予本人热情支持和大力帮助的江南大学物联网工程学院原党委书记杨慧中教授深表谢意；并深情期望读者不吝直率地提出批评意见和建议，以期更准确地传播 Python 概念，实现良好的社会效应。

张基温
2024年8月于锡蠡溪苑

第 1 章 Python 编程生态

- 1.1 Python 编程要素 002
  - 1.1.1 程序设计语言的级别 002
  - 1.1.2 Python 程序的运行方式与 IDLE 004
  - 1.1.3 对象、标识符与 Python 命名规则 005
  - 1.1.4 运算符与表达式 006
  - 1.1.5 语句与代码封装体 007
  - 1.1.6 注释与良好的程序设计风格 009
  - 习题 1.1 011
- 1.2 Python 对象 012
  - 1.2.1 Python 对象的 ID、类型和应用属性 012
  - 1.2.2 Python 数值类型和 bool 类型 014
  - 1.2.3 Python 容器类型 016
  - 习题 1.2 018
- 1.3 Python 变量 018
  - 1.3.1 Python 变量是名字型变量 019
  - 1.3.2 Python 赋名语句 020
  - 1.3.3 Python 命名空间及其表示 023
  - 1.3.4 对象的引用计数与生命周期 024
  - 习题 1.3 025
- 1.4 不变性原则：Python 的不可变对象与可变对象 026
  - 1.4.1 不变性原则 026
  - 1.4.2 赋值——程序中的主要扰动因素 026
  - 1.4.3 Python 对象的不可变类型与可变类型 027
  - 1.4.4 不可变对象的可哈希性 028
  - 习题 1.4 029
- 1.5 运算符与表达式 030
  - 1.5.1 Python 算术运算符与算术表达式 030
  - 1.5.2 布尔运算符与布尔表达式 032
  - 1.5.3 Python 表达式的计算顺序 033

1.5.4	字符串的简单操作	034
1.5.5	input() 函数	034
1.5.6	f-string 表达式	035
习题 1.5		037

1.6 Python 开发资源　038
  1.6.1　Python 的四层开发资源　038
  1.6.2　Python 模块及其导入　042
  1.6.3　Python 包及其导入　043
  习题 1.6　044

第 2 章　Python 结构化编程基础

2.1 Python 流程控制语句　046
  2.1.1　选择结构：if 语句　046
  2.1.2　重复结构：while 语句　049
  2.1.3　迭代与 iter-next 结构　051
  2.1.4　for 结构　052
  2.1.5　break 语句与 continue 语句　053
  2.1.6　for 和 while 的 else 子句　054
  2.1.7　异常处理与 try-except 语句　055
  习题 2.1　058

2.2 Python 函数　059
  2.2.1　Python 函数的定义与调用　059
  2.2.2　Python 函数返回与 return 语句　060
  2.2.3　Python 参数传递技术　062
  2.2.4　函数的递归调用　065
  2.2.5　函数嵌套　067
  习题 2.2　067

2.3 Python 命名空间及其生命周期与作用域　068
  2.3.1　Python 的四级命名空间及其生命周期　068
  2.3.2　Python 命名空间的作用域规则　068
  2.3.3　global 和 nonlocal 关键词　071
  2.3.4　用内置函数 locals() 和 globals() 获取命名空间内容　073
  习题 2.3　074

第 3 章　Python 函数式编程

- 3.1 函数式编程由来　078
  - 3.1.1 函数式编程的数学思想基础——范畴论　078
  - 3.1.2 函数式编程是 λ 演算的直接延续　079
  - 习题 3.1　079
- 3.2 Python 函数式编程基础　080
  - 3.2.1 函数是"第一等对象"　080
  - 3.2.2 纯函数与不变性原则　081
- 习题 3.2　083
- 3.3 Python 函数式编程的常用模式　083
  - 3.3.1 lambda 表达式　083
  - 3.3.2 高阶函数　084
  - 3.3.3* 函数柯里化　086
  - 3.3.4* 偏函数　086
  - 3.3.5* 生成器　088
  - 3.3.6 闭包　092
  - 3.3.7 Python 装饰器　093
  - 习题 3.3　096

第 4 章　Python 基于类的编程

- 4.1 类的定义与实例对象的构建　100
  - 4.1.1 用 class 关键词封装类对象　100
  - 4.1.2 用构造函数创建实例对象　101
  - 4.1.3 类的属性与方法　103
  - 4.1.4 类与实例对象的测试与维护　106
  - 习题 4.1　108
- 4.2 类的继承与组合　110
  - 4.2.1 父类通过继承派生子类　111
  - 4.2.2 Python 的继承路径：mro、super、object 和 type　114
  - 4.2.3* Python 类与对象的命名空间及其作用域　118
  - 4.2.4* Python 类组合　121
  - 习题 4.2　122
- 4.3 为 Python 程序增添异彩　124
  - 4.3.1 Python 魔法方法　124
  - 4.3.2 Python 魔法属性　128
  - 4.3.3* Python 类相关装饰器　130
  - 习题 4.3　132

4.4* 抽象，再抽象　　　　　　134
　　4.4.1　抽象类与 ABC　　　134
4.4.2　Python 元类　　　135
习题 4.4　　　　　　　138

第 5 章　Python 容器操作

5.1　Python 内存内置容器对象的共性操作　　　142
　　5.1.1　内存内置容器对象的创建与类型转换　　142
　　5.1.2　容器对象属性获取　　144
　　5.1.3　容器及成员关系运算　　146
　　5.1.4　容器的可迭代性操作　　146
　　5.1.5　可变对象与不可变对象的复制　　147
　　习题 5.1　　　　　　　149
5.2　序列对象操作　　　　　150
　　5.2.1　序列索引　　　　　150
　　5.2.2　序列切片与拆分　　152
　　5.2.3　序列连接与重复　　153
　　5.2.4　列表的个性化操作　153
　　5.2.5　可变对象的浅复制与深复制　　156
　　习题 5.2　　　　　　　157
5.3　Python 字符串个性化操作与正则表达式　　　159
　　5.3.1　字符串测试方法　　159
　　5.3.2　字符串搜索与定位方法　　160

5.3.3　字符串拆分与连接方法　　160
5.3.4　字符串转换与修改方法　　161
5.3.5　正则表达式与 re 模块　　162
习题 5.3　　　　　　　165
5.4　Python 字典的个性化特性　　　　　　　167
　　5.4.1　字典的特征　　　　167
　　5.4.2　字典操作符　　　　168
　　5.4.3　字典常用操作方法　168
　　习题 5.4　　　　　　　169
5.5　Python 集合的个性化特性　　　　　　　171
　　5.5.1　集合及其对象创建　171
　　5.5.2　集合属性获取与测试　172
　　5.5.3　Python 集合运算　　172
　　5.5.4　可变集合及其操作　173
　　习题 5.5　　　　　　　174
5.6* Python 文件操作　　　175
　　5.6.1　Python 文件分类　　175
　　5.6.2　文件管理与目录操作　176
　　5.6.3　数据文件操作　　　177
　　习题 5.6　　　　　　　180

第 6 章 * Python 开发举例

- 6.1　Python 数据库访问　182
  - 6.1.1　数据库与 SQL　182
  - 6.1.2　应用程序通过 ODBC 操作数据库　184
  - 6.1.3　pyodbc　186
  - 6.1.4　用 SQLite 引擎操作数据库　187
  - 习题 6.1　190
- 6.2　Python 数据处理　190
  - 6.2.1　数据处理相关概念　190
  - 6.2.2　数据处理的一般过程　193
  - 6.2.3　数据可视化与相关 Python 库　195
  - 6.2.4　Python 数据分析与 NumPy　197
  - 习题 6.2　207
- 6.3　Python WWW 访问　207
  - 6.3.1　超文本与 HTML　208
  - 6.3.2　超文本传输协议 HTTP　209
  - 6.3.3　统一资源定位符　210
  - 6.3.4　搜索引擎　211
  - 6.3.5　网络爬虫　212
  - 6.3.6　用 urllib 模块库访问网页　213
  - 习题 6.3　216
- 6.4　Python GUI 编程　217
  - 6.4.1　GUI 窗口及其原理　217
  - 6.4.2　tkinter 简介　219
  - 6.4.3　tkinter GUI 程序的基本结构　225
  - 6.4.4　tkinter 应用示例　225
  - 习题 6.4　237

参考文献

第 1 章
Python 编程生态

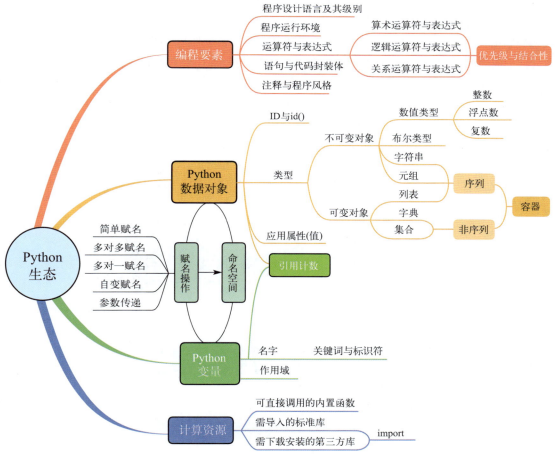

计算机的成功在于它可以自动执行程序。程序是控制计算机工作的指令集合，并且都是用人-机交流的工具——程序设计语言编制的。随着计算机技术的发展和应用的不断扩大及深入，程序设计语言也在不断发展。迄今为止，人们针对不同的应用、根据不同的思维模式、按照不同的翻译形式、在不同的层次上，已经开发出了千余种程序设计语言。在这些语言中，有的时过境迁被淘汰，有的顺应潮流不断推陈出新，有的快速发展后来居上。Python 就是近年来急起直追，不断冲击 TIOBE 程序设计语言排行榜榜首的一种程序设计语言。

1.1 Python 编程要素

1.1.1 程序设计语言的级别

从与机器工作的原理接近，还是与人的表达习惯接近看，计算机程序设计语言大体可以分为四个级别：机器语言、汇编语言、高级语言和脚本语言。

（1）机器语言（machine language）

机器语言是程序设计语言中最接近机器工作原理的语言。计算机虽然是一种非常复杂的机器，但其组成元件却是只有两个稳定状态（开与关或高电位与低电位）的开关元件，若这两个状态分别用 0 与 1 两个符号来表示，则控制它动作也就只需要 0 与 1 两个指令。这样，众多开关元件形成的复杂操作就需要多个 0 或 1 组合表示。下面是某 CPU 指令系统中的两条指令：

１０００００００　（进行一次加法运算）

１００１００００　（进行一次减法运算）

1790 年，法国机械师约瑟夫 - 玛丽·杰卡德（Joseph-Marie Jacquard，1752—1834 年）用穿孔卡片［见图 1.1（a）］替代早在东汉时就已出现的中国提花机上的花本，来控制提花过程。1803 年，计算机技术的先驱者——英国工程师查尔斯·巴贝奇（Charles Babbage，1791—1871 年）又将这一技术用于计算指令的输入。之后，人们又发明了穿孔纸带［见图 1.1（b）］。

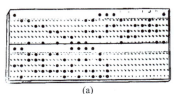
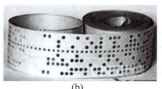

(a)   (b)

图 1.1　穿孔卡片与穿孔纸带

使用机器语言编程不仅要考虑程序的算法，还要花费大量精力打孔，以及对孔的记忆和校对，特别是还要努力理解这些 0、1 码的意思，效率很低，出错率很高，目前已经几乎不用。

（2）汇编语言

为减轻人们在编程中的劳动强度，20 世纪 50 年代中期，人们开始用一些"助记符号"来代替 0、1 码编程。如前面的两条机器指令可以写为：

A + B => A 或 ADD A，B

A - B => A 或 SUB A，B

这种用助记符号描述的指令系统，称为符号语言（semiotic language）。相对机器语言，用符号语言编程，程序的生产效率及质量都得以大幅度提高。但是符号语言指令是机器不能直接识别、理解和执行的。用它编写的程序经检查无误后，要先翻译成机器语言程序才能被机器理解、执行，这个翻译转换过程采用查表方式进行，称为汇编。所以，通常把符号语言称为汇编语言（assembly language）。将符号语言程序汇编得到的机器语言程序称为目标程序（object program），汇编之前的程序称为汇编源程序（source program）。

汇编语言与机器语言都依 CPU 的不同而异，因此将它们称为面向机器的语言。用面向机器的语言编程，可以编出效率极高的程序。但它们都依附于具体的机器，不仅限制了程序的可移植性，还需要程序员用它们编程时，熟悉机器的内部结构，并要"手工"进行存储器分配，编程劳动强度仍然很大，给计算机的普及推广造成了很大的障碍。

（3）高级语言

1954 年，人们开始开发接近人类自然语言习惯，但又消除了自然语言中二义性的程序设计语言，并将其称为高级程序设计语言（high-level language，high-level programming language），简称高级语言。例如，前面介绍的加、减两条指令在高级语言中，常用人们熟悉的数学符号代替为"+"和"−"。这样，就能使人们开始摆脱进行程序设计必须先熟悉机器的桎梏，把精力集中于解题思路和方法上。

用高级语言编写的程序是机器不能识别与理解的，必须翻译成用 0、1 码描述的机器语言程序才能被机器识别与执行。将用高级程序设计语言描述的源程序代码翻译成目标程序代码有两种途径，即编译和解释，它们的不同点见表 1.1。当然，这些工作已经不需要人工进行了，用程序就可以实现。人们把进行编译的程序称为编译器，把进行解释的程序称为解释器。

表 1.1　编译与解释的不同点

翻译方式	执行程序名称	翻译单位	目标程序代码形态	执行控制权	运行效率
编译	编译器+连接器	文件	可存储	用户	高
解释	解释器	语句(指令)	不存储	解释器	低

可见，编译是以文件为编译单位，把源程序代码翻译成目标程序代码，再以目标程序文件的形式存储起来，用户什么时候需要，就什么时候执行。而解释是以组成源程序的语句（指令）为单位一句一句地由解释器翻译并立即执行，即需要时才解释执行。所以从执行角度看，解释比编译要花费更多时间，因为编译是事先已经翻译好的。但是若一个程序需要边编写、边执行，编译就不适合了。解释像口译，翻译一句就可以立即执行一句。而编译需要从翻译到连接的过程，先一一对组成程序的文件进行翻译，生成目标代码块，再对这些目标代码块以及要使用的其他资源进行连接，才能得到目标程序。

（4）脚本语言

脚本（script）原本是戏剧、影视或游戏创作中，用于勾画剧情概况、人物活动线索及任务安排等的一种简明扼要的规范性文件。在程序设计中引入脚本最初是为了描述批处理和工作控制的线索。为了避免在此过程中反复地进行编写—编译—连接—运行 (edit—compile—link—run)，脚本语言（scripting language，scripting programming language）一般采用解释方式执行。

随着计算机应用的发展，目前许多脚本语言都超越了计算任务自动化的简单应用领域，成熟到可以编写精巧的程序。这时，脚本就成为一种使用特定的描述性语言、依据一定格式编写的可执行文件，可以由应用程序临时调用并执行。例如，在网页设计中，脚本不仅可以减小网页的规模和提高网页的浏览速度，而且可以丰富网页的呈现，如动画、声音等。

时至今日，高级语言和脚本语言之间互相交叉，二者之间已没有明确的界限。

1.1.2 Python 程序的运行方式与 IDLE

Python 是一种脚本语言。它可以提供两种基本的运行方式。

（1）Python 程序的交互运行方式与 IDLE

交互运行方式是指编写出一条源代码指令，就可以立即解释、执行，形成其与程序员之间的交互方式。为了方便用户开发，Python 自带了一个内置的集成开发与学习环境(integrated development and learning environment，IDLE)。Python 安装完成后，在其所在的文件夹中双击其内置的 IDLE 程序名，就可以启动该版本的 Python IDLE。图 1.2 所示为 Python 3.10.3 版本的 IDLE 的脚本（命令式交互）开发界面。

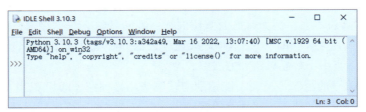

图 1.2　IDLE 脚本开发界面

在 IDLE 中，提示符 >>> 表示一个语句的开始，在其后面输入一个 Python 指令（语句）后，一旦按下 Enter 键，系统马上就可以对其进行解释执行；如果有错误，也会指出错误所在。这非常适合初学者练习、测试一个语法现象。

（2）Python 程序的文件运行方式

现在，解释器扩充了编译功能，提供了如图 1.3 所示的对文件的编辑运行机制，使每个源程序文件都可以独立编译，编译后形成一个称为字节码程序文件（以 .pyc 为扩展名）的中间程序文件。用户需要该程序时，可以加载该字节码程序文件并由解释器进行解释。这样就能做到一次编程，多次运行，提高了程序的运行速度。基于这种编译与解释混合的情况，人们也常把这个过程概括地称为解析。同时，Python IDLE 也可以支持文件运行方式。在 IDLE 中，单击菜单项 File，利用弹出的菜单条中的 New 命令创建一个 Python 程序文件，形成如图 1.4 所示的 Python 程序文件编辑运行界面。基于这个界面中有关菜单条中的命令，可以进行程序的编辑、编译、运行等操作，并可以在下拉菜单 Options 中选择 Show Line Numbers 显示代码的行号。一个 Python 程序经过编辑后，还可以用 .py 文件形式保存。

编辑器 →XXX.py→ 编译器 →XXX.pyc→ 解释器 → 程序执行结果

图 1.3　Python 程序文件的编辑运行机制

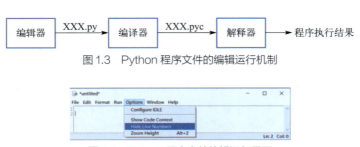

图 1.4　Python 程序文件编辑运行界面

1.1.3 对象、标识符与 Python 命名规则

（1）对象、名字（标识符）与命名空间

Python 是很有特色的程序设计语言。其中最突出的是它非常彻底地做到了"一切皆对象(object)"，数据、表达式、函数、类、模块、文件及"无"都作为对象（实体）——享有内存资源。但是，太多的对象，分辨、记忆起来都是艰巨的挑战。解决这一麻烦的手段就是根据它们在程序中的角色分别做标记——命名。这些名字的专业术语称为标识符（identifiers）。但是，随着计算机应用的普及，程序的规模越来越大，所使用的对象越来越多，命名也成为一项艰巨的任务。命名空间就是为此而提出的一种名字管理策略——将庞大的名字群分割为不同的命名空间（namespace，也称为名字空间），只要在同一空间内名字不重复即可。

（2）Python 命名规则

受众多因素限制，Python 要求所有的标识符都须遵守如下规则。

① Python 标识符是由字母、下划线 (_)、数字和汉字组成的字符序列，并且 Python 标识符要以字母(包括汉字)或下划线开头，不能以数字开头。例如，name、名字 a、公司名 2、_age、stud_jiangnan、stuedJiangnan 等都是合法的 Python 标识符，而 a@b、3a、$10、2&3 等都是非法 Python 标识符。

② Python 标识符中的字母是区分大小写的，如 a 与 A 被认为是不同的标识符。

③ Python 标识符没有长度限制。

④ 不可以用系统保留的关键词作为用户标识符。

（3）Python 关键词

关键词（keywords）是系统内置的、保留在具有特定意义的情况下使用的标识符，不可用作用户标识符。在定义标识符时，误将关键词用作用户标识符，会引起解释器的误解，有可能覆盖系统的内置功能，导致无法预知的错误。在定义用户标识符时，应先了解所用程序设计语言有哪些关键词。目前，Python 定义了 33 个关键词（也许以后会有变化）。为了避免将关键词作为用户标识符，初学者应当多浏览 Python 关键词。下面介绍几种浏览 Python 关键词的方法。

代码 1.1 使用内置函数 help() 获取关键词列表及有关信息示例。

```
>>> help('keywords')

Here is a list of the Python keywords.  Enter any keyword to get more help.

False               class               from                or
None                continue            global              pass
True                def                 if                  raise
and                 del                 import              return
as                  elif                in                  try
assert              else                is                  while
async               except              lambda              with
await               finally             nonlocal            yield
break               for                 not
```

说明： 除此之外，还可以用"help()"命令进入 help 系统，在"help>"提示符后，键入"keywords"查看上述 Python 关键词列表；用"False"等查询 False 等的有关信息；最后用

"quit"退出 help 系统。

代码 1.2　使用 keyword 模块中的 kwlist 命令观察 Python 所有关键词或用 iskeyword() 方法进行关键词测试示例。

```
>>> import keyword                    # 导入标准库中的keyword模块
>>> keyword.kwlist                    # 使用keyword模块中的kwlist
['False', 'None', 'True', 'and', 'as', 'assert', 'async', 'await', 'break', 'class', 'continue', 'def', 'del', 'elif', 'else', 'except', 'finally', 'for', 'from', 'global', 'if', 'import', 'in', 'is', 'lambda', 'nonlocal', 'not', 'or', 'pass', 'raise', 'return', 'try', 'while', 'with', 'yield']
>>> keyword.iskeyword('for')          # 使用keyword模块中的iskeyword()函数判断'for'
True
>>> keyword.iskeyword('For')          # 使用keyword模块中的iskeyword()函数判断'For'
False
```

1.1.4　运算符与表达式

计算机首先是作为计算的工具问世的，因此，计算机程序中出现最多的就是计算操作。为了方便编程，各种高级程序设计语言都借鉴数学中的运算符号和代数式，设计了具有计算机计算特征的运算符和表达式。

（1）运算符

运算符（operators）是有关运算命令的符号形式。计算机中可以计算的种类很多，因此也就有了多种运算符，大大简化了计算命令键入过程。多数运算符都只需敲一个键即可。由于键盘上的键数量及种类有限，难以表示某些数学运算符号，所以有些运算符与数学中的运算符号会有不同。表 1.2 为 Python 中的算术运算符，实际上多数高级程序设计语言也基本如此。

表 1.2　Python 内置的算术运算符

运算符	**	+	-	//	%	/	*	+	-
含义	幂	正	负	整除	求余	真除	乘/重复	加/拼接	减

注意：

① Python 3.x 将除分为三种：真除（/）、整除（//）和求余（%）。

② 虽然多数运算符只需要一个字符，但也有些运算符需要两个以上的字符表示。这时一定要注意，组成这种运算符的字符之间不可有空格。

③ operators 可以翻译为"运算符"或"操作符"。但是在汉语中，运算符与操作符是有差别的：通常，运算符可以称为操作符，但有的操作符不一定是运算符。例如，后面要介绍的赋名操作符（=）就不是运算符。

（2）表达式

表达式（expressions）是由可以运算的对象（或其名字）、相关运算符以及圆括号连接而成的，以求值为目的的对象。使用表达式有两点需要注意：

① 不同的对象类型要求相应的运算符。若运算符与运算对象不匹配，就会导致错误。

② 不同的运算符在一个表达式中相遇，就会有谁先谁后的问题，这要由运算符的优先级别和结合性决定。

1.1.5 语句与代码封装体

1) 语句

语句（statement）是程序中用于组织机器指令的基本形式，是解释和执行的基本单元。在 Python 交互式环境中，语句以回车操作符结束，这时，解释器将对该回车符之前、上一回车符之后的输入内容进行解释：若是一个合法语句，就执行它；否则给出出错信息。

按照结构形式，Python 语句分为简单语句、复合语句。

（1）简单语句

简单语句就是一个单个语句，它们在 IDLE 环境中一般单独占一行。表 1.3 示出了最为重要的几个 Python 简单语句。下面先简单介绍其中的表达式语句和空语句。

表 1.3　Python 初学常用简单语句一览表

语句名称	说明
表达式语句	用于对一个表达式（对象）求值
赋名语句	用于将名称绑定到对象
pass语句	空语句，不执行任何操作
return语句	从调用的函数返回，可以返回一个值
import语句	导入模块

说明：

① 表达式语句。表达式语句是由表达式和回车符组成的语句。在交互式环境中，写出一个表达式并按了回车键后，解释器就会立即对这个表达式进行合法性检查。如果合法，就会按照该表达式表示的运算规则对其求值，并在下一行将该值显示出来。这种显示值的方式称为回显（echo）。

代码 1.3　表达式值回显示例。

```
>>> 123 + 456
579
>>> 'abc' + "DEF"
'abcDEF'
>>> 1, 3, 5, 'a', 'b'
(1, 3, 5, 'a', 'b')
>>> 'abc' + 123
Traceback (most recent call last):
  File "<pyshell#17>", line 1, in <module>
    'abc' + 123
TypeError: can only concatenate str (not "int") to str
>>>
```

注意： 在 IDLE 界面上，">>>" 是指令（语句）开始提示符；每个语句下面没有以 ">>>" 开始的一行或多行，为系统对该指令（语句）解释后给出的信息，其中一些是结果，另一些是警告或出错信息。

② 空语句。空语句不需要任何实际操作，仅为一个结构在语法上完整而设置。

③ 其他简单语句将在后面的有关章节介绍。

（2）复合语句

复合语句由一个以上的简单语句按照规定的格式框架进行组装，它们有如下一些特点：

① 复合语句是基于流程控制的语句结构，Python 的复合语句主要有如下 4 种：

if 语句：按照条件，选择执行不同的语句；

while 语句：在某种条件下，重复执行一段语句；

for 语句：用一组语句对可迭代对象进行遍历；

try - except 语句：发现一段代码中的异常并进行相应的处理。

② 每个 Python 复合语句都由一个或多个语句块组成：while 和 for 是单块结构，if 和 try 是多块结构。每个语句块由块头和块体两部分组成。块头由相应的关键词 + 冒号 (:) 组成，块体是一个或多个简单语句，并要相对于块头按照缩进格式书写，如图 1.5 所示。

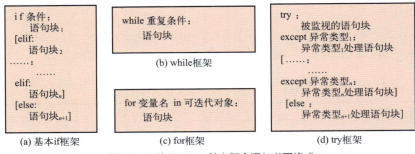

图 1.5　4 种 Python 基本复合语句书写格式

③ 缩进格式是 Python 的语句书写规范，通常缩进 4 个字符位置，也可用制表键缩进。在 IDLE 中，每输入一行，一按回车键，就会自动将光标停在下一行该开始的位置，使层次结构可以自动形成。

2）Python 代码封装体

代码封装体就是在复合语句基础上，进行较大规模封装的代码对象。与复合语句相比，代码封装体的最大特点是先命名（定义）后引用。命名之后就可以用名字代表一组代码被引用，实现了代码复用，既提高了程序设计的效率，也提高了程序的可靠性。目前，Python 提供了 3 种代码封装体：函数、类和模块。

（1）函数和类

图 1.6 为函数（function）与类 (class) 的定义结构示意图。它们都由头和体两部分组成。函数头由关键词 def、要定义的函数的名字、一对圆括号中的参数和一个冒号 4 部分组成；函数体是一组缩进的语句，用于描述函数的功能。类头由关键词 class、类名、括在一对圆括号中的基类名和一个冒号组成；类体由一组缩进的代码组成，用于描述该类对象有哪些属性和行为。简单地说，类是一类对象的模型。这个模型用属性和行为来描述。因此，class 就有了 type 的含义。在后面的内容中可以看到，当用 type() 获取一个对象的类型时，系统给出的是它是哪个 class 的 object。因为 Python 中"一切皆对象"，而对象是有其模板——类的。

关于函数的定义和应用将在 2.2 节系统介绍，关于类的定义和应用将在第 4 章介绍。不过这里要先介绍一个名为 print() 的内置函数，其基本功能是将指定的内容输出到控制台，使用户能够看到程序的运行结果或相关信息。在 Python 中，一个名字（如 print）后面加了一对圆括号，就表示它是一个函数，并且可以把要操作的数据（称为参数）放到这一对圆括号之中。"内置"即系统预先定义好的、与 Python 解释器绑定在一起的一批应用极为普遍的函数——所以，使用它，不需用户定义，就可以直接用名字引用——称为调用。

代码 1.4 print() 函数简单用法示例。

```
>>> print(123 + 456)              # 输出一个表达式的值并默认有一个参数end = '\n'
579
>>> print('abc');print('cde')      # 默认各有一个参数end = '\n'
abc
cde
>>> print(123, end = '+');print(456)   # 参数end = '+'表示以 "+" 结尾
123+456
>>> print(123,'abc',567, sep = '+')    # 参数sep = '+'表示多项间以 '+' 相隔
123+abc+567
>>>
```

（2）模块和当前模块

如果把函数定义和类定义称为小型代码封装体，那么模块（module）就是一个大型代码封装体。通常一个模块中包含了一组与功能相关的函数定义、类定义以及常量定义，并以 .py 文件形式作为可供用户导入使用的资源保存在外存储器中。用户需要时，可以用 import 语句将一个模块或一个模块中的某个定义导入到当前运行的代码块中使用。一个模块也可以从其他模块中导入自己需要的函数、类或常量。

一个 Python 程序运行时，当前运行的模块称为当前模块。当前模块可以用一个变量 __name__ 获取它的名字。而最先运行的代码块——没有被其他模块导入的代码块称为顶层模块。顶层模块会被解释器自动命名为 "__main__"。

关于模块的进一步概念和用法，将在后面的章节介绍。

表 1.4 中简单地列出了三种代码封装体的特点并将它们与复合语句进行了简单的比较。

表 1.4 复合语句、函数、类、模块的对比

比较内容	封装目的	结构格式	复用方式
复合语句	控制流程	用关键词+冒号引出不同的语句块	×
函数	提供功能	def 函数名(参数列表)： 缩进的代码	用函数名和实际参数调用
类	抽象实体对象	class 类名（基类名）： 缩进的代码	用类名构造实例或派生子类
模块	为特定领域提供包括函数、类和常量的永久性资源	以Python代码源文件（后缀为.py）形式存储在外存储器	导入到别的程序模块

1.1.6 注释与良好的程序设计风格

1）Python 注释

在前面的代码中都出现了由 # 引出的一小段文字。在程序中称其为注释（comment）。注释是程序员所做的标记和解释，以方便自己或他人阅读、理解程序，是程序中不被解释器解释的部分。在一个程序行中，解释器遇到字符 #，将不再解释该行后面的所有内容，而进入下一行。因此，在调试程序时，为了试探去掉一行代码将会产生什么影响，也可以临时在该行之前添加一个 #。

注意：

① # 字符出现在引号内时，将不再具有引出注释的作用。

② 在一行中，出现一个注释符 #，将把其后的所有内容都当作注释。

③ 在 Python 中，注释符 # 只能引出单行注释。如果需要多行注释，有以下三种方法：

a．每行前都加一个#。

　　b．先选中要注释的段落，然后按下 Ctrl+/，即可实现多行代码的注释；再一次按下 Ctrl+/ 就可以取消注释。这在程序调试时非常有用。

　　c．用 '''…''' 或者 """…""" 的形式，将要注释的代码插在中间。

代码 1.5　　"""…""" 形式的多行注释示例。

```
>>> def func1():                    # 实现功能1的函数（这个注释是单行注释）
...     '''
...     这是函数func1定义的开头部分，用多行注释进行如下一些说明：
...     函数作用：  实现一个功能
...     编写者：   Zhang
...     时间：    2019年8月8日
...     '''
...     pass
...
>>>
```

　　④ 注释不可嵌套。

2）良好的程序设计风格

　　20 世纪 30 年代，计算工具由机械时代迈入电气时代。10 年后，又迈入了电子时代。经过一段时间的酝酿，到了 50 年代后期，计算机技术开始风起云涌，不断向各个领域扩展。但好景不长。到 60 年代中期，一场以"没有不出错的程序""没有能按时交付的软件""没有不断追加预算的计算机项目"为特征的第一次软件危机涌来。

　　面对这狂风骤雨般的危机，不屈的人们进行了认真的反思、深刻的反省，很快找到了应对思路：必须改变过分地追求技巧、追求效率的设计思想，树立"清晰第一，效率第二"的设计新风，让程序的结构清晰、规范、可读性高。这些称为结构化程序设计（structured programming，SP）或良好的程序设计风格。

PEP 8摘要

　　为了让 Python 程序设计者形成良好的程序设计风格，2001 年，Python 通过其增强提案（Python enhancement proposal）中的 PEP 8 发布了关于 Python 代码风格的指南和约定。原文很详细，有代码示例和讲解。读者随着学习的深入，不时去浏览一下 PEP 8 是非常有好处的。下面是本书以 PEP 8 为蓝本提出的几点关于 Python 程序设计风格的综合性建议。

（1）程序设计思路清晰

　　提倡模块化的程序结构，并按照"自顶向下、逐步细化"的思路构筑模块，使每一个模块功能单一，其复杂性在人的易控制范围内。函数就是这样一种程序模块，它使得程序中为实现某些功能的一大堆代码，都用一个名字的调用替代。

（2）代码编排规范化、文档化、清晰化

　　① 不同层次的语句采用缩进形式，建议用 4 个空格或 1 个制表符作为一个缩进级。

　　② 代码行宽限制在 79 个字符以内，文档和注释限制在 72 个字符以内。

　　③ 需要换行时，应优先考虑使用括号、方括号和花括号中的隐式续行，必要时使用反斜杠进行换行。

　　④ 使用空行分隔不同的段落。

　　⑤ 语句要简单直接，不能为了追求效率而使代码复杂化。尽管 Python 允许在一行中写入多个用分号分隔的语句，但为了便于阅读和理解，并不提倡一行写多个语句。

　　⑥ 要避免复杂的判定条件，避免多重的循环嵌套。

　　⑦ 表达式中使用括号以提高运算次序的清晰度。

⑧ 合理地使用 pass 语句。

⑨ 在代码块、导入语句后，代码与输出之间加空行。

⑩ 最好在运算符和 = 号两端加空格，在逗号、冒号、分号和 # 前加空格；但不可在定义语句中的函数头、类名与圆括号之间加空格。

⑪ 要有充足的注释和说明。注释是写代码者向读者提供的提示。因此，代码中的注释要充分，但也不能过于繁杂。

（3）标识符要规范而简明

① 好的标识符应当遵循"见名知意"的原则，不要简单地把变量定义成 a1、a2、b1、b2 等，以免造成记忆上的混淆。

② 除遵守 Python 命名规则外，还要尽量遵循已经约定俗成的一些命名习惯：

- 模块和包名应使用小写字母，可以用下划线分隔。
- 类名使用 CapWords 风格，即每个单词的首字母大写。
- 函数和方法名使用小写字母，单词之间用下划线分隔。
- 常量应使用全大写字母，单词之间用下划线分隔。
- 变量名遵循上述函数和方法名的规则，但通常更倾向于使用小写字母。
- 私有变量或方法名前加一个下划线（_），受保护的变量或方法名前加两个下划线（__）。

③ 要避免使用单独一个大写 I(i 的大写)、大写 O(o 的大写) 和小写 l(L 的小写) 等容易误认的字符作为变量名或用其与数字组合作为变量名。

④ 一个程序中的标识符的命名要有一致性。

（4）输入、输出人性化

① 当程序设计语言有严格的格式要求时，应保持输入格式的一致性。

② 输入一批数据时，使用数据或文件结束标志，而不要用计数来控制。

③ 输出数据表格化、图形化。

/ 习题1.1 /

一、判断题

1. 脚本语言一般不描述操作细节。（　　）
2. Python 名字中的字符没有大小写之分。（　　）
3. Python 程序可以编译执行，也可以解释执行。（　　）
4. Python 名字可以是键盘上的任何字符及其组合。（　　）
5. 放在一对三引号之间的任何内容都被认为是注释。（　　）
6. Python 代码的注释只有一种方式，那就是使用 # 符号。（　　）

二、选择题

1. 指出下面哪些是 Python 合法的标识符？如果不是，请说明理由。在合法的标识符中，哪些是关键词？

　　　int32　　　　　40XL　　　　$aving$　　　　printf　　　　print

_print	this	self	_name_	Ox40L
bool	true	big-daddy	2hot2touch	type
thisIsn'tAVar	thisIsAVar	R_U_Ready	Int	True

2. 下列4组符号中，选择一组合法的 Python 标识符。

    A．name，class，number1，copy   B．sin，cos2，And，_or

    C．2yer，day，Day，xy   D．x%y，a(b)，abcdef，λ

1.2 Python 对象

1.2.1 Python 对象的 ID、类型和应用属性

在 Python 中，一切皆对象（objects），并且对象因创建而生。不管对象来自何处，作为对象，它们一被创建，便会具有 ID（identity document，身份码）、类（class）和应用属性三大属性。

（1）Python 对象的 ID

Python 一切皆对象主要表现在以对象作为程序活动的主角。一旦 Python 程序进入运行状态，它所包含的每一个对象便会得到一个唯一的、不允许更改的、伴随该对象终生的、以整数或长整数形式表示的身份码（ID）。一般情况下，尤其是在 CPython 中，对象的 ID 与对象的内存地址具有相互对应的关系。起码可以说，对象有了 ID，就表明对象被分配了存储空间。这就说明，Python 是面向对象进行内存分配的。

Python 对象的身份码可以使用系统内置的函数 id() 获取。

代码 1.6   对象 ID 的获取示例。

```
>>> id(123)                              # 对象1：整数对象
2173309751344
>>> id(123.456)                          # 对象2：浮点数对象
2173344701584
>>> id(123+456j)                         # 对象3：复数对象
2173344704720
>>> id(True)                             # 对象4：bool对象
140717790309224
>>> id('abcdefg')                        # 对象5：字符串对象
2173346149872
>>> id((123,456j))                       # 对象6：元组对象
2173346051584
>>> id([123,456j])                       # 对象7：列表对象
2173346050240
>>> id({123,456j})                       # 对象8：集合对象
2173345942880
>>> id({'a':123,'b':456,'c':789})        # 对象9：字典对象
2173345344384
>>> id(print)                            # 对象10：内置函数print
2173310374976
>>> id(id)                               # 对象11：内置函数id
2173310373776
>>> id(math)                             # 对象12：标准库模块
Traceback (most recent call last):
  File "<pyshell#12>", line 1, in <module>
    id(math)                             # 对象12：标准库模块
NameError: name 'math' is not defined
>>> import math
>>> id(math)
2173344418608
>>>
```

说明：

① 对象 1～9 都是自建对象，对象 10 和 11 都是内置对象。这 11 个对象都已经存在于

内存，所以可以由 id() 取得它们的 ID。

② 在获取对象 12 的 ID 时，其 ID 仅仅存在于外存，还没有被分配到内存。将它用 import 导入内存后，就可以获取到其 ID 了。

（2）Python 类与类型

面向对象程序的魅力，主要在于它不是直接设计一个一个的对象，而是通过对问题的分析，先将要处理的对象抽象。早期的 Python 建立了两种抽象体系：类（class）——结构模型，主要负责生成对象（或称类的实例）；类型（type）——应用模型，以保证所生成的对象具有某一种应用属性。这样既降低了问题的复杂性，也提高了程序的灵活性。但用起来有些复杂。从 Python 2.2 开始，Python 采用了新式类（new-style classes）机制，实现了 class 与 type 二者的辩证统一。从下面的代码可以看出，用内置函数 type() 获取一个对象的类型，得到的就是生成它的类（参见 4.2.2 节）。

代码 1.7 获取 Python 对象类型的示例。

```
>>> type(123)                       # 对象1：int（整数）
<class 'int'>
>>> type(12.345)                    # 对象2：float（浮点数）
<class 'float'>
>>> type(12+345j)                   # 对象3：complex（复数）
<class 'complex'>
>>> type(True)                      # 对象4：bool对象
<class 'bool'>
>>> type('ab123cde')                # 对象5： str（字符串）
<class 'str'>
>>> type((2,5j,7.8,'a'))            # 对象6：tuple（元组）
<class 'tuple'>
>>> type([2,5j,7.8,'a'])            # 对象7：list（列表）
<class 'list'>
>>> type({2,5j,7.8,'a'})            # 对象8：set（集合）
<class 'set'>
>>> type({'a':1,'d':5,'c':6.7})     # 对象9：dict（字典）
<class 'dict'>
>>> type(print)                     # 对象10：内置函数print
<class 'builtin_function_or_method'>
>>> import math
>>> type(math)                      # 对象11：标准库模块math
<class 'module'>
>>>
```

说明：

① 如表 1.5 所示，Python 将内置数据对象分为 int、float、comp、bool、str、tuple、list、set 和 dict 9 个标准类型。例如 5、99 和 255 属于 int 类型，1.2 和 3.14159 属于 float 类型（在计算机中一般不说"实型"，因为有些实数在计算机中不能准确地表示）。

表 1.5 Python 3.x 的标准数据对象的类及其应用属性

分类		类名		类的实例对象	访问方式
标量类型	数值类型	int	integer（整数）	123	直接
		float	float（浮点数）	12.3、1.2345e+5	
		comp	complex（复数）	(1.23, 5.67j)	
		bool（布尔）		True、False	
容器类型		str	string（字符串）	'abc'、"abc"、"abc"'、"123"	顺序
		tup	tuple（元组）	[1, 2, 3]、['abc', 'efg', 'ijklm']、list[1, 2, 3]	
		list	list（列表）	(1, 2, 3, '4', '5')、tuple("1234")	
		dict	dictionary（字典）	{'name': 'wuyuan', 'blog': 'wuyuans.com', 'age': 23}	键-值对
		set	set（集合）	set([1, 2, 3])	索引

② 除了表 1.5 中所列的 9 种类型外，Python 还内置了一种特殊类型——无值类型（NoneType）。NoneType 只有一个实例 None，表示"对象空缺""无具体值"。应当注意，None 与 0 和 "" 不同。None 属于 NoneType，而 0 和 "" 分别属于 int 和 str 类型。

代码 1.8　None 与 0 和 "" 的区别。

```
>>> type(None)
<class 'NoneType'>
>>> type(0)
<class 'int'>
>>> type("")
<class 'str'>
```

（3）对象的应用属性

对象的应用属性是该对象在程序中的意义的概要。对于数据对象来说，就是指其值。

代码 1.9　Python 对象的应用属性示例。

```
>>> print(id)
<built-in function id>
>>> print(type)
<class 'type'>
>>> print(print)
<built-in function print>
>>> print(5)
5
```

说明：

① <built-in function id> 表明对象 id 的应用属性是一个内置函数（built-in function）。

② <class 'type'> 表明 type 是一个类，名字为 'type'。

③ print 对象的应用属性是 'builtin_function_or_method'，即系统内置的函数（function）或方法（method）。math 的类型为 'module'（模块）。

1.2.2　Python 数值类型和 bool 类型

（1）Python 数值类型

数值类型分为 int、float、complex 三种。这些类型的实例具有如下特点。

① int、float 和 complex 用于表示数值的大小。Python 数值对象的取值没有上限，并且可以用 inf(不区分大小写) 表示无限大。

代码 1.10　数值对象取值无上限的测试示例。

```
>>> 999999 ** 99
999901004850843154764304477976514369139655131740633508461194231534839921730061928165918468524559784711035127337458000315861841709428648449965581720563036528559778975449288816486108390262378384273170489214859673210348574933590756152010150151328940519978842541428941575809198981648563222986501427953560053044625798093604122762079193632166451298745515082518566720858255910313691329603648838009949658744782958530043017504914393433729464748384929764551655116938062519252825189492597754483209164432338340725827672754454905076614553527220234774443152131030423470815523140235624156848995149000098999999
```

② Python 整数类型数值对象可以用下列 4 种形式表示。

二进制 (bin)：由数字 0、1 组成，并加前缀 0b 或 0B，如 0b1001。

八进制 (oct)：由数字 0 ～ 7 组成，加前缀 0o 或 0O，如 0o3567810。

十六进制 (hex)：由数字 0 ～ 9、A ～ F(或 a ～ f) 组成，加前缀 0x 或 0X，如 0x3579acf。

十进制：由数字 0 ～ 9 组成，不加任何前缀。

内置函数 bin()、oct() 和 hex() 可以分别将其他进制的整数转换为二进制数字串、八进制数字串和十六进制数字串。int() 可以将其他进制整数以及十进制数字串转换为十进制数,并将浮点数截去小数部分。

代码 1.11　整数的数制转换示例。

```
>>> bin(123)              # 整型十进制转换为二进制数
'0b1111011'
>>> oct(123)              # 整型十进制转换为八进制数
'0o173'
>>> hex(123)              # 整型十进制转换为十六进制数
'0x7b'
>>> int(0b1111011)        # 整型二进制转换为十进制数
123
>>> int(0o173)            # 整型八进制转换为十进制数
123
>>> int(0x7b)             # 整型十六进制转换为十进制数
123
```

③ 在计算机中,数值对象可以有两种存放方式:定点法和浮点法。通常,整数采用定点形式存放,带小数点的数采用浮点形式存放。如上所述,整数是没有大小限制的。但浮点数是有位数限制的,因此,浮点数就无法表示所有的实数,绝大部分的浮点数都是十进制数的近似值。因此,在计算机中没有实数的概念,只有整数与浮点数的概念。并且,浮点数之间是不可进行相等比较的。根据需要,整数与浮点数之间可以用内置函数 int() 和 float() 进行相互转换。

代码 1.12　整数与浮点数之间的转换示例。

```
>>> int(123.789)
123
>>> int(-123.456)
-123
>>> float(123)
123.0
```

在此代码中,浮点数有带小数形式和科学记数法两种形式。科学记数法也称标准指数形式,把一个浮点数写成三部分:有效数字、e(或 E)、带符号的指数。例如,3141.56 可以写成 3.14156e+3,0.00314156 可以写成 3.14156e-3。

④ Python 复数用实部 (real) 和虚部 (imag) 两部分浮点数表示,虚部用 j 或 J 作后缀,形成 real+imagj 的形式。complex() 可以将整数和浮点数转换为复数类型。复数可以用 abs()、.real 和 .imag 获取其模、实部和虚部。

代码 1.13　Python 中复数转换及模、实部和虚部的获取示例。

```
>>> complex(123.456)
(123.456+0j)
>>> abs(3 + 4j)
5.0
>>> 3 + 4j.imag
7.0
>>> (3 + 4j).imag
4.0
>>> (3 + 4j).real
3.0
```

显然,如果复数类型不加括号,会把复数的实数部分和虚数部分的数字相加作为虚部,因此复数一定要注意写成 (a+bj) 的形式,括号不能不写。

⑤ 数值对象可以施加表 1.2 所列出的操作。有关内容将在 1.5 节详述。

（2）Python bool 类型

布尔类型对象用于判断命题的真假,值为 True 或 False。通常,True 被解释为 1,False

被解释为 0。所以，可把布尔类型看作是一种特殊的 int 类型，列在数值类型之中。在需要判断真假时，也常把一切空值——0(整数)、0.0(浮点数)、0L(长整数)、0.0+0.0j(复数)、""(空字符串)、[](空列表)、()(空元组)、{}(空字典)（无、0、空白、空集、空序列）当作 False，把一切非空都当作 True。

1.2.3　Python 容器类型

在 Python 中，字符串、元组、列表、字典和集合称为容器。它们都有两个基本特点：
① 它们都有一对字符作为边界符。
② 在一对边界符中可以存放规定的数据作为元素。

1）str 类型对象

（1）字符串对象的定义与边界符

字符串是以引号为边界符的容器，其中可以存放一行字符。这里的一对引号可以是一对单引号 ('…')、一对双引号 ("…")、一对三单引号 ('''…''')、一对三双引号 ("""…""")。或者说，Python 用引号定义（或构造）字符串。

Python 用引号定义字符串的规则如下。

规则①：引号是指西文中的引号，不能是中文中的引号。

规则②：作为字符串边界符的 (单、双和三) 引号必须成对使用，前后一致。

规则③：单、双引号中的字符串通常要写在一行中。如果要分行写，需在每行结尾处加上续行符 (\)。但三引号允许直接将字符串写成多行形式。

规则④：字符串中可以含有不与其边界相混淆的引号字符，但不能含有会引起边界误判的引号字符。如果非含不可，可以在该字符前加转义符号 (\)。要特别注意的是，在 IDLE 中，输入的字符串不管是在单引号还是在双引号内，只要字符串中不含有单引号，直接输出 [不使用 print()] 的字符串将默认放在单引号内输出。

代码 1.14　形成字符串的引号用法规则③和④的测试示例。

```
>>> # 规则 ③ 测试
>>> '你好!
SyntaxError: unterminated string literal (detected at line 1)
>>> '你好! \
... 这是一本《Python经典教程》\
... 祝你取得优异成绩!'             # 符合规则 ③ ：单双引号内用续行符写多行注释
'你好! 这是一本《Python经典教程》祝你取得优异成绩!'
>>> """
... 你好!
... 这是一本《Python经典教程》
... 祝你取得优异成绩!
... """                          # 符合规则 ③ ：用3引号写多行注释
'\n你好!\n这是一本《Python经典教程》\n祝你取得优异成绩!\n'
>>> # 规则 ④ 测试
>>> 'abc"def"gh'ijklm'           # Python从后向前匹配引号，发现最开始的单引号落单
SyntaxError: unterminated string literal (detected at line 1)
>>> 'abc"def"gh'ijk'lm'           # 解释器搞不清哪两个单引号是一对
SyntaxError: invalid syntax
>>> 'abc"def"gh\'ijk\'lm'          # 符合规则 ④
'abc"def"gh\'ijk\'lm'
```

（2）转义字符与原始字符串

① 转义字符（escape character）。从代码 1.14 已经看到，反斜杠在多行字符串中使用，不再按反斜杠显示，而是成了续行符。这种让解释器以特殊语义解释的字符称为转义字符。

此外，ASCII 还定义了一系列有语义转变的转义字符。表 1.6 是几个常用的转义字符。

表 1.6 几个常用转义字符

转义字符	名称	ASCII码值（十进制）	含义
\n	换行(LF)	010	将当前位置移到下一行开头，即将单行拆分为两行
\t	水平制表(HT)	009	跳到下一个TAB位置
\\	反斜杠字符'\'	092	用于非转义字符中时
\'	单引号字符	039	用于非字符串起止符时
\"	双引号字符	034	用于非字符串起止符时

② 原始字符串。转义字符可以在字符串中形成一些特殊操作，但也会使一般人感到疑惑，而且容易造成错误，特别是在字符串中是否需要反斜杠问题上常常混淆。为此，Python 推出了"原始字符串"的机制，即在字符串前加一个字符 R 或 r，使字符串中的反斜杠不再起转义作用。

代码 1.15 部分转义字符和原始字符串测试。

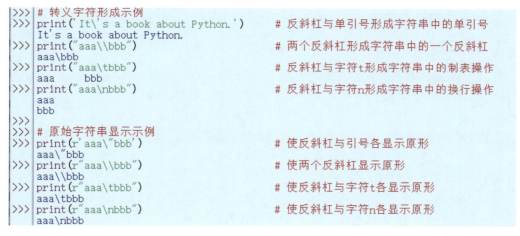

2）元组和列表对象

元组和列表都是由数据对象组成的序列。所谓序列，是指它们的组成元素与元素在容器中的位置顺序有对应关系。在字面形式上，元组以元素 + 逗号为标志，但多数情况下以一对圆括号作为边界符，例如：()、(3,)、('a',5,6) 都是元组，有元素而缺少逗号","时就不是元组，如（3）。列表则以一对方括号作为边界符，只有须分隔元素时采用逗号，例如 []、[5]、[3,'a', 8] 都是列表。

元组与列表的另一个区别是：元组是不可修改的——一修改就变成另外的对象了。而列表是可以修改的——可变对象。关于可变与不可变的概念将在 1.4 节讨论。

3）集合对象

Python 中的集合与数学中的集合概念一致，有如下一些特征：

① 集合对象以花括号作为边界符，元素可以为任何对象。例如，{'B', 6, 9, 3, 'A'}。

② 集合中的元素不能重复出现，即集合中的元素是相对唯一的。

③ 元素不存在排列顺序。

④ Python 集合分为可变集合 (set) 和不可变集合 (frozenset)。

4）字典对象

字典是以花括号为边界符，其每个元素都由用冒号连接的两个对象组成，通常把左边的对象称为关键词（键，key），把右边的对象称为值。例如：

```
{'A' : 90, 'B' : 80, 'C' : 70, 'D' : 60}
```

字典的关键词具有唯一性和不可修改性。

习题1.2

一、判断题

1. Python 中的每个对象都有一个身份码，用于在程序进行某个操作时，允不允许某个对象参加。（　　）
2. Python 中的每个对象都属于某个类型。划分类型的目的是简化对象处理。（　　）
3. 在 Python 中可以使用任意大的整数，不用担心范围问题。（　　）
4. 在 Python 中 0xad 是合法的十六进制数表示形式。（　　）

二、选择题

1. 通常说的数据对象的三要素是_____。
   A．名字、ID、值　　　　　　　　B．类、名字、ID
   C．类、名字、值　　　　　　　　D．类、ID、值
2. 在下列词语中，不属于 Python 内置数据类型的是_____。
   A．char　　　　B．int　　　　C．float　　　　D．list
3. 表达式 r"\a\b" 的回显为_____。
   A．"ab"　　　　B．"\\a\\b"　　　　C．"\a\b"　　　　D．\a\b
4. 代码 print (type({'China'，'Us'，'Africa'})) 的输出为_____。
   A．<class，'set'>　　　　　　　　B．<class，'list'>
   C．<class，'dict'>　　　　　　　　D．<class，'tuple'>

三、简答题

1. 在程序设计中引入类型的概念有何好处？
2. 何谓 Python 的标准类型？试举例说明。
3. 实数和浮点数的区别在什么地方？

1.3　Python 变量

在 Python 中，变量的用途是：对象命名、标识角色、引用对象。

1.3.1 Python 变量是名字型变量

（1）变量的数学初衷

变量（variable）的概念来自数学，其目的是使用字母代替具体的数字，以使数学表达式从个别走向一般，来适应更多的解题环境。由此奠定了数学建模的基础。这样，变量就成了数学模型中参与计算角色的名字。这种计算角色因问题而异，但总体上可以分为自变量（描述解题条件和环境）和因变量（描述求解目标）两大角色。例如表达式 $ax^2 + bx + c = 0$ 中，a、b、c 是 3 个自变量，x 是一个因变量。

（2）将变量引入程序之初：原生型变量和引用型变量

最初的计算机程序都是采用命令式模式。一个问题的求解不再像解析数学中那样，依靠公理系统用一两个表达式直接表示出来，而是要通过一系列的"取指令—分析指令—执行指令"操作，一步一步地从自变量的值形成因变量的值。因此，一个很自然的想法是将每个变量与相应的存储单元相绑定，通过变量值的变化来实现解题条件向解题目标的变化。这种变量被称为原生型变量（native variables）或值型变量（value variables）。这样，变量不仅表示了角色和解题环境、运行状态，也担负了内存数据的存储职责。

通常，在程序设计语言中，把变量与数据值的绑定操作用英语单词 assignment（分配、分派等）表示。显然，这个操作是计算机解题过程中最为频繁的一种操作。这个单词进入中国后，中国的计算机先辈们根据其操作的特点，创造了一个词语"赋值"，表示把一个值送到变量所代表的存储单元中。

"赋值"一词的发明，切合原生型变量进行 assignment 操作的实际，简单明了且几乎没有其他二义性解释，充分体现了中国计算机先辈们严谨治学的精神、高超的智慧和学问。

但是，原生型变量有一个很大的缺点：一个变量一经声明，不管有没有值放进，就将一个存储空间与该变量绑定，不可另作他用（除非该变量被撤销）。特别是对于大程序来说，副作用是很明显的。于是，人们从以下两个方面进行了改进：一个措施是让变量就近定义（声明）。例如，C99 的一个重要改进就是变量声明不必都放在函数的开始位置。另一个措施是让变量不直接存储角色的值，而是仅存储一个地址。这样，声明了一个变量，就相当于挂了一个号，只要付一个挂号费即可——将一个只用于存储一个地址的单元与变量相绑定（assignment），等到即将使用这个角色时，再另外开辟一个存储单元存储这个角色的数据，并把其地址存进代表这个值的角色——变量所绑定的存储单元中。这种变量被称为引用型变量（reference variables）。

原生型变量和引用型变量可以统称为存储型变量。

（3）名字型变量及其给对象赋名

在 Python 中，存储分配针对对象，而不再针对变量。这种存储机制可以使多个相同的数据只在内存中保留一份存储，多个变量可以共享同一个对象，这样大大提高了内存的使用效率，降低了内存泄漏的概率。同时，在解释器自动辨别对象类型、自动清除垃圾等自动技术的配合下，使内存分配和释放、对象的生命周期管理呈现动态性和自动化，简化了编程模式，使程序员可以灵活而方便地进行数据的复制和修改，而不需要关心内存管理的细节，也提高了程序的安全性。这样，变量不再具有存储功能，它的职责除了表明对象的角色外，新增了为命名空间添加元素以及控制对象生命周期——一个对象还有绑定的变量就表明它还有用处，不可被 Python 的自动清除垃圾回收。

PEP 572

"皮之不存，毛将焉附。"既然变量没有了存储功能，那么将变量与对象绑定 assignment（=）的操作，就不可再翻译成"赋值"。有人可能会说，既然 Python 中使用了与 C 等语言同样的操作符号 =，并命名为同样的名字 assignment，那么汉语中为什么不可以再用"赋值"呢？道理非常简单，因为在 C 等语言中的运算符"="与 Python 中的操作符"="的本质不同。而且，英语 assignment 原意是"分配""分派"，比汉语中的"赋值"含义要宽泛得多，不管是什么类型的变量，将之与对象绑定，都没有原则错误。而汉语中"赋值"语义要窄小得多，将其作为"="的名字，就把这个操作按照 C 等语言中的意义理解了，是一个基本概念错误。实际上，Python 当初将"="称为 assignment，就埋下了一个隐患，很容易让人按照 C 语言中的"="来理解。只是这个隐患直到 2017 年 Python 计划推出 assignment expressions（:=，也称海象操作符——the walrus operator）时才显露了出来，并导致 Guido van Rossum 愤然宣布放弃 BDFL（benevolent dictator for life，终身仁慈的独裁者）之位。这场风波最后由 2018 年 7 月出台的 PEP 572 画上了句号。在 PEP 572 中，对操作符":="的使用进行了严格限制，使其远离了 C 语言，并且还在上述两个术语之外，提出了另一个术语——named expressions（命名表达式）。这个名字表明，在 Python 中，assignment 操作的内涵，已经由"赋值"变为了"命名"。但英语中已经习惯了 assignment，而且这个术语也没有根本性错误。然而，汉语中的"赋值"二字情况就完全不同了。尽管它用于存储型变量十分合适，但用于名字型变量副作用远远大于 assignment。

本书认为，仿照"赋值"，并参照 PEP 572，在中文版的 Python 中，"="命名为"赋名"比较合适。这样不仅反映了 Python 变量的名字型特征和"="操作的本质，还可以与存储型变量的"赋值"配对，具有显著的汉语色彩，也几乎没有二义性的理解。

1.3.2　Python 赋名语句

1）Python 赋名语句的基本格式和操作内容

在 Python 中，赋名是最重要、使用最频繁的语句。它的基本语法如下：

变量 = 对象表达式

代码 1.16　赋名语句的本质测试示例。

```
>>> print(a)                          # (1)没有经过赋名的名字是没有定义的名字
Traceback (most recent call last):
  File "<pyshell#1>", line 1, in <module>
    print(a)                          # (1)没有经过赋名的名字是没有定义的名字
NameError: name 'a' is not defined
>>> print(a = 5)                      # (2)"="不是运算符，不形成值
Traceback (most recent call last):
  File "<pyshell#2>", line 1, in <module>
    print(a = 5)                      # (2)"="不是运算符，不形成值
TypeError: 'a' is an invalid keyword argument for print()
>>> dict(a = 1, b = 2, c = 3)         # (3)"="形成一个字典
{'a': 1, 'b': 2, 'c': 3}
>>> id(5 + 3)                         # (4)是对象就会被分配内存
1676793610704
>>> x = 5 + 3                         # (5)赋名要先计算右侧的表达式对象，然后给其赋名
>>> id(x)                             # (6)名字经过赋名形成变量后，方可引用所绑定对象
1676793610704
```

说明：

① 第（1）句的执行结果表明，没有经过赋名操作的名字是没有定义的名字。

② 第（2）句的执行结果表明，"="不是表达式，不会产生值。所以在 Python 中，赋名操作是一个语句，不是表达式，不可以直接用其构成表达式。

③ 第（3）句表明，对于字典来说，"="与":"具有等价性，它们都是形成一个字典元素。

④ 第（4）、（5）句结合第（3）句，用来说明赋名语句会被解释为如下操作过程：

a. 对表达式（5+3）求值，得到一个对象 8，并为其分配一个合适的存储空间。

b. 形成一个"变量名:对象"（'a':8）键 - 值对。

c. 在当前命名空间中，搜索该变量名（'a'）：若没有找到，则将该键 - 值对作为该命名空间中的一个新元素——相当于在命名空间中注册了一个变量；若搜索到了，就将修改该变量绑定的对象。

d. 将对象的引用计数器加 1。即经过一次赋名操作后，对象 8 就多了一个变量引用。

⑤ 经过赋名操作后，变量出现处都会被其所绑定的对象代替。

2）Python 赋名语句的扩展形式

（1）多对多赋名

多对多赋名就是多个名字与多个对象同时绑定，形成多个绑定对，其基本语法如下：

变量 1，变量 2，… = 对象 1，对象 2，…

执行该语句，将会创建字典对象：{ 变量名 1: 对象 1，变量名 2 : 对象 2,…}。这种赋名语句可用于如下 3 种情形：

① 同时创建（或修改）多个变量 : 对象对。

② 对序列（元组、列表、字符串、集合）进行解包。

③ 交换一组对象的名字（变量），或者说交换一组变量绑定的对象。

代码 1.17 多对多赋名的 3 种应用示例。

```
>>> # 创建多个"变量:对象"对
>>> a, b, c, d = 3, 1.23, 5 + 6j, "xyz"
>>> t1 = a, b, c, d
>>> t1
(3, 1.23, (5+6j), 'xyz')
>>>
>>> # 将序列解包
>>> e, f, g = d              # 对字符串解包
>>> t2 = e, f, g
>>> t2
('x', 'y', 'z')
>>> h, i, j, k = t1          # 对元组解包
>>> h, i, j, k
(3, 1.23, (5+6j), 'xyz')
>>>
>>> # 交换对象
>>> t1, t2 = t2, t1
>>> t1, t2
(('x', 'y', 'z'), (3, 1.23, (5+6j), 'xyz'))
```

注意： 多对多赋名操作的基本原则是：左边的变量数要与右边的对象数（或已经绑定有对象的变量数）对应一致。特别不应当使左边的变量数多于右边的对象数。但在变量数目少时，允许在其中一个变量名前加 * 兜底打包引用剩余对象，或用下划线进行虚读。

代码 1.18 多对多变量与对象之间的关系处理示例。

```
>>> a, b, c, d = 1, 2, 3         # 变量数多于对象数
Traceback (most recent call last):
  File "<pyshell#17>", line 1, in <module>
    a, b, c, d = 1, 2, 3         # 变量数多于对象数
ValueError: not enough values to unpack (expected 4, got 3)
>>> a, b, c = 1, 2, 3, 4, 5      # 变量数少于对象数
Traceback (most recent call last):
  File "<pyshell#18>", line 1, in <module>
    a, b, c = 1, 2, 3, 4, 5      # 变量数少于对象数
ValueError: too many values to unpack (expected 3)
>>> a, b, *c = 1, 2, 3, 4, 5, 6  # 有兜底变量
>>> a, b, c
(1, 2, [3, 4, 5, 6])
```

（2）多对一赋名

多对一赋名就是将多个变量与同一个对象绑定。其语法如下：

变量1 = 变量2 = … = 变量n = 对象x

执行该语句，会将变量1、变量2、…、变量n都绑定到同一个对象x，即相当于：

变量1, 变量2, …, 变量n = 对象x, 对象x,…, 对象x

从而创建字典对象：{ 变量名1: 对象x, 变量名2: 对象x,…, 变量名n: 对象x}。

代码 1.19 多对一赋名操作的意义测试示例。

```
>>> a = (b = (c = 3))            # Python不支持链式赋名
SyntaxError: invalid syntax. Maybe you meant '==' or ':=' instead of '='?
>>> a = b = c = 3                # 正确的多对一赋名语句
>>> id(3), id(a), id(b), id(c)   # 多对一赋名后的ID测试
(2290387714352, 2290387714352, 2290387714352, 2290387714352)
>>> a = 3;b = 3;c = 3            # 多对一赋名的等价语句
>>> id(3), id(a), id(b), id(c)   # 再进行等价赋名后的ID测试
(2290387714352, 2290387714352, 2290387714352, 2290387714352)
>>> dict(a = 3, b = 3, c = 3)    # 多对一赋名的操作后命名空间
{'a': 3, 'b': 3, 'c': 3}
```

说明： 圆括号是一种内部优先求值的操作符。括在其中的都是表达式而不能是语句，所以解释器给出了语法错误的信息，意思是，你是否原来想写 "==" 或 ":="？

（3）自变赋名

自变赋名是指一个变量所引用的对象值在原来对象值的基础上进行加、减、乘、除等修改。例如，变量原来赋名的对象为3，要对3进行+2的修改，可以使用语句：

a = a + 2

对于这种情况，Python 允许使用算术运算符与赋名操作符组成的复合赋名操作符来简化上述操作式：

a += 2

表1.7 为几个常用的自变赋名操作符——也称复合赋名操作符。

表1.7 常用的自变赋名（复合赋名）操作符

复合赋名操作符	+=	-=	*=	/=	**=	//=	%=
操作内容	自加赋名	自减赋名	自乘赋名	自除赋名	自求幂赋名	自整除赋名	自求余

说明：

① 一个自变赋名操作符由2个或3个字符组成，使用时，一定要注意不要在组成这些操作符的字符之间插入空格。那样，操作符的意义就会改变，甚至不再成为合格的操作符。

② 自变赋名只能用于已经定义（赋名）过的变量。

③ 自变赋名语句主要用于数值型对象。其中的 += 和 *= 也可用于序列型对象（字符串、

元组和列表），分别进行序列的连接和重复。

④ 自变赋名后，将会生成一个新对象。

代码 1.20　自变赋名应用示例。

```
>>> a,b,c,d = 5,'abc',[1,2,3],(1,2,3)
>>> a *= 2
>>> b *= 2
>>> c *= 2
>>> d *= 2
>>> a,b,c,d
(10, 'abcabc', [1, 2, 3, 1, 2, 3], (1, 2, 3, 1, 2, 3))
>>> a += 2
>>> b += '123'
>>> c += ['a','b']
>>> d += ('a','b')
>>> a,b,c,d
(12, 'abcabc123', [1, 2, 3, 1, 2, 3, 'a', 'b'], (1, 2, 3, 1, 2, 3, 'a', 'b'))
>>> a - = 6            # 自变赋名（复合赋名）操作符的字符之间有空格将导致异常
SyntaxError: invalid syntax
>>> b -= '123'         # 序列类型不可进行+=和*=之外的自变赋名操作
Traceback (most recent call last):
  File "<pyshell#20>", line 1, in <module>
    b -= '123'         # 序列类型不可进行+=和*=之外的自变赋名操作
TypeError: unsupported operand type(s) for -=: 'str' and 'str'
>>>
```

1.3.3　Python 命名空间及其表示

随着程序规模的膨胀，为对象命名也成为程序设计者十分头疼的事情：一个程序中多如牛毛的对象需要起名本来就很难做到不重名，即使做到了使用起来也不简单。何况一个大型程序需要多人合作，在起名上互相沟通也要耗费很大精力。解决这个难题的有效措施就是设立不同的命名空间（namespace），让不同的代码块使用自己所属的命名空间，并让不同的命名空间之间相互独立。

在 Python 中，每个函数、类和模块都有自己的命名空间，并且每一个 Python 对象都属于一个特定的命名空间。每个命名空间中的元素都是一个一个的"名字:对象"对。所以，命名空间是以字典的形式存在的。它们都是通过命名操作形成的。在 2.3 节的介绍中将看到，不同的命名空间有不同的生命周期和作用域。

代码 1.21　一个自定义类——Employee 的命名空间示例。

```
>>> Employee.__dict__
mappingproxy({'__module__': 'employee', 'corp_name': 'ABC公司', 'total_emp': 0,
'__init__': <function Employee.__init__ at 0x000001D28C4EBAC0>, 'show_emp_info':
<function Employee.show_emp_info at 0x000001D28C4EBD90>, 'show_corp_info': <cla
ssmethod(<function Employee.show_corp_info at 0x000001D28C4EBE20>)>, '__dict__':
<attribute '__dict__' of 'Employee' objects>, '__weakref__': <attribute '__weak
ref__' of 'Employee' objects>, '__doc__': None})
>>>
```

说明： 可以看到，Python 命名空间中，字典元素的冒号之左都是名字字符串，如 '__module__'、'corp_name'、'total_emp' 和 '__init__'；右边则都是关于对象的描述，如 'employee'、'ABC公司'、0 和 <function Employee.__init__ at 0x000001D28C4EBAC0>。这样，对于属性，立即可以找到对象；而对于方法等，也得到了存储地址，可以实现重复调用了。所以，在 Python 中，命名空间减轻了名字设计的复杂性，大大减轻了程序员的负担，而且它也是解释器进行名字解释的一个有力工具。

1.3.4 对象的引用计数与生命周期

通常，程序中变量的基本用途是命名对象、标识对象的角色。而 Python 变量还有一个重要用途：管理对象的生命周期。一个对象如果还有变量在引用，就说明它还有用；若是已经没有变量引用，就说明它没有了用途，其生命周期已经结束，所占用的资源可以回收了。为此，Python 除为对象定义了 ID、类、应用属性（值）三大属性外，还为对象增添了引用计数作为对象的第四属性，用来跟踪该对象被引用的情况。当判定一个对象没有变量在引用，即在命名空间中没有这个对象与变量组成的键 - 值对时（在特殊情况下可另设一个引用计数的预定值），就认为这个对象已经成为垃圾，其存储空间可以收回了。这一套工作当然是自动执行的。下面分别列出引起对象引用计数变化的操作。

（1）引起对象引用计数 +1 的操作

下面这些操作将会使所关联对象的引用计数器加 1。

① 对象被创建。
② 对象被赋名（包括对象被作为参数传递给函数）。
③ 对象作为容器对象的成员。

（2）引起对象引用计数 -1 的操作

下面的操作将会使所关联对象的引用计数器减 1。

① 本地变量离开其作用域。如函数返回时，将使函数中使用的变量和参数所绑定对象的引用计数减 1。有关内容将在第 2 章介绍。
② 与对象绑定的变量被显式销毁（使用内置命令 del）。
③ 与对象绑定的变量被赋名给其他对象。
④ 对象从一个窗口对象中移除：myList.remove(x)。
⑤ 窗口对象本身被销毁（del myList）或者窗口对象本身离开了作用域。

（3）获取对象的引用数函数 getrefcount()

Python 在内置的 sys 模块中提供了一个函数 getrefcount()，可用来获取对象的引用数。

代码 1.22　引用计数增减示例。

```
>>> from sys import getrefcount    # 导入内置模块sys中的内置函数getrefcount
>>>
>>> getrefcount([1, 2, 3])         # 创建一个列表对象并测试其引用计数器的值
1
>>>
>>> a = [1, 2, 3]                  # 为列表对象[1, 2, 3]赋名——增加一个引用
>>> getrefcount(a)                 # 测试变量a所引用对象的引用计数器值
2
>>>
>>> b = a                          # 对对象[1, 2, 3]间接赋名——间接引用
>>> getrefcount(a), getrefcount(b) # 分别测试变量a和b所引用对象的引用计数器值
(3, 3)
>>>
>>> c = (5, 6, a)                  # a作为元组c的一个元素
>>> getrefcount(a), getrefcount(b) # 再分别测试变量a和b所引用对象的引用计数器值
(4, 4)
>>>
>>> del c                          # 销毁元组c
>>> getrefcount(a), getrefcount(b) # 再分别测试变量a和b所引用对象的引用计数器值
(3, 3)
>>>
>>> a = 5                          # 变量a指向其他对象
>>> getrefcount(a), getrefcount(b) # 再分别测试变量a和b所引用对象的引用计数器值
(81, 2)
```

说明:

① 在这个代码中,列表对象[1,2,3]还没有赋名,引用计数应该为0,但为什么测得1呢?这其实是在将它传送给函数 getrefcount() 时添加的。后来用变量a为其赋名[又向函数 getrefcount() 传送了一次],引用计数增为2;b再通过a间接对对象5赋名,该对象的引用计数再增至3;同时,通过b得到的引用计数也为3。这些都说明,虽然 getrefcount() 是对变量进行引用计数测试,但实际上测试的是该变量所引用的对象上的引用计数,并且所得数据都因测试而增加了1。

② 当a作为c所引用的元组元素时,其引用对象的引用计数也要增1。

③ 最后的测试是获取对象5被变量a赋名后的引用计数,得到的是83。这是因为5是一个小整数,被存储在小整数驻留区,对象驻留区中的对象是不可被回收的。

Python
内存管理

 习题1.3

一、判断题

1. 在 Python 中,变量是内存中被命名的存储位置。(   )
2. 在 Python 中,变量用于引用值可能变化的对象。(   )
3. 在 Python 中,变量对应着内存中的一块存储位置。(   )
4. 在 Python 中,语句 a = b = c = 5 等同于 a = (b = (c = 5))。(   )
5. 按照基于引用技术的垃圾回收器原理。当一个对象的引用数为0时,就会被回收。(   )

二、选择题

1. 对于代码 a = 56,下列判断中,不正确的是_____。
   A. 对象56的类型是整型　　　　　　B. 变量a的类型是整型
   C. 变量a绑定的对象是整型　　　　　D. 变量a引用的对象是整型

2. 下面关于赋名语句 a = b = c = 6 的解释中,两个正确的是_____。
   A. 是一个链式赋名语句　　　　　　B. 相当于 a = (b = (c = 6))
   C. 是一个多对一赋名语句　　　　　D. 相当于 a,b,c = 6,6,6

3. 有下面的代码
a,b = 3,5;
b,a = a,b
执行后,结果是_____。
   A. a引用了对象5,b引用了对象3　B. a和b都引用了对象3
   C. a和b都引用了对象5　　　　　　D. 出现语法错误

4. 有下面的代码
a,b = 3,5
a,b,a = a + b,a -b,a - b
执行后,结果是_____。

A．a 引用了对象 5，b 指向对象 3　　B．a 和 b 都引用了对象 -2
C．出现错误　　D．a 引用了对象 3，b 指向对象 5

5．以下操作中，不会引起对象计数器加 1 的是_____。
A．对象被创建时　　B．对象被赋名时
C．不可变对象的值被修改时　　D．对象被放入容器中时

三、简答题

1．"一个对象可以用多个变量指向"和"一个变量可以指向多个对象"这两句话正确吗？

2．有的程序设计语言要求，使用一个变量前先声明变量的名字及其类型，但 Python 不需要，为什么？

3．执行语句 x，y，z = 1，2，3 后，变量 x、y、z 分别引用哪个对象？若再执行 z，x，y = y，z，x，则 x、y、z 又分别引用哪个对象？

1.4　不变性原则：Python 的不可变对象与可变对象

1.4.1　不变性原则

大千世界变幻莫测，量变质变并存。鉴于此人们树立起了"变化是绝对的、不变是相对的"的世界观。但是，人们又发现，在千形万状的变化中，还隐藏着"万变不离其宗"的根本，并处处存在。这种变与不变的奥秘，吸引了不少人的热情和兴趣。在数学领域，最早定义出了变量（variable）与不变量 (invariant)；在物理学中，率先定义了规范（有限）不变性（如在伽利略变换下的牛顿定律所具有的不变性）和自然（完全）不变性（如两个质点组成的系统所具有的轴对称性）。

1958 年，美国社会心理学家弗里茨·海德（Fritz Heider，1896—1988 年）将变与不变的关系引入到了归因理论中，提出一个观点：如果某种特定原因在许多情境下总是与某种结果相伴，若特定原因不存在，相应的结果也不出现，那么就可以把特定结果归因于那个特定的原因。人们将这段叙述称为归因理论中的不变性原则（immutability principle，IAP）。

不变性原则除了用于通过不变因素构建一个系统模型外，还用于对系统扰动因素的控制。早在 1939 年，苏联学者 Г.В.谢巴诺夫在研究如何遏制和消除扰动对控制系统的影响时，应用不变性原理提出了如下观点：实际的控制系统都会受到外部扰动的影响。如果这种扰动能够被测量出来，就有可能利用它来产生控制作用，以消除其对输出的影响：当系统的被控制变量完全不受扰动作用的影响时，即称系统对扰动实现了完全不变性；当只是被控制变量的稳态不受扰动影响时（动态可能仍受影响），则称实现了稳态（规范）不变性。此后，于 20 世纪 40 到 50 年代，苏联学者 H.H.卢津、Б.H.彼德罗夫等将此发展成为一套完整的理论。

1.4.2　赋值——程序中的主要扰动因素

20 世纪 60 年代中期之后，随着软件危机及其研究的深化，不变性原则也被引入计算机

科学中，其中效果明显的是在程序设计方法学、软件工程和程序设计语言 3 个层面上取得的成果：在程序设计方法学中是用于算法正确性证明的循环不变式；在软件工程中是勃兰特·梅耶（Bertrand Meyer）于 1988 年提出的开闭原则（open closed principle，OCP）——对扩展开放，对修改关闭；在程序设计语言中是关于"变量赋值"副作用的消除和新程序设计模式的发现。

如前所述，"赋值"是在命令式编程中用于描述存储型变量与对象（值）绑定（assignment）关系的汉语词。它操作简单、使用灵活方便，但却带来不少副作用：一个程序往往由许多局部组成，而一个角色往往要涉及许多部位。这样，一个局部的赋值引起的值和程序执行状态的变化，就会影响到不需要这一变化的其他部位以至全局，造成错误。可是，这种错误又不是语法错误，解释器无法发现，而逻辑检查又很费事。更为麻烦的是，为了提高程序设计的效率，许多程序设计语言精简程序代码，将操作符（=）定义为运算符，甚至有的还把运算符（=）与其他运算符进行组合简化，这样就使得表达式的可理解性大大降低。

此外，命令式程序直接或间接地步步离不开变量赋值，而变量赋值又受制于诺伊曼体系"取指令—分析指令—执行指令—再取下一条指令……"的管道运行方式，导致了一系列的变量赋值也只能在那个管道中一步一步地低效、串行迈进。1977 年，美国著名计算机科学家、第一个高级编程语言 FORTRAN 创建者约翰·巴克斯（John Backus，1924—2007 年）在图灵奖获奖演讲中将"变量赋值"称为程序设计语言中的诺伊曼瓶颈。

因此，"变量赋值"被视为 goto 语句之后程序的最大扰动因素，引起了程序设计界的高度重视。但对它的应对就不像对于 goto 语句那样，只要简单地限制就可以。去变量赋值要有一个摸索研究的过程。目前，多数程序设计语言采取分离法，将部分不需要变的变量标记为不变量。例如，C（还有 C++、PHP5、C#.net、HC08C）中的 const 标记、Java 中用的 final 标记等。这样，当对不可变变量进行修改时，就会发生语法错误。对于可变变量，则用命名空间和作用域限制它们在许可的区间修改，以降低变量赋值所引发的蝴蝶效应。

1.4.3　Python 对象的不可变类型与可变类型

（1）Python 不可变类型与可变类型的概念

基于不变性原则，Python 将对象分为了不可变（immutable）和可变（mutable）两大类型。不可变类型包括整数（int）、bool、浮点数（float）、复数（complex）、字符串（str）、元组（tuple）、不可变集合（frozenset）和冻结字典（frozendict）；可变类型包括列表（list）、集合（set）和字典（dict）。

可变类型与不可变类型的根本区别是：可变类型对象被创建之后，还可以在其原来的存储空间不变的前提下进行修改——修改后 ID 不变；而不可变类型对象一经创建，就不可在原来的存储位置上进行修改，若要修改就成为另一个对象——不再是原来的 ID。

代码1.23 Python 的可变对象与不可变对象示例。

```
>>> # 可变对象修改示例
>>> list1 = [1, 2, 3, 4, 5]
>>> list1, id(list1)
([1, 2, 3, 4, 5], 3107805391232)
>>> list1[1], list1[3] = list1[3], list1[1]    # 将1,3两个元素换位
>>> list1, id(list1)
([1, 4, 3, 2, 5], 3107805391232)
>>> list1[1] = 6                                # 修改第1号（位置2）元素
>>> list1, id(list1)
([1, 6, 3, 2, 5], 3107805391232)
>>>
>>> # 不可变对象企图修改示例
>>> tup1 = (1, 2, 3, 4, 5)
>>> tup1, id(tup1)
((1, 2, 3, 4, 5), 3107804939824)
>>> tup1[1], tup1[3] = tup1[3], tup1[1]         # 企图将1,3两个元素换位
Traceback (most recent call last):
  File "<pyshell#28>", line 1, in <module>
    tup1[1], tup1[3] = tup1[3], tup1[1]         # 企图将1,3两个元素换位
TypeError: 'tuple' object does not support item assignment
>>> tup1[1] = 6                                 # 企图修改第1号（位置2）元素
Traceback (most recent call last):
  File "<pyshell#29>", line 1, in <module>
    tup1[1] = 6                                 # 企图修改第1号（位置2）元素
TypeError: 'tuple' object does not support item assignment
>>> tup2 = (1, 4, 3, 2, 5)                      # 重新定义一个元组
>>> tup2, id(tup2)
((1, 4, 3, 2, 5), 3107804939984)
>>> tup3 = (1, 6, 3, 2, 5)
>>> tup3, id(tup3)
((1, 6, 3, 2, 5), 3107804945024)
```

显然，Python 的不可变类型包含了标量类型、序列数据结构、非序列数据结构，这就相当于包含了全部基本数据结构。在此基础上，它又考虑了一些特殊情况下对于数据结构修改的需求，补充了序列的可变型数据结构列表、非序列的可变型数据结构 dict 和 set，这样就可以满足对于所有问题的数据结构需要。所以它是一种既全面、彻底，又灵活的不变性原则实施方案。

（2）不可变类型的好处

不可变类型是函数式编程中的一个核心概念，它强调在创建数据结构之后，不能对其进行修改。当需要对数据进行更改时，函数式编程要求创建一个新的数据结构，并保持原始数据结构不变。这种做法有多个优势。

① 避免了程序状态变化，不会引发一处修改导致的意外的蝴蝶效应。

② 并发和多线程友好：不可变数据结构不会产生数据竞争，具有天然的线程安全性，多个线程可以安全地同时访问和共享数据，降低了出现并发错误的风险。

③ 可预测性：由于数据结构不会被改变，函数的行为是可以预测的，并且相同的输入总会产生相同的输出。这样，可以使程序的行为尽在人们的控制之中，程序代码更容易理解和维护，错误容易追踪，不必担心出现不可预料的异常。

④ 不可变类型有助于实现纯函数（参见 3.2.2 节）。

尽管不可变类型在函数式编程中有很多优点，但它可能导致性能损失，因为需要频繁创建新的数据结构。然而，许多函数式编程语言和库通过优化技术（如持久数据结构和惰性求值）来减轻这种影响，从而在实践中实现高效的不可变数据处理。因此，在进行程序设计特别是在进行函数参数传递时（参见 2.2.3 节），应当首先考虑采用不可变类型。

1.4.4 不可变对象的可哈希性

哈希值

在 Python 中，不可变对象与可变对象还有一个本质的区别——是否可哈希（hash）。哈

希是一种算法，也称杂凑算法，用其可以将任意长度的输入数据映射为具有不可逆性、唯一性和抗碰撞性的数列。Python 的内置函数 hash()，可用来获取一个不可变对象的哈希值。

代码 1.24 hash() 函数应用示例。

```
>>> hash(3)
3
>>> hash(3.14159)
326484311674566659
>>> tup1 = 'a','b',1,2,3
>>> hash(tup1)
-8342641066890977364
>>> str1 = 'ab123'
>>> hash(str1)
-348597318434645456
>>> list1 = ['a','b',1,2,3]
>>> hash(list1)
Traceback (most recent call last):
  File "<pyshell#17>", line 1, in <module>
    hash(list1)
TypeError: unhashable type: 'list'
```

注意： 尽管字典和集合是可变数据类型，即其本身是不可哈希的，但字典要求其键是可哈希的，以保证其键值的不可重复性和不可变性；集合要求其元素是可哈希的，以保证其元素的不可重复性和不可变性。这一特点是构造集合元素和字典键的基本条件。

 习题1.4

一、选择题

1. 下列关于 Python 变量的叙述中，正确的是_____。
   A．在 Python 中，变量是值可以变化的量
   B．在 Python 中，变量可以指向不同对象的名字
   C．变量的值就是它所引用的对象的值
   D．变量的类型与它所引用的对象的类型一致

2. 在 Python 中，下列关于不可变对象的描述中，错误的是_____。
   A．不可变对象是一旦创建，就不可进行修改的对象
   B．不可变对象只可修改值，不可修改类型
   C．修改不可变对象后，原来的 ID 保持不变
   D．不可变对象不允许修改所绑定的变量名

二、判断题

1. 在 Python 中，变量用于引用值可能变化的对象。（   ）
2. 在 Python 中，变量是相对于常量的程序元素。（   ）
3. Python 的不可变数据类型，为构造任何数据结构奠定了基础。（   ）

三、简答题

1. 简述不变性原则在程序设计中的应用。

2. 收集资料,例举程序设计领域有过哪些扰动因素,并说明人们是如何克服的。
3. Python 在实现不变性原则方面有哪些突破?

1.5 运算符与表达式

1.5.1 Python 算术运算符与算术表达式

1)Python 算术运算符

按照操作对象的数目,Python 运算符可以分为单目运算符、双目运算符和三目运算符 3 类。例如,运算符 + 和 -,在作为数字正负号时是单目运算符,在作为加减时是双目运算符。

算术运算符基本上与算术中的运算符相对应,只是将乘、除、模(求余)和乘方(幂)等进行了一下改换,以方便键盘操作。此外还多出一个整除运算符。表 1.8 给出了 Python 内置的算术运算符。需要特别关注的是 Python 中的三种除运算 [真除 (/)、整除 (//) 和求余(%)] 之间的差别。

表 1.8 Python 内置的算术运算符(假定 a=10,b=3)

运算符	操作对象数目	操作	操作对象类型	实例
**	双目	幂	数字	a ** b 返回 1000
+、-	单目	正、负	数字	分别返回 +10,-3
//	双目	地板除(整除)	数字	a // b 返回 3 3.2 // 1.5 返回 2.0
%	双目	求余(求模)	数字	a % b 返回 1 3.2 % 1.5 返回 0.20000000000000018
/	双目	真除	数字	a / b 返回 3.3333333333333335
*	双目	重复	数字	a*b 返回 30
			序列	"abc" *3 返回 "abcabcabc"
+	双目	相加	数字	a+b 返回 13
		拼接	序列	"abc" +" def" 返回 "abcdef"
-	双目	相减	数字	a-b 返回 7

(1)真除"/"与整除"//"

真除也称浮点除,即不管两个操作对象是浮点数还是整数,总是返回一个绝对值向大(正数向 +∞,负数向 -∞)舍入的浮点数。整除则是进行向下(向 -∞)舍入取整运算,但结果不一定是整型数;只有两个操作数都是整型数时,整除的结果才是整型数。

代码 1.25 Python 除运算符规则应用示例。

```
>>> # 真除运算符/
>>> 5 / 1, 5 / 1.0              # 运算符/总是返回一个浮点数
(5.0, 5.0)
>>> 5 / 3, -5 / 3               # 总是向大舍入
(1.6666666666666667, -1.6666666666666667)
>>>
>>> # 整除运算符//
>>> 5 // 3.0, 5 // -3.0         # 地板除:向下舍入为整浮点数
(1.0, -2.0)
>>> 5 // 3,5 // -3              # 两个操作数都是整型数时,返回一个整型数
(1, -2)
```

（2）求模运算符"%"

模运算是返回两个数整除后的余数。由于整除就是绝对值连续相减并计数的过程，因此在求模时，也是绝对值连续相减的过程。在具体计算时，可以使用如下简便算法：

① 两数同号，进行绝对值连续相减，直到被除数的余值不够再减一次时，余数就是所求的模。

② 两数异号，进行绝对值连续相减（实际上是两原数连续相加的过程），直到余数与除数同号时，余数便是所求的模。

显然，上述两种情况下，模的符号一定与除数相同。此外，Python 浮点数也可以求模，算法与整数求模算法相同。

代码 1.26　Python 求模运算符规则应用示例。

```
>>> # 两数同号求模
>>> 3 % 5, -3 % -5          # 被除数小，直接作为模
(3, -3)
>>> 7 % 2, -7 % -2          # 7 - 2 - 2 = 1, 7 - -2 - -2 = -1
(1, -1)
>>>
>>> # 两数异号求模
>>> -3 % 7, 3 % -7          # -3 + 7 = 4, 3 + -7 = -4
(4, -4)
>>> -7 % 3, 7 % -3          # -7 + 3 + 3 + 3 = 2, 7 + -3 + -3 + -3 = -2
(2, -2)
>>>
>>> # 浮点数求模
>>> -3.86 % 2.35            # -3.86 + 2.35 + 2.35 = 0.84
0.8400000000000003
```

2）数值数据的类型转换

双目的算术运算符要求操作对象类型相同，如果类型不同，就要进行类型转换。类型转换的方式有两种：隐式类型转换和显式类型转换。

（1）隐式类型转换

隐式类型转换也称为自动类型转换，Python 对数字表达式的隐式类型转换按照如下规则进行：进行真除时，先将两个操作数转换为浮点数；进行其他双目运算操作时，如果两个操作对象的类型不同，则 Python 会按照如下规则，先转换，后计算操作。

① 如果两个操作对象中一个是 float 类型，另一个也要转换为 float 类型。

② 如果一个是 int 类型，另一个是 bool 类型，则要将 bool 类型的对象先转换成 int 类型，然后进行计算操作。

③ 如果都转换不成，系统就会发出错误信息。

代码 1.27　算术表达式中的隐式类型转换示例。

```
>>> a, b, c = 123, 5.67, 321.0 + 123j
>>> type(a), type(b), type(c)
(<class 'int'>, <class 'float'>, <class 'complex'>)
>>> a + b, type(a + b)        # 整型数与浮点数运算，先要都转换为浮点数再一起运算
(128.67, <class 'float'>)
>>> a + c, type(a + c)        # 整型数与复数运算，先要都转换为复数再一起运算
((444+123j), <class 'complex'>)
```

（2）显式类型转换

显式类型转换也称强制类型转换，就是使用数据类型（type）、类（class）的构造函数进行转换。例如，int 类的构造函数为 int()，float 类的构造函数为 float()，complex 类的构造

函数为 complex()，字符串类的构造函数为 str()，等等。

1.5.2 布尔运算符与布尔表达式

可以得到布尔值的表达式有逻辑表达式和关系表达式。

1）逻辑表达式

（1）逻辑运算的基本规则

逻辑运算也称布尔运算。最基本的逻辑运算只有三种 :not(非)、and(与) 和 or(或)。表 1.9 为逻辑运算的真值表，表示逻辑运算的输入与输出之间的关系。

重要逻辑运算法则

表 1.9　逻辑运算的真值表

a	b	not a	a and b	a or b
True	任意	False	b	True
False	任意	True	False	b

代码 1.28　逻辑运算真值表验证示例。

```
>>> not True, not False                              # 逻辑非
(False, True)
>>> True and True, False and False, True and False   # 逻辑与
(True, False, False)
>>> True or True, True or False, False or False      # 逻辑或
(True, True, False)
```

（2）短路逻辑

在应用中，人们发现逻辑运算有如下规律：

① 对于表达式 a and b，如果 a 为 False，表达式的值就已经确定，可以立刻返回 False，而不用管 b 的值是什么，所以就不需要再执行子表达式 b，即可以将表达式 b 短路掉。

② 对于表达式 a or b，如果 a 为 True，表达式的值就已经确定，可以立刻返回 True，而不用管 b 的值是什么，所以就不需要再执行子表达式 b，即可以将表达式 b 短路掉。

这两种逻辑都被称为短路逻辑 (short-circuit logic) 或惰性求值 (lazy evaluation)，即第二个子表达式"被短路了"，从而避免执行无用代码。

2）关系表达式

布尔对象通常由关系表达式创建。关系表达式由关系运算符（也称判断运算符）构成。Python 关系运算是比较、判等、判是、判含和判属的概称。其中，判属是判断一个元素是否属于一个序列（如列表、元组、集合等），可以使用 in 操作符；判含是判断一个序列是否为另一个序列的子集，可以使用 issuset() 方法。它们在第 5 章才可以用到。通常讲的关系运算符是指表 1.10 所示的 3 种。

表 1.10　Python 关系运算符

名称	符号	功能	示例
比较运算符	==,!=,<, <=, >=, >	大小比较	a==b,a!=b,a<b,a<=b,a>=b,a>b
判是运算符	is, is not	是否为同一对象	a is b,a is not b
判含运算符	in, not in	是否是一个容器成员	a in b,a not in b

代码 1.29 关系运算符用法示例。

```
>>> 2 > 3,2 is 'a', 2 == 'a'
(False, False, False)
>>> 2 + 3 == 8 - 3, 3 + 5 is 8
(True, True)
>>> 2 < 'a'
Traceback (most recent call last):
  File "<pyshell#28>", line 1, in <module>
    2 < 'a'
TypeError: '<' not supported between instances of 'int' and 'str'
```

说明：

① 由两个字符组成的比较运算符中间一定不可留空格。例如，<=、== 和 >= 绝对不可以写成 < =、= = 和 > =。

② 只有当操作对象的类型兼容时，才能进行比较。判等、判是和判含操作则无此限制，不过这样的判是等，没有实际意义，结果显然都是 False。

③ 注意区分 == 与 =，前者进行相等比较，后者进行引用操作。

④ 注意区分判等与判是。判等操作有两个运算符 == 和 !=，用于判定两个对象的值是否相等；判是操作有两个运算符 is 和 is not，用于判定两个对象是否为同一个对象，即它们的身份码是否相同。

⑤ 一般来说，关系运算符的优先级别比算术运算符低。因此，一个表达式中含有关系运算符、算术运算符和引用运算符时，先进行算术操作，再进行关系运算。比较运算符和判等运算符具有左优先的结合性。例如，表达式：

2 + 3 == 7 - 2

先要进行两边的算术计算，再进行判等操作。

⑥ 当一个表达式中有多个关系运算符时，Python 将先对每个关系运算符进行分别操作，然后将所得的多个 bool 值进行"与"操作。

代码 1.30 多个关系运算符连用示例。

```
>>> 5 > 2 < 3 == 3,5 > 2 and 2 < 3 and 3 == 3
(True, True)
>>> 5 > 2 < 3 == 1,5 > 2 and 2 < 3 and 3 == 1
(False, False)
```

1.5.3　Python 表达式的计算顺序

当一个表达式中含有两个以上操作符时，就会出现计算顺序的问题。这与每种操作的计算优先级别有关，即优先级高的运算先执行。如果优先级没有搞清楚，将会导致表达式值错误。

Python 支持几十种运算符，它们被划分成将近二十个优先级。表 1.11 给出了 Python 常用运算符的优先级别。对于初学者来说，那么多的运算符，一时很难记忆准确。就是老程序员也有搞混的时候。为了减少这类低级错误，一个有效的办法是使用圆括号，强制一些运算先执行。也可以用嵌套的全括号来强制地让多个运算按从内到外的顺序执行。

表 1.11 Python 常用运算符的优先级别

名称	符号	优先级
创建容器	(…), […], {…}	高
索引、切片	[i], [I : j]	
分量、成员	.	
函数调用	f(…)	
正负	+（正号）、-（负号）	
乘方	**	
乘除	*、/、//、%	
加减	+、-	
关系	==、!=、>、>=、<、<= is,is not,in,not in	
逻辑非	not	
逻辑与	and	
逻辑或	or	低

1.5.4 字符串的简单操作

（1）字符串的连接与重复

Python 将 + 和 * 两个算术运算符重载为字符串的连接与重复。

代码 1.31　字符串连接与重复示例。

```
>>> '*abc' + "defgh*"          # 用+号连接两个字符串
'*abcdefgh*'
>>> 'abc__' * 3                # 用*号使字符串重复3次
'abc__abc__abc__'
```

（2）将数字字符串转换为数值型对象

用数值类型的构造函数 int()、float() 和 complex()，可以将一个数字字符串分别转换为 int、float 和 complex 类型的数值型对象。

代码 1.32　将数字字符串转换为数值型对象示例。

```
>>> a = '13579'
>>> type(a)
<class 'str'>
>>> b, c, d = int(a), float(a), complex(a)
>>> type(b), type(c), type(d)
(<class 'int'>, <class 'float'>, <class 'complex'>)
>>> b, c, d
(13579, 13579.0, (13579+0j))
```

1.5.5　input() 函数

（1）input() 的基本用法

内置函数 input() 是 Python 程序在执行过程中接收用户数据的通道，原型如下。

`input ([prompt])`

input() 被调用后便会等待用户的键盘输入，当用户键入结束按下回车后，就会把之前用户的键盘输入作为一个字符串对象送到程序中。其中，prompt 是一个字符串类型的可选参数，用于向键入数据的用户给出一些提示信息。它被放在方括号中，表示它是可选的。

代码 1.33 input() 函数用法示例。

```
>>> # input()返回一个str对象。作为一个对象,不可直接参与算术运算
>>> year_birth = input("窝窝出生年份:")      # 从键盘输入出生年份被赋名为year_birth
    窝窝出生年份:2011
>>> age = 2024 - year_birth                 # 计算年龄
    Traceback (most recent call last):
      File "<pyshell#3>", line 1, in <module>
        age = 2024 - year_birth             # 计算年龄
    TypeError: unsupported operand type(s) for -: 'int' and 'str'
>>>
>>> # input()返回d str对象要经数值转换后,才可以直接参加算术运算
>>> age = 2024 - int(year_birth)            # 将year_birth转换为int类型
>>> age
    13
>>>
>>> # input()函数可以作为一个对象直接参加到一个表达式中
>>> print(f'窝窝今年（2024）的年龄：{2024 - int(input("窝窝出生年份:"))}.')
    窝窝出生年份:2011
    窝窝今年（2024）的年龄：13.
```

（2）用一个 input() 方法输入多项数据

split() 可将一个字符串按照指定的分隔符分割成一个子字符串列表，并返回该列表。当一个 input() 函数输入了带有指定分隔符的字符串后，split() 就可以将其分割为几个字符串组成的字符串列表，从而可以用多对多的赋名语句分别为它们赋名。

代码 1.34 借助 split 方法让一个 input 函数输入多个数据。

```
>>> name,age,wage = input("请输入职员的姓名、年龄和工资:").split(',')
    请输入职员的姓名、年龄和工资:蔡彩,38,5678.99
>>> print(f'职员姓名：{name}，年龄：{int(age)}岁，工资：{float(wage)}元。')
    职员姓名：蔡彩，年龄：38岁，工资：5678.99元。
```

1.5.6　f-string 表达式

f-string(formatted string literals，格式化字符串字面量) 是以字符 f 或 F 为前缀、具有（f' ×××{…}×××{…}×××'）形式的字符串。其中，×××是 0 个或多个字符组成的字段；{…} 称为 f-string 中的可替换字段或表达式字段，在运行中可以由 {} 将其中的可求值表达式…转换为 f-string 的一个子字符串字段。所以，从本质上看，f-string 是一种字符串表达式，因为它的某些部分是在运行时才求值（被替换的）。

（1）数据宽度与精度描述

数据宽度和精度是对表达式字段进行格式化的最基本参数。f-string 表达式字段可用的数据宽度和精度描述符见表 1.12 所示。

表 1.12　f-string 中的数据宽度、精度描述符

名称	含义	取值	应用限制
width	宽度	整数	不限
0width	整数宽度，高位补0	整数	不可用于复数和非数字
.precision	精度	整数	浮点数、复数、字符串

（2）数据对齐、填充以及数字符号描述符

f-string 中的数据对齐、填充以及数字符号描述符如表 1.13 所示。

表 1.13 f-string 中的数据对齐、填充以及数字符号描述符

描述符	<	>	^	+	-	前0/空格	,	_（下划线）
功能说明及使用限制	左对齐 字符串默认	右对齐 数字默认	居中	正数加（+）负数加（-）	负数加- 正数不加+	前面填充	千位分隔的两种不同的符号	
				仅用于数字类型				

此外，外部使用 """，可形成多行 f-string。

代码 1.35 f-string 表达式字段中的格式化分量应用示例。

```
>>> from math import pi         # 导入math模块中定义的pi
>>> r = float(input('请输入一个圆的半径：'))
请输入一个圆的半径：3
>>> print(f"""
...      圆的半径：{r:3.2f},
...      周长：   {2 * pi * r:>10.6},
...      面积：   {pi * r * r:>10.6}。""")

     圆的半径：3.00,
     周长：      18.8496,
     面积：      28.2743。
>>> print(f"""
...      圆的半径：{r:3.2f},
...      周长：   {2 * pi * r:>010.6},
...      面积：   {pi * r * r:>010.6}。""")    # 前补0格式

     圆的半径：3.00,
     周长：   00018.8496,
     面积：   00028.2743。
```

（3）类型描述符

在 f-string 的表达式字段的格式化分量中，常常要用类型描述符标示出表达式的类型。表 1.14 给出了 f-string 中的数字类型描述符。

表 1.14 f-string 中的数字类型描述符

格式描述符	含义与作用	适用变量类型
s	普通字符串格式	字符串
b	二进制整数格式	整数
c	字符格式,按Unicode编码将整数转换为对应字符	整数
d	十进制整数格式	整数
o	八进制整数格式	整数
x/X	十六进制整数格式(小/大写字母)	整数
e/E	科学记数格式,以e/E 表示×10^	浮点数、复数、整数(自动转换为浮点数)
f	定点数格式,默认精度(precision)是6	浮点数、复数、整数(自动转换为浮点数)
F	与f 等价,但将nan 和inf 换成NAN 和INF	浮点数、复数、整数(自动转换为浮点数)
g/G	通用格式,较小数用f/F,较大数用e/E	浮点数、复数、整数(自动转换为浮点数)
%	百分比格式	浮点数、整数(自动转换为浮点数)

（4）其他

① 在 f-string 中，用加不加 "#" 来决定二进制、八进制、十六进制数据显示时是否要省略前缀 0b、0o、0x。

② f-string 还提供有时间格式描述符。关于这些内容这里就不介绍了。需要时请上网搜寻。

 习题1.5

一、判断题

1．3+4j 不是合法的 Python 表达式。（　　）
2．表达式 1.+ 1.0e-16 > 1.0 的值为 True。（　　）
3．表达式 int(str(67)) == 67 的值为 False。（　　）
4．运算符 is 与 == 是等价的。（　　）
5．表达式 not(number % 2==0 and number % 3==0) 与 (number % 2 != 0 or number % 3 !=0) 是等价的。（　　）
6．表达式 (x >= 1) and (x < 10) 与 (1 <= x < 10) 是等价的。（　　）
7．Python 列表中所有元素必须为相同类型的数据。（　　）
8．Python 集合中的元素可以重复。（　　）

二、选择题

1．表达式 -1--2---3----4-----5 的值为_____。
　　A．语法错误　　B．-1　　C．-3　　D．3
2．表达式 5 // 3 的输出值为_____。
　　A．1　　　　　　　　　　B．1.6666666666666666
　　C．1.6666666666666667　　D．2
3．表达式 5 / 3 的输出值为_____。
　　A．1　　　　　　　　　　B．1.6666666666666666
　　C．1.6666666666666667　　D．2
4．表达式 5 % 3 的输出值为_____。
　　A．1　　B．1.0　　C．2　　D．2
5．若 x 是一个浮点数，能得到 x 整数部分的表达式是_____。
　　A．int(x)　　B．int x　　C．(int)x　　D．ceil(x)
6．print（2025 % 10 ** 2）的输出值为_____。
　　A．200　　B．25　　C．20　　D．20.25
7．如果 a = 1,b = 2,c = 3, 则表达式 (a == b < c)==(a == b and b < c) 的值为_____。
　　A．-1　　B．0　　C．False　　D．True
8．表达式 a < b == c 等价于_____。
　　A．a < b and a == c　　B．a < b and b == c
　　C．a < b or a == c　　D．(a < b) == c
9．执行语句 x,y = 10,[10,20,30] 后，表达式 x is y 和 x in y 的值分别为_____。
　　A．True,True　　B．False,False　　C．True,False　　D．False,True
10．表达式 all([]),all([[]]),all([[[]]]),all([[[[]]]]) 执行后的结果为_____。
　　A．(True, False, True, True)　　B．(True, False, True, False)
　　C．(False, True, False, True)　　D．(True, False, True, False)

1.6 Python 开发资源

1.6.1 Python 的四层开发资源

Python 3.0
内置函数

Python 之所以后来居上，成为广受青睐的程序设计语言，一个重要的因素在于它有极为丰富的程序开发资源。从应用的角度，Python 的开发资源分为 4 层。

1) 内置资源

内置资源是与解释器组成一体、一同装入内存函数等的资源。这类资源直接拿来就可以使用。最常使用的内置资源有如下几种。

① 输出 / 输入函数：print()、input()。

② 类型转换（对象构造）函数：bool()、int()、str()、tuple()、list()……。

③ 计算函数。表 1.15 为常用的 Python 内置计算函数。

表 1.15　Python 常用内置计算函数

函数	功能	说明
abs(x)	求绝对值	若x为复数,返回复数的模
divmod(a,b)	返回商和余数的元组	a和b可以是整数,也可以是浮点数
max(a,b,c,...)	返回一个数列中的最大值	a、b、c…各为一个数字表达式
min(a,b,c,...)	返回一个数列中的最小值	a、b、c…各为一个数字表达式
pow(x,y[,z])	等效于pow(x,y) % z	z存在时，三个数都必须为整型
round(x[,n])	四舍五入	x:原数;n:要取得的小数位数,缺省为0
sum(iterable[,start])	对iterable中的元素求和,再加上start	iterable必须有包裹;start:一个数字对象

代码 1.36　Python 内置计算函数用法示例。

```
>>> abs(complex(3,-4)),divmod(5,3)
(5.0, (1, 2))
>>> pow(2, 5),pow(2, 3, 5)
(32, 3)
>>> round(2 / 3, 8),round(1 / 3, 3)
(0.66666667, 0.333)
>>> t1 = (3.4, 1.2, 7.8 ,5.6)
>>> max(t1),min(t1),sum(t1),sum(t1,7)
(7.8, 1.2, 18.0, 25.0)
```

④ 自省函数。Python 自省函数是在程序运行过程中，动态地获取对象数据类型以及其内部一些其他属性，并检查这些属性是否与其进行的某些操作相匹配的函数。例如，前面已经使用过的 id() 和 type() 就是两个自省函数。此外，dir() 也是一个很有用的自省函数。它获取对象（包括模块、类等）的属性（attribute）和方法（method）。方法和属性的概念，将在 4.2 节较为详细地介绍。

代码 1.37 用 dir() 获取标准库中 math 模块的所有属性和方法示例。

```
>>> import math
>>> dir(math)
['__doc__', '__loader__', '__name__', '__package__', '__spec__', 'acos', 'acosh'
, 'asin', 'asinh', 'atan', 'atan2', 'atanh', 'ceil', 'comb', 'copysign', 'cos',
'cosh', 'degrees', 'dist', 'e', 'erf', 'erfc', 'exp', 'expm1', 'fabs', 'factoria
l', 'floor', 'fmod', 'frexp', 'fsum', 'gamma', 'gcd', 'hypot', 'inf', 'isclose'
, 'isfinite', 'isinf', 'isnan', 'isqrt', 'lcm', 'ldexp', 'lgamma', 'log', 'log10
', 'log1p', 'log2', 'modf', 'nan', 'nextafter', 'perm', 'pi', 'pow', 'prod', 'rad
ians', 'remainder', 'sin', 'sinh', 'sqrt', 'tan', 'tanh', 'tau', 'trunc', 'ulp']
```

显然，要想看到一个模块中的内容，还必须先将其导入当前作用域中，否则 dir() 就无能为力了。关于 import 的用法，将在下一节介绍。

⑤ 魔法方法（magic method）和魔法属性（magic attribute）。前面 4 种内置资源，都是普通函数形式，总称为内置函数（built-in functions）。魔法方法和魔法属性是系统内置的、可以发挥一些特别功能的机制。它们的名字也很有特色——用双下划线（__）前后包围，以与普通名字相区别，如 lieu__name__ 和 __main__。关于魔法方法和魔法属性，将在 4.3 节较为详细地介绍。

2）Python 标准库

（1）概述

Python 标准库（standard library）是随 Python 解释器一同安装的自带资源库。作为 Python 核心的一部分，标准库提供了许多基本和常用的功能模块。下面是较常用的一些。

① os：包含普遍的操作系统功能。

② sys：提供了一系列有关 Python 运行环境的变量和函数。

③ random：用于生成随机数。

④ time: 主要包含各种提供日期、时间功能的类和函数。

⑤ datetime：对 time 模块的一个高级封装。

⑥ logging：日志处理。

⑦ re：用于实现正则匹配。

⑧ json：用于在字符串和数据类型间进行转换。

⑨ math：数学函数。

（2）标准库模块实例——math

表 1.16 列出了 math 模块提供的 5 个数学常量对象。

表 1.16 math 提供的 5 个数学常量对象

常量对象名	描述
math.e	欧拉数2.718281828459045
math.inf	正无穷大浮点数
math.nan	浮点值NaN (not a number)，表示非数字
math.pi	3.141592653589793，一般指圆周率
math.tau	数学常数 τ = 6.283185...，精确到可用精度。Tau 是一个圆周常数，等于2π，是圆的周长与半径之比

表 1.17 列出了 math 模块中的常用函数对象。

表 1.17　Python math 模块中的常用函数对象

函数对象	功能说明	函数对象	功能说明
acos(x)	返回x的反余弦	fsum(x)	返回x阵列的各项和
acosh(x)	返回x的反双曲余弦	gcd(x，y)	返回x和y的最大公约数
asin(x)	返回x的反正弦	hypot(x，y)	返回$\sqrt{x^2+y^2}$
asinh(x)	返回x的反双曲正弦	isinf(x)	若x=±math.inf，即±∞，则返回True
atan(x)	返回x的反正切	isnan(x)	若x=Non(not a number)，则返回True
atan2(y，x)	返回y/x的反正切	ldexp(m，n)	返回m×2^n，与frexp是反函数
atanh(x)	返回x的反双曲正切	log(x，a)	返回log$_a$x，若不写a，则默认是e
ceil(x)	返回不小于浮点数x的最小整数	log10(x)	返回log$_{10}$x
copysign(x，y)	返回与y同号的x值	log1p(x)	返回log$_e$(1+x)
cos(x)	返回x的余弦	log2	返回x的基2对数
cosh(x)	返回x的双曲余弦	modf(x)	返回x的小数部分与整数部分
degrees(x)	radians反函数，转弧长x成角度	pow(x,y)	返回x^y
exp(x)	返回e^x，也就是e**x	radians(d)	转角度x成弧长，degrees的反函数
expm1(x)	返回e^x-1	sin(x)	返回x的正弦
fabs(x)	返回x的浮点绝对值	sinh(x)	返回x的双曲正弦
factorial(x)	返回x!	sqrt(x)	返回$\sqrt{x}$
floor(x)	返回不大于浮点数x的最大整数	tan(x)	返回x的正切
fmod(x，y)	返回x对y求模的浮点值	tanh(x)	返回x的双曲正切
frexp(x)	ldexp的反函数，返回x=m×2^{n}中的m(float)和n(int)	trunc(x)	返回x的整数部分，等同int

代码 1.38　利用 math 模块的函数计算示例。

```
>>> import math
>>> math.e, math.inf, math.nan, math.tau
(2.718281828459045, inf, nan, 6.283185307179586)
>>> math.factorial(8)
40320
>>> math.log(21), math.log(2.5)
(3.044522437723423, 0.9162907318741551)
>>> math.gcd(36, 27)
9
>>> math.sin(7), math.sin(math.pi), math.tan(15)
(0.6569865987187891, 1.2246467991473532e-16, -0.8559934009085188)
```

3）Python 扩展库

Python 扩展库（extension libraries）也称 Python 第三方库，是由 Python 社区开发、用于增强 Python 的核心功能、提供更广泛的应用场景和解决方案的模块。丰富而时髦的扩展库是 Python 语言的一个亮点。据统计，Python 扩展库的数量已经超过了 18 万个，而且还在迅速增加中。在内容上，Python 扩展库几乎覆盖了信息技术的所有领域，尤其在热门技术方面格外醒目，如早期的爬虫领域、近期的大数据分析和人工智能格外引人注意。在结构上，这些第三方库之间广泛联系、逐层封装，为 Python 的应用提供了强大的支持。以下是一些在不同领域中常用的 Python 扩展库。

（1）数据库操作

SQLAlchemy：一个数据库工具包，为应用程序提供数据库的抽象。

Pymysql：一个用于 Python 的 MySQL 数据库驱动。

Psycopg2：一个用于 Python 的 PostgreSQL 数据库驱动。

（2）数据处理和分析

Pandas：一个强大的数据分析和操作的库。

NumPy：一个强大的科学计算和数值分析库，提供了多维数组、对数组进行复杂运算的函数、线性代数例程、随机数生成器、傅里叶变换以及灵活的广播等功能。

SciPy：一个用于数学、科学和工程的算法和库。

（3）图形和数据可视化

Matplotlib：一个 2D 绘图库。

Seaborn：一个基于 matplotlib 的可视化工具，用于制作更优雅美观的图表。

Plotly：一个交互式图表库，可创建复杂的图表。

（4）图像处理与自然语言处理

Pillow：图像处理库。

OpenCV：计算机视觉库。

Scikit-image：科学图像处理库。

Jieba：中文分词库。

（5）网页开发

Flask：一个轻量级的 Web 应用框架。

Django：一个高级的 Python 网页开发框架。

（6）网络爬虫与网页解析

Requests：一个简单易用的 HTTP 库。

Scrapy：一个为了爬取网站数据，提取结构化数据而编写的框架。

Beautiful Soup：解析 HTML 和 XML 文档。

（7）机器学习和深度学习

TensorFlow：一个用于人工智能的开源库。

PyTorch：一个强大的深度学习库。

Scikit-learn：一个简单有效的数据挖掘和数据分析工具。

（8）安全性和加密

Cryptography：一个用于加密、解密、签名和验证数据的库。

（9）测试

Pytest：一个强大的 Python 测试框架。

（10）日期和时间处理

Dateutil：一个 Python 标准库日期和时间处理的扩展。

（11）异步编程

AIOHTTP：一个异步的 HTTP 服务器和客户端。

Asyncio：一个用于编写异步代码的标准库。

4）用户自建资源库

用户自建资源是程序员或所在公司在以往的项目开发中积累的资产，通常是对某段逻辑或某些函数进行封装，供其他函数调用。需要注意的是，自定义模块的命名一定不能与内置模块重名，否则会将内置模块覆盖。

1.6.2 Python 模块及其导入

1）Python 模块的概念

在学习 1.1.5 节时已经了解到模块（module）就是一个大型代码封装体。这个代码封装体与函数和类的不同之处在于它的仓库性。也就是说，它是 Python 提供的用于保存资源的机制，常用于存储一组功能相关的函数定义、类定义以及常量定义等，并以 .py 文件形式作为可供复用的形式。因此，标准库、第三方库和用户自建资源库都是基于模块的。

2）Python 模块的导入

不管是标准库中的模块，还是第三方库中下载的模块以及用户自己创建的模块，都不随 Python 系统一起调入内存，而只是在外存备用。用户要使用一个模块和一个模块中的资源，就需要先将其用 import 语句导入。导入操作如下：

① 将要导入的代码读进内存，创建一个相应的对象及其命名空间，以便使用；

② 将该对象及其名字形成的键：对象对，加入到当前命名空间中。

（1）import 的基本用法

import 的基本用法有整块导入和单项导入两种形式。它有如下两种格式。

```
import 模块名 [as 别名 ]
from 模块名 import 对象名 [as 别名 ]
```

有关示例前面已经给出，这里不再赘举。只是以下两点需要注意。

① 将一个模块整体导入后，可以使用其中的任何对象；用 from 只能导入指定的对象。

② 在当前模块中，整体导入另一个模块后，就会形成两个命名空间：当前模块的命名空间和导入模块的命名空间。若要在当前模块中使用导入模块中定义的名字，就必须在该名字前加上导入模块的模块名前缀。而 from 是将一个模块的命名空间中的一个或几个元素 (键 - 值对) 导入命名空间，使用这些对象时，不再需要在名字中加上原来模块的名字前缀；若当前命名空间中有与导入对象相同的名字时，将会被覆盖。有关内容将在 2.3 节进一步介绍。

代码 1.39　模块导入时造成的名字冲突示例。

```
>>> pi = 5
>>> pi
5
>>> from math import pi
>>> pi
3.141592653589793
```

（2）import 的扩展用法

import 语句可以同时导入多个模块，语法如下：

```
import 模块名 1[as 别名 1] [,模块名 2[as 别名 2]]…
```

from 语句也可以同时导入多个对象，语法如下：

```
from 模块名 import 对象名 1 [as 别名 1], 对象名 2 [as 别名 2]…
```

关于它们，就不再举例说明了。

（3）import 的泛型格式

import 的泛型格式如下，它会将一个模块中的所有对象都导入到当前作用域。

```
from 模块名 import *
```

因此，它会严重污染当前命名空间，不太推荐。

（4）导入时的文件编译

通常，导入操作中伴随着编译。当一个模块（.py 文件）第一次导入时，Python 解释器将自动将其编译成字节码（byte-code file）格式——.pyc 文件。后续的导入操作就可以直接读取 .pyc 文件；但是，若 .py 文件被修改，就要重新生成 .pyc 文件。

若 Python 解释器使用 -O 选项，则模块第一次被导入时，就会生成优化的字节码文件（optimized file）——.pyo 文件。

1.6.3 Python 包及其导入

1）包的概念

包（package）是 Python 组织模块的机制，相当于包含了一个或多个模块的文件夹。用包将相关的模块组织在一起，可以更好地管理和维护代码。每个包中都会包含一个特殊的文件 __init__.py，用于包的初始化，并告诉 Python 解释器这是一个包。

2）包的导入

（1）包导入语句的主要格式

有了包的组织，就有了层级关系。需要时，层级关系使用点号（.）表示。下面是几种主要的包导入语句格式。

① 直接导入：

import 包名

import 包名 as 别名

import 包名 . 模块名

import 包名 . 模块名 as 别名

import 包名 . 子包名 . 模块名

import 包名 . 子包名 . 模块名 as 别名

② 多包导入：import 包名 1, 包名 2, ……，导入多个包。

③ 部分导入。from 包名 import 模块名，导入包中一个模块。

④ 通配符导入：from 模块名 import*，导入指定包下所有模块。

（2）相对导入与绝对导入

① 绝对导入（absolute import）。绝对导入是从包的最顶层开始指定完整路径导入模块。通常需要明确指定完整的包路径。上述几种导入基本都是绝对导入。

② 相对导入（relative import）。当知道目标模块（文件）相对于当前模块的路径时，可以采用相对导入。相对导入的格式是使用不同的点号来表示相对路径的层级关系：. 表示当前模块；.. 表示上一层模块；... 表示上上层模块。例如：

from .import 文件名

from .. import 模块名

相对导入很容易出错。因此建议初学者尽量先使用绝对导入。

# 习题1.6

一、判断题

1. Python 扩展库需要导入以后才能使用其中的对象，Python 标准库不需要导入即可使用其中的所有对象和方法。（　　）

2. 尽管可以使用 import 语句一次导入任意多个标准库或扩展库，但是仍建议每次只导入一个标准库或扩展库。（　　）

二、选择题

1. 表达式 divmod(123.456, 5) 的输出值为_____。
   A．(24, 3.456000000000003)　　　　B．(25, 1.543999999999997)
   C．(24.0, 3.456000000000003)　　　D．(25.0, 1.543999999999997)

2. 表达式 divmod(-123.456, 5) 的输出值为_____。
   A．(-24, 3.456000000000003)　　　　B．(-25, 1.543999999999997)
   C．(-24.0, 3.456000000000003)　　　D．(-25.0, 1.543999999999997)

3. 表达式 sqrt(4)*sqrt(9) 的值为_____。
   A．36.0　　B．1296.0　　C．13.0　　D．6.0

4. 表达式 pow(3, 2，-7) 的值为_____。
   A．2　　B．-2　　C．-5　　D．5

5. 表达式 abs(complex(-3，-4)) 的值为_____。
   A．-7　　B．-1　　C．-5　　D．5

6. 利用 import math as mth 导入数学模块后，用法_____是合法的。
   A．sin(pi)　　　　　　　　　　B．math.sin(math.pi)
   C．mth.sin(pi)　　　　　　　　D．mth.sin(mth.pi)

三、实践题

在交互编程模式下，计算下列各题。

1. 将一个任意二进制数转换为十进制数。

2. 一架无人机起飞 3min 后飞到了高度 200m、水平距离 350m 的位置，计算该无人机的平均速度。

3. 已知一个矩形的长和宽，求对角线长。

4. 已知三角形的两个边长及其夹角，求第三边长。

5. 边长为 a 的正 n 边形面积的计算公式为 $S=\dfrac{1}{4}na^2\cot(\pi/n)$，给出这个公式的 Python 描述，并计算给定边长、给定边数的多边形面积。

6. 自己测试 5 个 Python 内置函数。

7. 自己测试 5 个 Python 标准库模块的内容。

第 2 章
Python 结构化编程基础

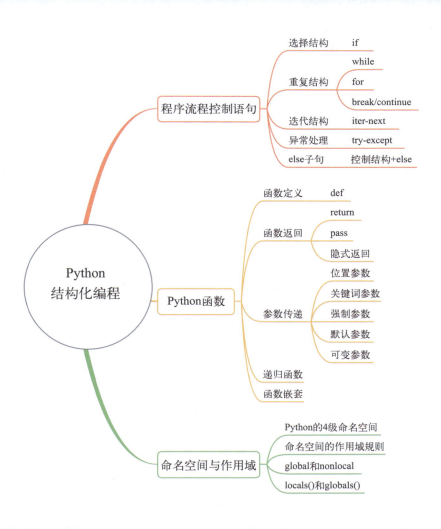

20世纪60年代，刚经过蹒跚学步的少年计算机，正踌躇满志地开拓更广阔的发展空间的时候，软件危机如一场噩梦般不期而至，搅得它如陷泥塘、晕头转向。然而，困境总是为想有作为的人提供的大展才华的机会。1968年，唐纳德·克努特（Donald Ervin Knuth，1938年—）以介绍算法为主的巨著《计算机程序设计的艺术》开始分卷陆续出版；同年，尼古拉斯·沃斯（Niklaus Wirth，1934年—）提出了结构化程序设计的想法；1976年，沃斯出版了他的名著《算法＋数据结构＝程序》。这些成果，标志着一条以"自顶向下，逐步细化""清晰第一，效率第二"思想修筑的面向过程的软件开发大道已经形成。这一章将从程序流程控制、函数定义、命名空间与作用域三个方面介绍Python语言的保障机制。掌握了这些技术，才算踏进了Python程序设计之门。

2.1 Python 流程控制语句

一般说来，一个程序中的语句在内存中的存储有一定的顺序。如果程序完全按照这个顺序执行，程序的效率就会极低，占用的存储空间就会极大，还有许多算法极难实现。在长期的实践中，人们发现有两种语句执行结构是最基本的流程控制结构：选择结构和重复结构。这两种结构，与顺序执行一起构成了如图2.1所示的程序流程的三种基本结构。

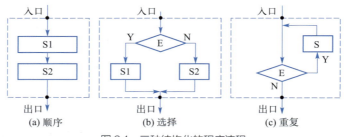

图 2.1　三种结构化的程序流程

业已证明，由这三种基本流程控制结构，就可以构造出各种各样的算法。目前，各种程序设计语言，都将选择结构和重复结构定义成复合语句——在语法上相当于一个语句。

2.1.1　选择结构：if 语句

选择结构多用 if 语句实现。它有多种形式。
（1）if-else 型的 if 语句

if-else 型是一种二选一结构，它构造了如图2.2所示的流程关系：当某一条件为 True 或其他等价值时，就执行语句块 1，否则执行语句块 2。其语法格式如下。

```
if 条件:
    语句块 1
else:
    语句块 2
```

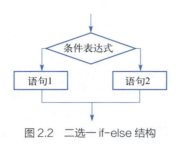

图 2.2　二选一 if-else 结构

代码 2.1　输出一个数的绝对值。

```
>>> x = float(input('请输入一个数:'))
请输入一个数:123
>>> if x < 0.0:
...     print(f'{x}的绝对值为：{-x}')
... else:
...     print(f'{x}的绝对值为：{x}')
...
...
123.0的绝对值为：123.0
```

（2）条件表达式

if-else 选择结构也可以用一个条件表达式的形式表示。其语法格式如下。

表达式 1 if 条件 else 表达式 2

这里，if 和 else 为必须一起使用的条件操作符。它的运行机理为：执行表达式 1，除非命题为假 (False) 才执行表达式 2。它常常使得代码极为简单清晰。

代码 2.2　用条件表达式计算一个数的绝对值。

```
>>> x = float(input("请输入一个数:"))
请输入一个数:123
>>> print(f'{x}的绝对值为:{-x if x < 0.0 else x}.')
123.0的绝对值为:123.0.
```

（3）蜕化的 if 语句

Python 允许 if-else 语句中省略 else 子语句，蜕化 (degenerate) 为单分支 if 语句，流程结构如图 2.3 所示。

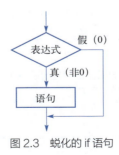

图 2.3　蜕化的 if 语句

代码 2.3 用单分支 if 计算一个数的绝对值。

```
>>> x = float(input("请输入一个数:"))
请输入一个数:-123
>>> if x < 0.0:
...     x = -x
...
>>> print(f'{x}的绝对值为:{x}.')
123.0的绝对值为:123.0
```

（4）if __name__ == "__main__" 语句

在交互式环境中编程，每输入一句，便解释一句，发现错误可随即处理。但是，随着学习的深入，就会对此感到厌烦。例如像代码 2.1 中有输入输出语句出现时，就会使代码支离破碎。在这种情况下，使用 if __name__ == "__main__" 语句可以将多个语句封装成一个模块。当判定它是一个顶层模块时，便可对这个模块进行一次性解释、执行。

代码 2.4 用 if __name__ == "__main__" 语句改写代码 2.1。

```
>>> if __name__ == "__main__":
...     x = float(input('请输入一个数:'))
...     if x < 0.0:
...         print(f'{x}的绝对值为：{-x}')
...     else:
...         print(f'{x}的绝对值为：{x}')
...
请输入一个数:-123
-123.0的绝对值为：123.0
```

（5）多分支 if-elif-else 语句

当一个问题中有多个条件时，就需要用到 if-elif-else 语句了。它的流程结构如图 2.4 所示。它的语法框架如下。

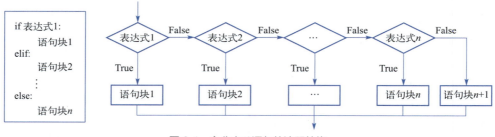

图 2.4　多分支 if 语句的流程结构

例 2.1 表 2.1 为联合国世界卫生组织 (World Health Organization，WHO) 经过对全球人体素质和平均寿命进行测定，对五个年龄段划分标准做出的新规定。

表 2.1　世界卫生组织提出的五个人生年龄段

年龄	0～17	18～65	66～79	80～99	100及以上
年龄段	未成年人	青年人	中年人	老年人	长寿老人

代码 2.5 采用 if-elif-else 语句进行年龄段判断。

```
>>> if __name__ == "__main__":
...     age = int(input('请输入您的年龄:'))
...     if age < 18:                # 先看是否<18，小者为未成年人
...         s = '您是未成年人。'
...     elif age < 66:              # 再看是否<66，小者为青年人
...         s = '您是青年人。'
...     elif age < 80:              # 再看是否<80，小者为中年人
...         s = '您是中年人。'
...     elif age < 100:             # 再看是否<100，小者为老年人
...         s = '您是老年人。'
...     else:                       # 不小于100者为长寿老人
...         s = '您是长寿老人。'
...     print(s)
...
请输入您的年龄:50
您是青年人。
```

2.1.2 重复结构：while 语句

（1）while 语句的基本语法格式

while 是一个重复结构，即让所控制的语句块在满足某个条件的情况下，不断重复执行，直到条件不再满足。其基本语法格式如下：

> while 条件：
> 　　语句块（循环体）

说明： 当程序流程到达 while 时，while 就以设定的命题作为循环条件，来决定是否执行其循环体：命题为 True，则执行；为 False，则结束该语句。每执行完一次循环体，就会重新进入该语句，并再对作为条件的命题进行一次测试：为 True，就再次执行该循环；为 False，就结束该循环。

代码 2.6 用 while 结构输出 2 的乘幂序列。

```
>>> if __name__ == "__main__":
...     n = int(input("请输入序列项数："))
...     power = 1              # 指向幂对象，初始化为1
...     i = 0                  # 计数器，初始化为0
...     while i <= n :         # 计数器加1，不大于n时，进入下一循环
...         print(f'2^{i} = {power}')  # 输出本轮求出的幂
...         i += 1             # i增1
...         power *= 2         # 计算下一轮的幂
...
请输入序列项数：5
2^0 = 1
2^1 = 2
2^2 = 4
2^3 = 8
2^4 = 16
2^5 = 32
```

说明：

① 这里 i 作为一个计数器，每计算（循环）一次，便指向另一个大 1 的对象，以便计算一个新的幂。同时，i 还肩负着控制循环次数的功能。这种用于控制循环次数的变量，通常也称为循环变量。

② 之所以将 power 所引用的对象初值设为 1，是因为 power 所引用的对象要进行乘操作；而将 i 所引用的对象初值设为 0，是因为 i 所引用的对象要从 0 起不断进行加 1 操作。

（2）由用户输入控制循环

在游戏类程序中，当用户玩了一局后，是否还要继续不能由程序控制，要由用户的选择决定：是"继续进入下一局"，还是"残忍地退出"。在用户命令式界面中，与此类似的情形是采用哨兵值（sentinel value）进行控制。哨兵值是一系列值中的某个特殊值。用哨兵值控制循环就是每循环一次，都要检测一下这个哨兵值是否出现。一旦用户输入了哨兵值，就退出循环。

代码 2.7 用哨兵值控制循环分析考试情况：记下最高分、最低分和平均分。

```python
>>> if __name__ == "__main__":
...     total = highest = 0                              # 总分数、最高分数初始化
...     minimum = 100                                    # 最低分数初始化
...     count = 0                                        # 成绩计数器初始化
...     score = int(input('输入一个分数：'))              # 输入第一个分数
...     while score != -1:                               # 输入不是哨兵值时继续
...         count += 1                                   # 成绩计数
...         total += score                               # 分数累加
...         highest = score if score > highest else highest    # 决定当前最高分数
...         minimum = score if score < minimum else minimum    # 决定当前最低分数
...         score = int(input('输入一个分数：'))          # 输入下一个分数
...
...     # 输出结果
...     print(f'最高分 = {highest}，最低分 = {minimum}，平均分 = {total/count}。')
...
输入一个分数：83
输入一个分数：79
输入一个分数：95
输入一个分数：-1
最高分 = 95，最低分 = 79，平均分 = 85.66666666666667。
```

（3）while 语句嵌套

循环嵌套就是一个循环中还存在一层或多层循环的语句控制结构。

代码 2.8 用 while 结构输出一张左下直角三角形九九乘法表。

```python
>>> if __name__ == "__main__":
...     i = 1
...     # 输出表头
...     while i <= 9:
...         print(f'{i:4d}', end = '')                   # 在一行中输出9个数字
...         i += 1
...     print()                                          # 输出一个换行符
...     print('-' * 36)                                  # 输出36个'-'
...     # 输出表体
...     k = 1
...     while k <= 9:                                    # 输出9行
...         j = 1
...         while j <= k:                                # 在一行中输出9个数字
...             print(f'{ k * j:4d}', end = '')
...             j += 1
...         print()                                      # 一行用换行结束
...         k += 1
...
   1   2   3   4   5   6   7   8   9
------------------------------------
   1
   2   4
   3   6   9
   4   8  12  16
   5  10  15  20  25
   6  12  18  24  30  36
   7  14  21  28  35  42  49
   8  16  24  32  40  48  56  64
   9  18  27  36  45  54  63  72  81
```

2.1.3 迭代与 iter-next 结构

(1) 遍历与迭代

遍历 (traversal)，是指沿着某条搜索路线，依次对结构中的每个节点均做一次访问。迭代是一个古老的词，有交换替代之意，如《东京赋》所云："春秋改节，四时迭代。"

在数学中，迭代（iteration）是指一种算法，它通过一个重复的计算，不断在旧值的基础上推出新值，逐步逼近问题的解。对于一个数据集合来说，迭代往往是指按照某种顺序每次取出一个元素进行处理，直到找到满意的元素，或将集合众多元素取完为止。在命令式编程中，迭代需要使用重复结构。

代码 2.9 用重复结构在序列中由一个元素迭代出下一个元素。

```
>>> aTup = (9, 7, 5, 3, 1)
>>> i = 0
>>> while i < len(aTup):
...     print(aTup[i])
...     i += 1
...
9
7
5
3
1
```

说明： 元组是一种序列，其中的元素是按照顺序排列的。序列中的元素可以通过从 0 开始的标号进行访问并将这些标号放在一对方括号中，称为索引或下标。例如 aTup[0]、aTup[1]、aTup[2]，分别表示元组 aTup 中的第 0、第 1、第 2 个元素。

(2) 可迭代对象

可以进行迭代操作的数据对象称为可迭代对象。从迭代的系列看，可迭代对象都属于 iterable 类。或者说，可迭代对象都是 iterable 类的实例。iterable 类定义在 collections 的子模块 abc 中。要使用它，就要将这个模块导入当前作用域中。

另外，Python 有一个内置函数 isinstance()，用于判断一个对象是否为某一个类的实例。因此，要判断一个对象是否为可迭代对象，就可以用 isinstance() 判断一下它是否为 iterable 类的实例。

代码 2.10 用 isinstance() 函数判断一个对象是否是 iterable 实例。

```
>>> from collections.abc import Iterable
>>> isinstance(int, Iterable), isinstance(float, Iterable), isinstance(bool, Iterable)
(False, False, False)
>>> isinstance([], Iterable), isinstance((), Iterable), isinstance('', Iterable)
(True, True, True)
>>> isinstance({}, Iterable)
True
```

说明：
① Python 内置容器 list、tuple、string、dictionary、set、文件都是可迭代的。
② 标量类型都不是可迭代的。

(3) 迭代器、iter() 函数与 next() 函数

迭代器（iterators）是可以生成遍历可迭代对象数据流并将其存放在内存的对象。在 Python 中，迭代器可以用内置函数 iter() 创建。其基本语法是：

```
iter(iterable)
```

其中，iterable 是一个可迭代对象，比如列表、元组、字符串等。

next() 也是一个内置函数，用于获取迭代器的下一个元素。迭代器是一种可以逐个访问元素的对象。next() 函数的基本语法是：

`next(iterator, default)`

其中 iterator 是一个迭代器对象，default 是可选参数，用于指定在迭代器耗尽时返回的默认值或提示。

代码 2.11 用 iter-next 结构迭代。

```
       Type "help", "copyright", "credits" or "license()" for more information.
>>> my_iterable = [1,3,5,7,9]          # 创建一个可迭代对象
>>> my_iiterator = iter(my_iterable)   # 基于my_iterable构建一个迭代器
>>>
>>> # 用next()逐个获取迭代器元素
>>> next(my_iiterator)
1
>>> next(my_iiterator)
3
>>> next(my_iiterator)
5
>>> next(my_iiterator)
7
>>> next(my_iiterator)
9
>>> next(my_iiterator)
Traceback (most recent call last):
  File "<pyshell#9>", line 1, in <module>
    next(my_iiterator)
StopIteration
>>>
>>> next(my_iiterator,'迭代已经结束') # 使用default参数指定迭代结束时的告知信息
'迭代已经结束'
```

2.1.4　for 结构

for 语句是一种迭代式重复结构。即由可迭代对象来控制重复过程。其语法结构为：

`for 循环变量 in 可迭代对象：`
　　`语句块（循环体）`

（1）用序列控制 for 语句

序列控制迭代过程，就是利用其元素之间的顺序来实现元素之间的迭代。

代码 2.12 用序列控制 for 循环示例。

```
>>> if __name__ == '__main__':
...     rGDPPC_Chinese_Cities_2023 = ["无锡","北京","苏州","常州","舟山"]
...     print("2023中国城市人均GDP排行榜前五名：',end ='')
...     for city in rGDPPC_Chinese_Cities_2023:
...         print(f'{city}, ',end ='')
...
...
2023中国城市人均GDP排行榜前五名：无锡, 北京, 苏州, 常州, 舟山,
```

说明：这个代码执行时，循环变量 city 会依次对列表 rGDPPC_Chinese_Cities_2023 中的元素进行访问；每访问一个元素，执行一次循环体，直到这个可迭代对象中的元素都访问过，才结束 for 语句。这种将一个数据结构中的数据都访问一遍的过程就是遍历（traversal）。所以，for 也可称作遍历式重复结构。或者说，凡是可以用 for 遍历的数据结构都是可迭代对象。

（2）用 range() 控制 for 循环

在 Python 中，内置函数 range() 返回的是一个可迭代对象，是一个特殊的迭代器。具体地说，range() 能生成一个左闭右开的整数序列，通常用于 for 循环中，以控制循环的次数或迭代到特定的数值范围。其语法如下。

```
range(start,stop[,step])
```

其中，start 指的是计数起始值，默认是 0；stop 指的是计数结束值，但不包括 stop；step 是步长，默认为 1，不可以为 0。

代码 2.13　range 用法示例：输出一个矩形九九乘法表。

```
>>> if __name__ == '__main__':
...     for i in range(1, 10):
...         print(f'{i: 4d}', end = '')
...     print()
...     print(f'{"-" * 36}')
...     for i in range(1, 10):
...         for j in range(1, 10):
...             print(f'{i * j: 4d}', end = '')
...         print()
...
    1   2   3   4   5   6   7   8   9
------------------------------------
    1   2   3   4   5   6   7   8   9
    2   4   6   8  10  12  14  16  18
    3   6   9  12  15  18  21  24  27
    4   8  12  16  20  24  28  32  36
    5  10  15  20  25  30  35  40  45
    6  12  18  24  30  36  42  48  54
    7  14  21  28  35  42  49  56  63
    8  16  24  32  40  48  56  64  72
    9  18  27  36  45  54  63  72  81
```

说明： 这个 range 元素参与了循环体内操作。由于 range 产生的是左闭右开的等差整数序列，即该序列不包括终值，所以，要最后用 9，必须将终值设定到 10。

2.1.5　break 语句与 continue 语句

图 2.5 为 break 与 continue 功能示意图。

图 2.5　break 与 continue 的功能示意图

break 语句也称循环中断语句。当循环到某一轮的某一语句便有了结果，无须再循环执行时，就可用 break 跳出本循环语句。

continue 语句也称循环短路语句。当某一轮循环体执行到某一语句便有了这一轮的结果，后面的语句不需要执行时，就可用这个语句"短路"该层后面还没有执行的语句，直接跳到循环起始处，进入下一轮循环。

注意： 在循环嵌套结构中，它们只对本层循环有效。

例 2.2 输出 2～100 中间的素数。

① 大致思路：对 range(2,101) 进行迭代判断，看哪个是素数，就打印哪个数。

```
for n in range(2,101):
    判断 n 是不是素数
    if n 不是素数：
            跳过后面的语句，取下一个数
    else:
            print(f'{n:d}',end = ',')
```

② 判断 n 是不是素数，就依次用 2～int（2^{-2}+ 1）之间的自然数对 n 求余，一旦发现为 0，则 n 就不是素数，立即结束对 n 的继续测试；否则继续测试，直至测试完成。算法描述如下：

```
for i in range(2, int(2 ** 0.5 + 1)):
    if n % i == 0:
        n 不是素数
        break
    else:
        n 是素数
```

③ 为标记 n 是否为素数，可设置一个标记 flag。

至此，就可以用下面的代码描述一个完整的程序了。

代码 2.14 输出 2～100 之间的素数。

```
>>> if __name__ == '__main__':
...     print('2~100 之间的素数为：', end = '')
...     for n in range(2, 101):
...         flag = 1
...         for i in range(2, n // 2):
...             if n % i == 0:
...                 flag = 0
...                 break
...             else:
...                 continue
...         if flag == 0:
...             continue
...         else:
...             print(f'{n:d}', end = ',')
...
2~100 之间的素数为：2, 3, 4, 5, 7, 11, 13, 17, 19, 23, 29, 31, 37, 41, 43, 47, 53, 59, 61, 67, 71, 73, 79, 83, 89, 97,
```

2.1.6 for 和 while 的 else 子句

看到代码 2.14，人们总会有一个感觉：内层的 else 子句与外层的 if 子句作用相同，是否可以去掉一个呢？答案是肯定的。在 Python 中，遇到这样的情形，完全可以将外层的 if 子句去掉，形成一种 for-else 结构。

代码 2.15　代码 2.14 改用 for-else 语句后的情形。

```
>>> if __name__ == '__main__':
...     print('2~100 之间的素数为：', end = '')
...     for n in range(2, 101):
...         flag = 1
...         for i in range(2, n // 2):
...             if n % i == 0:
...                 flag = 0
...                 break
...         else:
...             print(f'{n:d}', end = ',')
...
2~100 之间的素数为：2, 3, 4, 5, 7, 11, 13, 17, 19, 23, 29, 31, 37, 41, 43, 47, 53, 59, 61, 67, 71, 73, 79, 83, 89, 97,
```

当然，也会有 while-else 语句，其用法与 for-else 相同，不再予以介绍。显然，这种结构的存在，让程序简洁了许多。

2.1.7　异常处理与 try-except 语句

1）程序错误与异常分类

程序设计是一种高强度的脑力劳动，尽管在编程中人们千思万虑，但"智者千虑，难免一失"。一般说来程序错误主要来自如下 3 个方面。

（1）语法错误

语法错误一般会在程序编译／解释时被发现，并指出错误的类型、位置信息。

代码 2.16　Python 解释器发现访问未定义名字引发的异常示例。

```
>>> r = 5
>>> s = pi * r ** 2
Traceback (most recent call last):
  File "<pyshell#1>", line 1, in <module>
    s = pi * r ** 2
NameError: name 'pi' is not defined
```

代码 2.17　Python 解释器发现因语法错误引发的异常示例。

```
>>> import = 5                  # 关键词作变量
SyntaxError: invalid decimal literal
>>> a = '无锡市"               # 右引号用了汉语引号，被认为字符串没有结束符
SyntaxError: unterminated string literal (detected at line 1)
>>> a = 5
>>> if a = 0:                   # 该用==的地方写成=
SyntaxError: invalid non-printable character U+3000
>>> if a == 5                   # 缺少了冒号
SyntaxError: invalid decimal literal
>>> if a >= 0:
... print(a)                    # 没有缩格
... else:
...     print(-a)
...
SyntaxError: expected an indented block after 'if' statement on line 1
```

代码 2.18　Python 解释器发现类型错误引发的异常示例。

```
>>> a, b = '123', 321
>>> c = a + b
Traceback (most recent call last):
  File "<pyshell#11>", line 1, in <module>
    c = a + b
TypeError: can only concatenate str (not "int") to str
```

代码 2.19 Python 解释器发现被 0 除引发的异常示例。

```
>>> 5 / 0                           # 除数为0
Traceback (most recent call last):
  File "<pyshell#13>", line 1, in <module>
    5 / 0                           # 除数为0
ZeroDivisionError: division by zero
```

这些错误被称为 Python 内置异常类，也称 Python 标准错误类，它们形成了一个如图 2.6 所示的层次结构。

Python 3.0
标准异常类
结构
(PEP 348)

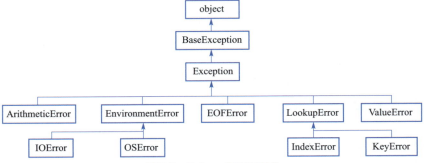

图 2.6　Python 标准错误类

除了标准错误类，Python 还定义了一些标准（内置）警告类。它们是当解释器对某些代码存在疑惑时，给用户（程序员）发出的警告信息。

（2）逻辑错误

逻辑错误是可以通过编译／解释，但无法得到预期结果的错误。这类错误可以通过测试发现，错误发现的多少和位置是否准确，由测试用例的设计水平决定。

（3）运行时出现异常现象

运行错误包括多种，如网络中断、用在运行中变成零的数据作除数、试图打开一个已经被删除的文件、试图装载一个不存在的模块，使程序莫名其妙退出运行，这种情况称为运行异常。这是程序设计时对于异常发生原因估计不足所造成的。

从严格的意义上看，只有上述第 3) 种现象，才能称之为"异常"（exception）。但是，在具体对出现的现象进行界定时，就有了不同的理解。如有的人仅把上述第 3) 种现象称为程序异常，认为语法错误和逻辑错误虽然可以导致程序不正常运行，但是它们是人们可以预料的，不能称为异常；有的人则把导致程序不能正常运行的现象都称为程序异常。例如，Python 把标准错误类都放到 exception 下，就说明它把语法错误也当作了异常。甚至，有人也把某些逻辑错误当作程序异常。因为，程序测试并不能百分之百地发现程序中的逻辑错误。

2) try…except 语句

try…except 语句用于将程序中的一段可能会形成异常的代码块与其对应的处理代码段（一块或多块）封装在一起，形成一个有相对独立性的复合语句。其语法格式如下。

```
try:
    被监视的语句块
except 异常类型1 as 异常信息变量1:
    异常类型1处理语句块
except 异常类型2 as 异常信息变量2:
    异常类型2处理语句块
…
```

说明：

① try 子句的作用是将有可能出现异常的语句段隔离成一个监视区。其冒号后面语句块的执行过程，一有操作错误，便会由 Python 解释器抛出一个异常。try 具有强大的异常抛出能力，凡是异常都可以发现并抛出。

② except 子句的作用是捕获并处理异常。一个 try…except 语句中可以有多个 except 子句。try 抛出异常后，这个异常就按照 except 子句的顺序，一一与它们列出的异常类进行匹配，最先匹配的 except 就会捕获这个异常，并交由后面的代码块处理。一条 except 子句执行后，就不会再由其他 except 子句处理了。显然，except 的异常捕获能力由其后所列出的异常类决定：列出什么样的异常类，就捕获什么样的异常；列出的异常类级别高，所捕获的异常就是其所有子类。

③ 在 except 子句中，可以通过 as 关键词绑定一个变量引用异常的详细信息，以便在后续的代码中使用这个异常对象进行更详细的处理或报告。

④ 在函数内部，如果一个异常发生却没有被捕获到，这个异常将会向上层（如调用这个函数的函数或模块）传递，由上层处理；若一直向上到了顶层都没有被处理，则会由 Python 默认的异常处理器处理，甚至由操作系统的默认异常处理器处理。

代码 2.20　try…except 语句应用示例。

```
>>> try:
...     x = eval(input('input x:'))
...     y = eval(input('input y:'))
...     w                    # 一个无用的符号
...     z = x / y
...     print(f'计算结果为:{z}')
... except NameError as e:
...     print(f'NameError:{e}')
... except ZeroDivisionError as e:
...     print(f'ZeroDivisionError:{e}')
...     print('请重新输入除数:')
...     y = eval(input('input y:'))
...     z = x / y
...     print(f'计算结果为:{z}')
...
...
input x:5
input y:3
NameError:name 'w' is not defined
```

说明：

① 这段代码的错误是使用了一个没有赋名过——未定义的名字 w。将其注释掉后，就可以正常运行了。运行情况参见代码 2.21。

② eval() 主要用来实现 Python 中各种数据类型与 str 之间的转换：当一个字符串中是格式完整的整型、浮点型、列表、元组或字典时，经过 eval() 处理将会脱掉作为字符串外壳的撇号，得到整型、浮点型、列表、元组或字典对象。

3）else 子句与 finally 子句

在 try…except 语句后面可以添加 else 子句、finally 子句，二者选一或二者都添加。

else 子句在 try 没有抛出异常，即没有一个 except 子句运行的情况下才执行。而 finally 子句是不管任何情况都要执行，主要用于善后操作，如对在这段代码执行过程中打开的文件进行关闭操作等。

代码 2.21 在代码 2.20 的 try…except 语句后添加 else 子句和 finally 子句。

```
>>> try:
...     x = eval(input('input x:'))
...     y = eval(input('input y:'))
...     #w                  # 一个无用的符号
...     z = x / y
...     print(f'计算结果为:{z}')
... except NameError as e:
...     print(f'NameError:{e}')
... except ZeroDivisionError as e:
...     print(f'ZeroDivisionError:{e}')
...     print('请重新输入除数:')
...     y = eval(input('input y:'))
...     z = x / y
...     print(f'计算结果为:{z}')
... else:
...     print('程序未出现异常。')
... finally:
...     print('测试结束。')
...
...
input x:6
input y:3
计算结果为:2.0
程序未出现异常。
测试结束。
```

习题2.1

一、选择题

1. 执行下面的语句后，输出的结果是_____。

```
if None:
    print("ok!")
```

  A. SyntaxError B. False   C. 'ok'   D. 空白

2. 下列说法中，正确的是_____。

  A. while 语句只能实现循环次数不确定的重复

  B. 所有的 for 语句都可以转换为 while 语句

  C. 在多重循环语句嵌套中，在任意一层中，都可以用 break 语句跳出整个循环结构

  D. 只有在 for 循环中，才可以使用 else 语句

3. 下面的关键词中，可以终止任何一个循环结构的是_____。

  A. else   B. break

  C. continue   D. exit

二、代码分析题

1. 给出下面代码的输出结果。

```
v1 = [i % 2 for i in range(10)]
v2 = (i % 2 for i in range(10))
print(v1,v2)
```

2. 给出下面代码的输出结果。

```
for i in range(5):
    i+=1
    print("******-")
    if i==3:
        continue
    print(i)
```

三、实践题

1．输入三个整数，然后将这三个数由小到大输出。
2．用一行代码生成 [1, 4, 9, 16, 25, 36, 49, 64, 81, 100]。
3．输出 500 之内所有能被 7 和 9 整除的数。
4．有 1、2、3、4 四个数字，它们能组成多少个互不相同且无重复数字的三位数？都是多少？
5．一个年份如果能被 400 整除，或能被 4 整除但不能被 100 整除，则这个年份就是闰年。设计一个 Python 程序，判断一个年份是否为闰年。

2.2　Python 函数

2.2.1　Python 函数的定义与调用

函数是由一个名字（函数名）和一组脚本代码组成的代码封装体。这个代码封装体被定义后，便可以用这个名字引用这组脚本代码重复执行，即将程序的流程转移到函数脚本代码，这称为该函数的调用。每次调用后，函数的脚本代码执行结束，则流程返回到调用代码处继续执行，同时还可将函数运行中形成的一些数据送回调用方，这称为函数返回。图 2.7 表明了函数复用机制的三大关键环节——定义、调用和返回之间的关系。

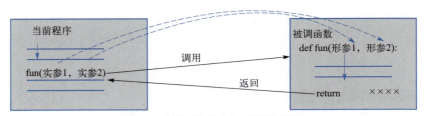

图 2.7　函数对象的定义、调用和返回

（1）函数定义

函数定义就是使函数脚本成为一个代码封装体。它由函数头 (function header) 和函数体 (function body) 两部分组成。它的语法结构如下。

```
def 函数名（形式参数列表）：
    函数体
```

说明：

① 函数头由关键词 def 引领，后面是函数名和一对圆括号组成的函数运算符，最后以冒号结束。函数运算符中可以用参数表示它需要的解题环境（条件），也可以空。

② 函数体是一组缩格排列的脚本代码。其语法关键是要有一个返回机制，使函数完成必需的操作后，将流程返回到函数调用处，以便继续执行程序（详见 2.2.2 节）。

代码 2.22 定义一个函数返回前 n 项调和数列之和（$1 + 1/2 + 1/3 + \cdots + 1/n$）。

```
>>> def harmonic(n):
...     total = 0
...     for i in range(1, n + 1):
...         total += 1.0 / i
...     return total
...
>>> harmonic(3)
1.8333333333333333
>>> harmonic(1)
1.0
>>> harmonic(2)
1.5
```

（2）函数调用

函数调用就是在程序需要处，可以用名字插入式地引用函数体脚本代码完成某个功能。其前提是，必须把函数体中的脚本代码引入到当前程序的内存代码区，并使函数名进入当前代码块的全局命名空间。这样，函数就成为可用对象，才可以由函数名找到函数代码。为此，在库模块中定义的函数必须先导入当前代码块。函数调用表达式的基本格式如下。

> 函数名（实际参数列表）

函数调用的基本过程如下：

① 调用方先进行现场保护——将执行到此的中间结果保存起来，并记下返回以后要执行的指令位置。

② Python 解释器首先在当前代码区间内找到要调用的函数名，进而找到与函数名绑定的函数对象，进行语法检查，生成函数的局部命名空间。

③ 通过实际参数列表，进行实参向形参的数据传递（详见 2.2.3 节），形成"形参：数据对象"项，添加到函数局部命名空间中。

④ 将程序的执行流程由当前代码处转移到函数对象的脚本代码处，开始执行当前环境（由参数决定）下的函数脚本代码。

2.2.2 Python 函数返回与 return 语句

函数返回用于执行如下操作：

① 将"函数名：函数对象"项从当前代码块的全局命名空间中清除；

② 回收函数的局部命名空间；

③ 将程序流程从函数处返回调用处；

④ 将函数运行中形成的某些数据送回调用方。

函数返回有显式和隐式两种形式。

1）显式返回

显式返回是调用 return 语句执行返回操作。其基本格式如下：

```
return [ 返回表达式 ]
```

（1）在 Python 中，return 返回表达式可以是任何对象，或无任何对象

代码 2.23　返回一个标量对象的示例：利用海伦公式计算并返回三角形面积的函数。

```
>>> from math import sqrt
>>> def triArea(a, b, c):
...     s = (a + b + c) / 2
...     area = sqrt((s - a) * (s - b) * (s - c) * s)
...     return area                           # 返回一个标量对象
...
>>> print(f'三角形面积为:{triArea(3, 4, 5)}')     # 输出一个值
三角形面积为:6.0
```

代码 2.24　函数返回容器示例（代码 2.23 改写）。

```
>>> from math import sqrt
>>> def tri_perimeter_area(a, b, c):
...     perm = (a + b + c)
...     s = perm / 2
...     area = sqrt((s - a) * (s - b) * (s - c) * s)
...     return perm, area           # 返回两个对象，实际是一个元组对象
...
>>> perm_area = tri_perimeter_area(3, 4, 5)
>>> print(f'该三角形周长：{perm_area[0]},面积：{perm_area[1]}')
该三角形周长：12, 面积：6.0
>>> type(perm_area)
<class 'tuple'>
```

说明： 在这个代码中，实际是返回了一个元组。元组可以包含多个对象。

代码 2.25　函数返回其他函数对象的示例（代码 2.23 改写）。

```
>>> from math import sqrt
>>> def tri_perimeter_area(a, b, c):
...     perm = a + b + c
...     s = perm / 2
...     area = sqrt((s - a)*(s - b)*(s - c) * s)
...     perm_area = (perm, area)
...     return (print(f'该三角形周长：{perm}, 面积：{area}'))
...
>>> tri_perimeter_area(3, 4, 5)
该三角形周长：12, 面积：6.0
```

说明： 函数 tri_perimeter_area() 的返回表达式是一个 print() 函数的调用表达式。

（2）一个函数中可使用多个 return 语句，但只能有一个 return 语句被执行

代码 2.26　判断一个数是否为素数的函数。

```
>>> def isPrimer(n):
...     if n < 2:
...         return False
...     for i in range(2, int(n ** 0.5 + 1)):
...         if n % i == 0:
...             return False
...         else:
...             return True
...
>>> isPrimer(51)
False
>>> isPrimer(169)
False
>>> isPrimer(97)
True
```

2）隐式返回

隐式返回不使用 return，而是执行完函数体后自动返回。

代码 2.27 返回空对象的示例（代码 2.23 改写）。

```
>>> from math import sqrt
>>> def triArea(a, b, c):
...     s = (a + b + c) / 2
...     print(f'该三角形的面积为：{sqrt((s - a) * (s - b) * (s - c) * s)}')
...     pass
...
>>> triArea(3, 4, 5)
该三角形的面积为：6.0
```

说明： pass 表示空语句，只起占位符作用，以提高程序的可读性。

2.2.3 Python 参数传递技术

（1）Python 参数传递的本质就是赋名

函数调用时，要进行实际参数向形式参数的数据传递。在 Python 中，参数传递的实质是赋名操作：每一对实参与形参之间的数据传递，都将在函数的局部命名空间中增添一个"形参:对象"项。这个对象就是实参所引用的对象。

代码 2.28 Python 函数参数传递的本质就是赋名的验证。

```
>>> from sys import getrefcount        # 导入getrefcount函数
>>>
>>> def fun(a):
...     print(f'在函数内：id = {id(a)}, 引用指针 = {getrefcount(a)}')
...
>>> # 列表对象实参
>>> list = [1, 2, 3, 'a', 'b']
>>> print(f'传递之前：id = {id(list)}, 引用指针 = {getrefcount(list)}')
传递之前：id = 2234164798336, 引用指针 = 2
>>> fun(list)
在函数内：id = 2234164798336, 引用指针 = 4
>>> print(f'返回之后：id = {id(list)}, 引用指针 = {getrefcount(list)}')
返回之后：id = 2234164798336, 引用指针 = 2
>>>
>>> # 元组对象实参
>>> tup = (1, 2, 3, 'a', 'b')
>>> print(f'传递之前：id = {id(tup)}, 引用指针 = {getrefcount(tup)}')
传递之前：id = 2234200229664, 引用指针 = 2
>>> fun(tup)
在函数内：id = 2234200229664, 引用指针 = 4
>>> print(f'返回之后：id = {id(tup)}, 引用指针 = {getrefcount(tup)}')
返回之后：id = 2234200229664, 引用指针 = 2
```

说明： 在本例中，实参对象被传送的函数，就是进入了一个新的命名空间并由一个形参赋名，其引用计数要增 2；函数返回，局部命名空间被撤销，对象的引用计数便恢复为 2。

（2）可变实参与不可变实参

实参引用的对象可能是可变对象，也可能是不可变对象。下面分两种情形讨论。

代码 2.29 列表和元组元素分别作为实参比较。

```
>>> def swap(a, i, j):
...     a[i], a[j] = a[j], a[i]
...     print(f'在函数swap中：{ a }')
...     return None
>>> def disp(x, i, j):
...     print(f'在disp中，调用swap之前：{ x }')
...     swap(x, i, j)
...     print(f'在disp中，调用swap之后：{ x }')
...     return None
...
>>> test_seqc1 = [0, 1, 3, 5, 7]
>>> disp(test_seqc1, 1, 3)
在disp中，调用swap之前：[0, 1, 3, 5, 7]
在函数swap中：[0, 5, 3, 1, 7]
在disp中，调用swap之后：[0, 5, 3, 1, 7]
>>>
>>> test_seqc2 = (0, 1, 3, 5, 7)
>>> disp(test_seqc2, 1, 3)
在disp中，调用swap之前：(0, 1, 3, 5, 7)
Traceback (most recent call last):
  File "<pyshell#10>", line 1, in <module>
    disp(test_seqc2, 1, 3)
  File "<pyshell#5>", line 3, in disp
    swap(x, i, j)
  File "<pyshell#3>", line 2, in swap
    a[i], a[j] = a[j], a[i]
TypeError: 'tuple' object does not support item assignment
```

说明：

① 用可变对象列表作为调用 swap2 的实参，当在 swap2 中交换了两个数之后，在函数 display 中也交换了。表明调用 swap2 时，并没有创建新的对象，即 swap2 中变量 a 所引用的列表也就是 display 中 x 所引用的列表。因此，用可变对象作为实参，会有副作用。

② 用不可变对象元组 x 作为实参，进行虚实对接后，便在 swap2 中创建了一个新的元组 a。一旦要其进行元素换位，便会发现这是个不可变对象，于是发出错误信息。

（3）位置参数与关键词参数

若函数有多个参数，当函数调用时，参数传递依照参数的位置顺序一一对应地进行。这种实参称为位置参数(positional arguments)，也称顺序参数。这时，实参必须与形参的排列位置一致，否则就会因传递错误而使程序出错。为避免这种麻烦，Python 在函数调用表达式中，先一步用赋名操作符（=）将实参对象与形参绑定。这种实参称为关键词参数(keyword arguments) 或命名参数。

代码 2.30 位置参数与关键词参数调用示例。

```
>>> def getStudentInfo(name, gender, age):
...     print (f'name:{name},gender:{gender},age:{age}')
...     return None
...
>>> getStudentInfo('张','男',58)                          # 按照参数调用
name:张,gender:男,age:58
>>> getStudentInfo(gender = '女', age = 52, name = 'wang')  # 全部按关键词参数调用
name:wang,gender:女,age:52
>>> getStudentInfo('蔡', age = 44, gender = '女')           # 部分按关键词参数调用
name:蔡,gender:女,age:44
```

说明：

① 按照位置方式进行数据传递时，实参的排列顺序要与形参对应一致。

② 部分按关键词方式传送数据时，命名参数应排在位置参数之后。

③ 按名字传递形成数据如同字典中的数据项——这就是命名空间的表示形式。

（4）强制参数

在默认情况下，位置参数和关键词参数的使用主动权掌握在调用方——由实参方自主选择。强制参数是由形参方设定、要实参方遵照的参数传递顺序——函数定义时，如果在形参之间用斜杠（/）相隔，就将强制其前的参数为位置参数；如果在形参之间用星号（*）相隔，就将强制其后的参数为关键词参数。

代码 2.31 强制关键词参数示例。

```
>>> def getStudentInfo(name, gender, *, age):
...     print(f'name:{name},gender:{gender},age:{age}')
...     return None
...
>>> getStudentInfo('王','女',age = 52)         # 按要求对age以关键词方式传递
name:王,gender:女,age:52
>>> getStudentInfo('蔡','女',44)               # 不按要求对age以关键词方式传递
Traceback (most recent call last):
  File "<pyshell#12>", line 1, in <module>
    getStudentInfo('蔡','女',44)               # 不按要求对age以关键词方式传递
TypeError: getStudentInfo() takes 2 positional arguments but 3 were given
```

（5）有默认值的形参

Python 允许函数形参带有默认值。这样，当函数调用时，如果实参与对应参数的默认值相同，则可以缺省这个实参。

代码 2.32 带有默认值的函数调用示例。

```
>>> def getStudentInfo(name = '张',gender = '男',age = 58):
...     print(f'name:{name},gender:{gender},age:{age}')
...     return None
...
>>> getStudentInfo()                                    # 参数全部缺省调用
name:张,gender:男,age:58
>>> getStudentInfo('王')                                # 参数部分缺省调用
name:王,gender:男,age:58
>>> getStudentInfo('蔡',age = 44,gender = '女')         # 参数部分缺省调用
name:蔡,gender:女,age:44
```

注意：

① 默认参数必须指向不可变对象，因为其值是在函数定义时就确定的。

② 由代码 2.32 的执行情况可以看出，带有默认值的参数是可选的，所以这类参数也可以称为可选参数。而不带默认值的参数就称为必选参数。因此，要使某个参数是可选的，就给它一个默认值。

③ 必选参数和默认参数都有时，必选参数要放在前面，默认参数要放在后面。

④ 函数具有多个参数时，可以按照变化大小排队，把变化最大的参数放在最前面，把变化最小的参数放在最后面。程序员可以根据需要决定将哪些参数设计成默认参数。

⑤ 避免使用可变对象作为参数的默认值。

（6）可变数量形参：*args 与 **kwargs

可变数量形参也称可变长度形参，指在定义函数时尚有部分形参无法确定，交由调用者决定的一种参数设计。这些不确定的参数用一个形参代表，称其为可变数量（长度）参数。为此要通过给可变数量参数做不同的标记，形成用 *args 与 **kwargs 代表的两种可变数量形参。

① 用 *args 表示可以接收任意数量的位置参数。这里的 * 表示"打包"，即将一串实际参数打包成一个元组并由 args（具体名字可不强求为 args）接收。由于没有限定参数的数量，且元组元素有序，所以形参为 *args，就相当于一组数目可变的位置参数。

代码 2.33 以元组参数接收数目任意的位置实参传递。

```
>>> def getStudentInfo(name,*other):
...     print(f'{name},{other}')
...     return None
>>> getStudentInfo('张','男',58)
张,('男', 58)
```

② 用 **kwargs 表示可以接收任意数量的关键词参数。这里的 ** 表示将传入的键值打包成一个字典（dictionary）由 kwargs（具体名字可不强求为 kwargs）接收。由于字典与一组赋名语句相等价，所以 **kwargs 为形参，就相当于一组数目可变的关键词参数。

代码 2.34 以字典参数接收数目任意的位置关键词实参传递。

```
>>> def getStudentInfo(name,**other):
...     print(f'name:{name},{other}')
...     return None
>>> getStudentInfo('张',gender = '男',age = 58)
name:张,{'gender': '男', 'age': 58}
```

说明： *args 与 **kwargs 可以同时使用。但此时要特别注意参数的顺序。

2.2.4 函数的递归调用

1）递归的概念

图 2.8 所示的一组图案称为"谢尔宾斯基三角形"。它由波兰数学家谢尔宾斯基（Sierpinski triangle，1882—1969 年）于 1915 年提出。

图 2.8 谢尔宾斯基三角形

分析谢尔宾斯基三角形，可以发现它们有一个共同的规律：后面的一张图都是由前面的一张图所组成。或者说，第一张图是在黑色三角形中挖了一个与黑色三角形相接的倒三角形孔，后面的图都是按照这个方法不断加工形成的。从第 2 张开始的图都称为分形（fractal）图或递归（recursion）图，构造这些图的方法被称为递归方法。

在计算机科学中，递归已经成为一种重要算法。沃斯在其成名作《算法＋数据结构＝程序》中写道：递归的强大力量很明显来源于其有限描述所定义出的无限对象。通过类似的递归定义，有限的递归程序也可以用来描述无限的计算，即使程序中没有包含明显的重复。这样，就可以把一个大型复杂的问题层层转化为一个与原问题相似的规模较小的问题来求解，并大大地减少了代码量。

递归过程可以无限。但在用递归方法求解问题时，一个重要的关键是定义边界条件，否则它会一直进行到内存枯竭、系统崩溃。使用递归的另一个关键是建立递归模型——在函数中直接或间接地自己调用自己。这种自己调用自己的函数称为递归函数。

2）递归算法分析与代码描述

例 2.3 阶乘的递归计算。

（1）算法建模

通常求 $n!$ 可以描述为

$$n! = 1×2×3× \cdots × (n-1) ×n$$

用递归算法实现，就是先从 n 考虑，记作 fact(n)。但是 $n!$ 不是直接可知的，因此要在 fact(n) 中调用 fact(n-1)；而 fact(n-1) 也不是直接可知的，还要找下一个 n-1，直到 n-1 为 1 时，得到 1!=1 为止。这时递归调用结束，开始一级一级地返回，最后求得 $n!$。这个过程用演绎算式描述，可表示为

$$n! = n× (n-1)!$$

用数学函数形式描述，可以得到如下的递归模型。

$$\text{fact}(n)=\begin{cases} 非法 & (n < 0) \\ 1 & (n = 0 或 n = 1) \\ n× \text{fact}(n-1) & (n > 0) \end{cases}$$

（2）递归函数代码设计

代码 2.35　fact() 函数的 Python 描述示例。

```
>>> def fact(n):
...     if n < 0:
...         return '错误的参数'
...     elif n == 1 or n == 0:
...         return 1
...     return  n * fact(n - 1)
...
>>> fact(1)
1
>>> fact(3)
6
>>> fact(5)
120
>>> fact(-2)
'错误的参数'
```

（3）递归过程分析

该递归函数的执行过程如图 2.9 所示。它分为两个阶段：溯源调用和回代。溯源调用是寻找递归出口（递归结束）的过程。如要计算 fact(5)，其 return 返回的是 5*fact(4)，但 fact(4) 尚未知，无法计算，就要先将 5 压栈，然后计算 fact(4)；执行 fact(4) 时，其 return 语句又将 4 压栈，然后执行 fact(3)……直到执行完 fact(1) 得到 1 后，溯源结束，开始执行回代操作。在溯源过程中，前 4 个 return 语句都没有完成，回代操作就是沿着与溯源相反的路径，从后向前，把没有完成的 return 操作逐步完成的过程。对于计算 fact(5) 来说，溯源到 fact(1)，就先完成了其 return，得到 1，这就有条件完成 fact(2) 的 return 了，得 1 * 2 = 2；fact(2) 的 return 完成，又为 fact(3)return 的完成创造了条件……如此得到，2 * 3、6 * 4、24 * 5，最后 fact(5) 的 return 送出最终结果 120。

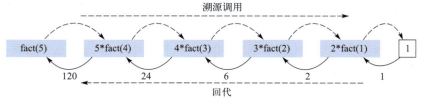

图 2.9　递归函数的执行过程

递归的优势是模型的描述简单，但是在计算过程中会付出较多的时间和空间代价。

2.2.5 函数嵌套

函数是用 def 语句创建的，凡是其他语句可以出现的地方，def 语句同样可以出现在一个函数的内部。这种在一个函数体内又包含另外一个完整定义的函数的情况称为嵌套函数 (nested function)。

代码 2.36　嵌套函数示例。

```
>>> if __name__ == '__main__':
...     g = 1
...     def A():
...         a = 2
...         def B():
...             b = 5
...             print(f'a + b + g = {a + b + g}, in B')
...             return None
...         B()
...         print(f'a + g = {a + g}, in A')
...         return None
...
>>> A()
a + b + g = 8, in B
a + g = 3, in A
```

说明：这里，函数 B() 定义在函数 A() 之中。像函数 B 这样定义在其他函数 (函数 A) 内的函数称为内嵌函数 (inner function)，包围内嵌函数的函数称作包围函数 (enclosing function)。

/　习题2.2　/

一、判断题

1．一个函数中可以定义多个 return 语句。(　　)
2．如果在函数中有语句 return (3)，那么该函数一定会返回整数 3。(　　)
3．函数中的 return 语句一定能够得到执行。(　　)
4．在函数内部直接修改形参的值并不影响外部实参的值。(　　)
5．传给函数的实参必须与函数定义的形参在数目、类型和顺序上一致。(　　)
6．一个函数如果带有默认参数，那么必须所有参数都设置默认值。(　　)
7．调用带有默认参数的函数时，不可再为默认参数传递任何值。(　　)
8．递归函数至少要返回一个值给其调用者，否则无法继续递归过程。(　　)

二、实践题

1．编写一个函数，计算一元二次方程的根。
2．编写程序，找出 1 到 100 之间的所有素数，并输出结果。要求找素数这部分的功能代码用函数实现。

3. 用函数计算两个非负整数的最大公约数。
4. 编写一个计算 x^n 的函数。
5. 约瑟夫问题：M 个人围成一圈，从第 1 个人开始依次从 1 到 N 循环报数，并且让每个报数为 N 的人出圈，直到圈中只剩下一个人为止。请用 Python 程序输出所有出圈者的顺序。
6. 在上述题目中选择 2 题，用递归函数实现。

2.3 Python 命名空间及其生命周期与作用域

2.3.1 Python 的四级命名空间及其生命周期

Python 是一种以对象为主角的程序设计语言。但是，为了清除对象的角色，往往会用变量代表对象存于程序代码封装体中。为了防止名字之间的冲突，降低起名所花费的代价，命名空间便应运而生。在 Python 中，每一个函数对象、类对象和模块对象都有自己的命名空间。除此之外，还有一个内置命名空间。其中，类对象的命名空间将在 4.2.3 节介绍。这里先讨论基于函数、模块和内置有函数对象的如下 4 级命名空间的性质。

① 局部命名空间。用 def 定义了一个函数后，就形成了一个代码块。当函数被调用时，才会激活它的局部命名空间；当函数返回时，这个命名空间也随之被撤销。在这个局部命名空间内，包括了函数名、参数名以及在函数被调用过程中所使用的所有变量名。通常，也把这些变量称为局部变量。

② 封闭命名空间。封闭命名空间是一种特殊的局部命名空间，特指内嵌有函数的命名空间。在封闭命名空间内包含了包围函数名及其参数、内嵌函数名，以及在其内嵌函数之外的代码执行期间形成的所有名字：对象项，但不包括内嵌函数的参数名以及内部的变量名。它的生命周期也就在这个函数被调用直至返回之间。

③ 全局命名空间。全局命名空间是一个模块中所有函数之外的代码在执行过程中形成的所有名字：对象项所组成的命名空间。这个命名空间将随着该模块的退出而消亡。这个命名空间中包含了这段代码运行期间执行的所有命名语句、导入的其他模块的命名空间、调用的函数名 - 函数对等，但不包含在此期间运行的函数的命名空间。通常，也把全局命名空间中的名字——变量，称为全局变量。

④ 内置命名空间。内置命名空间随着 Python 解释器工作而存在，随着 Python 解释器退出而消亡。

2.3.2 Python 命名空间的作用域规则

（1）命名空间的可见性规则

命名空间的可见性决定了其中名字的可见性，也决定了这些名字所绑定对象的可访问性。命名空间的可见性由如下原则确定。

① 一个内部代码区间产生的命名空间，在其上级（其外部）代码区间中都不可见。
② 一个代码区间产生的命名空间，在其下级（内部）代码区间中都可见，内置命名空

间中的名字,在任何全局代码区间、封闭代码区间、局部代码区间都可见;一个全局代码区间中生成的全局命名空间中的名字,只在这个全局代码区间中所包含的封闭代码区间和局部代码区间可见;一个封闭代码区间中生成的封闭命名空间在其所包围的内部代码区间都可见。

代码 2.37　命名空间的可见域测试示例。

```
>>> if __name__ == '__main__':
...     list1, tup1 = [1, 2, 3], (5, 6, 7)
...     print(f'在全局作用域:list1 = {list1}, id(list1) = {id(list1)}')
...     print(f'在全局作用域:tup1 = {tup1}, id(tup1) = {id(tup1)}')
...     print()
...     def outer():
...         print(f'在outer:list1 = {list1}, id(list1) = {id(list1)}')
...         print(f'在outer:tup1 = {tup1}, id(tup1) = {id(tup1)}')
...         print()
...         def inner():
...             print(f'在inner:list1 = {list1}, id(list1) = {id(list1)}')
...             print(f'在inner:tup1 = {tup1}, id(tup1) = {id(tup1)}')
...             return
...         inner()
...         return
...     outer()
在全局作用域:list1 = [1, 2, 3], id(list1) = 2201619004352
在全局作用域:tup1 = (5, 6, 7), id(tup1) = 2201591095360

在outer:list1 = [1, 2, 3], id(list1) = 2201619004352
在outer:tup1 = (5, 6, 7), id(tup1) = 2201591095360

在inner:list1 = [1, 2, 3], id(list1) = 2201619004352
在inner:tup1 = (5, 6, 7), id(tup1) = 2201591095360
```

说明: 这个代码的执行情况表明,在全局作用域中定义的 list1 和 tup1,其作用域延伸到嵌套作用域 outer,进一步延伸到了局部作用域的 inner。

③ 内部代码区间产生的命名空间的名字会屏蔽其外部代码区间中的同名名字。

代码 2.38　名字冲突时,内部优先规则的应用示例。

```
>>> def outer():
...     list2, tup2 = [1, 2, 3], (5, 6, 7)
...     print(f'在outer中定义:list2 = {list2},id(list2) = {id(list2)}')
...     print(f'在outer中定义:tup2 = {tup2},id(tup2) = {id(tup2)}')
...     print()
...     def inner():
...         list3, tup3 = ['a','b','c'],('d','e','e')
...         print(f'在inner中重定义:list3 = {list3},id(list3) = {id(list3)}')
...         print(f'在inner中重定义:tup3 = {tup3},id(tup3) = {id(tup3)}')
...         print()
...         pass
...     inner()
...     print(f'返回outer后:list2 = {list2},id(list2) = {id(list2)}')
...     print(f'返回outer后:tup2 = {tup2},id(tup2) = {id(tup2)}')
...     pass
>>> outer()
在outer中定义:list2 = [1, 2, 3],id(list2) = 3012969586240
在outer中定义:tup2 = (5, 6, 7),id(tup2) = 3013001201024

在inner中重定义:list3 = ['a', 'b', 'c'],id(list3) = 3013001101824
在inner中重定义:tup3 = ('d', 'e', 'e'),id(tup3) = 3013001202496

返回outer后:list2 = [1, 2, 3],id(list2) = 3012969586240
返回outer后:tup2 = (5, 6, 7),id(tup2) = 3013001201024
```

说明： 这个代码的运行结果表明，内外层有同名冲突时，在内层代码中采取内层优先的原则——该名字默认为内层名字，对其进行的操作发生在内层名字绑定的对象上；当流程返回外层后，该名字就成为外层命名空间中的名字，它所引用的就是外层名字所绑定的对象。这一原则与名字所引用的是可变对象还是不可变对象无关。

（2）Python 名字的解释顺序：LEGB 规则

命名空间是用于存放名字与对象的绑定关系的数据字典。Python 解释器遇到一个名字进行解释、查找是逆着加载的顺序进行的：L（locals）→ E（enclosed）→ G(globals) → B(builtins)，简称 LEGB 规则。找到一个名字，就找到了它所绑定的对象，进而对所绑定的对象进行语法分析和代码要求的操作；若最后没有找到，就会发出 NameError: name 'XXXX' is not defined 的异常信息。

（3）命名空间跨域修改规则

代码 2.39　在内部作用域中修改外部作用域中变量引用的不可变对象测试示例。

```
>>> def outer():
...     tup4 = (1, 2, 3)
...     print(f'在outer中定义：tup4 = {tup4},id(tup4) = {id(tup4)}')
...     def inner():
...         tup4[1] = 'a'
...         print(f'在inner中修改：tup4 = {tup4},id(tup4) = {id(tup4)}')
...         pass
...     inner()
...     print(f'返回outer后：tup4 = {tup4},id(tup4) = {id(tup4)}')
...     pass
...
>>> outer()
在outer中定义：tup4 = (1, 2, 3),id(tup4) = 2121400735104
Traceback (most recent call last):
  File "<pyshell#8>", line 1, in <module>
    outer()
  File "<pyshell#7>", line 10, in outer
    inner()
  File "<pyshell#7>", line 6, in inner
    tup4[1] = 'a'
TypeError: 'tuple' object does not support item assignment
```

说明： 这个代码无法运行，所给出的原因是"元组对象不支持对于元素的赋名"。这好像是修改了不可变对象引起的错误。但是，仔细分析一下出错信息中给出的三个与位置相关对象的性质：line 1 中的 outer() 在当前模块中，line 10 中的 inner() 是在 outer() 中，而 line 6 中的 tup[1] = 'a' 是在 inner() 中。这说明，此代码是一个两层的嵌套结构，并且是在 inner() 中直接修改了 outer() 命名空间中的一个键（名字）-值（对象）对。这说明此代码的错误在于直接跨域修改了另一个域的命名空间。或者说，本来不可变对象本来就是不可随便修改的，而这个代码中还直接跨域进行了修改。这显然是不能允许的。结合代码 2.38，可以得出一个结论：一个变量的可见域，并非一定是其可直接修改域。

代码 2.40　在内部作用域中修改外部作用域中的变量引用的可变对象测试示例。

```
>>> def outer():
...     list4 = [1, 2, 3]
...     print(f'在outer中定义：list4 = {list4},id(list4) = {id(list4)}')
...     def inner():
...         list4[1] = 'a'
...         print(f'在inner中修改：list4 = {list4},id(list4) = {id(list4)}')
...         pass
...     inner()
...     print(f'返回outer后：list4 = {list4},id(list4) = {id(list4)}')
...     pass
...
>>> outer()
在outer中定义：list4 = [1, 2, 3],id(list4) = 2121361513280
在inner中修改：list4 = [1, 'a', 3],id(list4) = 2121361513280
返回outer后：list4 = [1, 'a', 3],id(list4) = 2121361513280
```

说明： 运行的结果表明，在内部作用域中，可以对外部作用域中定义的变量所引用的可变对象进行修改。修改返回后，在外部作用域中该变量名引用的就是修改后的对象。但是对象的 ID 没有变。这说明，能不能直接跨域修改命名空间中的一个键 - 值对，关键看其"值"的 ID 是否被改变。

2.3.3 global 和 nonlocal 关键词

前面已经得出一个结论：不允许在一个作用域中直接对另一个作用域中引用不可变对象的变量进行修改（写访问、赋名）。这样，可以充分地保障一个作用域中的错误修改不轻易扩散到另一个作用域。但是，在一些场合下，这种操作还是需要的。为此 Python 开了一个小"后门"，允许在用关键词 global 或 nonlocal 对要改变的变量名进行声明后，把在内部作用域中对外部作用域中的命名空间中的某些绑定关系进行修改。也就是说，这样一个声明，就是要让程序设计者明白，在这个函数内修改的变量，属于外部命名空间中的名字。

（1）global 关键词

关键词 global 用于局部修改全局，即在一个函数中声明一个在全局作用域中定义的变量，以便改变其与对象之间的绑定关系。这个声明也是针对与不可变对象绑定的变量名而言的。

代码 2.41 关键词 global 应用示例。

```
>>> if __name__ == '__main__':
...     x = 123
...     print(f'在全局作用域中定义：x = {x},id(x) = {id(x)}')
...     def fun():
...         global x            # 声明将要修改的变量x定义在全局作用域中
...         x = 369
...         print(f'在fun中修改：x = {x},id(x) = {id(x)}')
...         pass
...     fun()
...     print(f'返回全局作用域后：x = {x},id(x) = {id(x)}')
...
在全局作用域中定义：x = 123,id(x) = 2121360871472
在fun中修改：x = 369,id(x) = 2121399298608
返回全局作用域后：x = 369,id(x) = 2121399298608
```

注意：

① global 声明的名字，应当是一个全局变量，关键词只用于声明全局变量有效。

② global 声明的名字，不得用于该全局作用域之前的变量。

③ global 声明的名字，不能定义为形式参数，也不能用于控制 for 结构的循环，以及类定义、import 语句。

④ 在一个嵌套函数中，若外部作用域中的名字是用 global 声明的，这个名字就是一个全局名字了，在内部作用域中也可以对其用 global 声明，并进行修改。

（2）nonlocal 关键词

在嵌套函数中，关键词 nonlocal 用于局部修改局部，即在内嵌函数中声明包围函数中的局部变量，以便可以在包围函数中修改不可变对象与名字之间的绑定关系。

代码 2.42 关键词 nonlocal 应用示例。

```python
>>> def outer():
...     a = [1, 2, 3]
...     print(f'in outer: a = {a},id(a) = {id(a)}')
...     def inner1():
...         a = [5, 6, 7]
...         print(f'in inner1: a = {a},id(a) = {id(a)}')
...     inner1()
...     print(f'out inner1: a = {a},id(a) = {id(a)}')
...     print()
...     def inner2():
...         a[1] = 5
...         print(f'in inner2: a = {a},id(a) = {id(a)}')
...     inner2()
...     print(f'out inner2: a = {a},id(a) = {id(a)}')
...     print()
...     def inner3():
...         nonlocal a
...         a[1] = 5
...         print(f'in inner3: a = {a},id(a) = {id(a)}')
...     inner3()
...     print(f'out inner3: a = {a},id(a) = {id(a)}')
...     print()
...     def inner4():
...         nonlocal a
...         a = [6, 7, 8]
...         print(f'in inner4: a = {a},id(a) = {id(a)}')
...     inner4()
...     print(f'out inner4: a = {a},id(a) = {id(a)}')
...
>>> outer()
in outer: a = [1, 2, 3],id(a) = 2537420159040
in inner1: a = [5, 6, 7],id(a) = 2537420156928
out inner1: a = [1, 2, 3],id(a) = 2537420159040

in inner2: a = [1, 5, 3],id(a) = 2537420159040
out inner2: a = [1, 5, 3],id(a) = 2537420159040

in inner3: a = [1, 5, 3],id(a) = 2537420159040
out inner3: a = [1, 5, 3],id(a) = 2537420159040

in inner4: a = [6, 7, 8],id(a) = 2537387873600
out inner4: a = [6, 7, 8],id(a) = 2537387873600
```

说明： 从运行结果可以得出如下结论。

① 在 inner1 中，对于变量 a 所引用的对象不是修改，而是重新赋名一个新对象。这意味着 inner1 中的 a，并非包围函数的命名空间的 a，而是 inner1 中的 a。因此，它没有触及 outer 的命名空间，不需要 nonlocal 修饰。

② 在 inner2 和 inner3 中，都是修改变量 a 所引用的列表对象。但在两个内嵌函数中都没有定义过一个变量 a，所以按照 LEGB 规则就要到 outer 的命名空间中寻找。outer 中找到了。由于 a 引用的是一个可变对象，所以允许修改，且不触及 outer 的命名空间的修改。所以要不要 nonlocal 声明，都没有关系。即在内嵌函数中，修改包围函数中的变量所绑定的可变对象，不会引起包围函数命名空间的修改，nonlocal 不起作用。

③ inner4 是将 a 声明为包围函数中的变量，并让其对一个新的对象赋名。这样就改变了 a 所绑定的对象，等于修改了 outer 的命名空间，即 nonlocal 起作用了。也就是说，使用 nonlocal 的目的，就是要在内嵌函数中修改包围函数的命名空间，以便这个变量引用的对象，在这个嵌套作用域中的内嵌域和包围域中都可以进行写访问。

④ nonlocal 关键词不可用于在函数域中对全局命名空间进行修改。

代码 2.43　nonlocal 声明的名字为全局命名空间中的情形。

```
>>> if __name__ == '__main__':
...     x = 123
...
...     def fun():
...         nonlocal x
...         x = 369
...         pass
...
SyntaxError: no binding for nonlocal 'x' found
```

2.3.4　用内置函数 locals() 和 globals() 获取命名空间内容

内置函数 locals() 可用于获取当前局部命名空间内容，globals() 可用于获取一个模块中当前的全局命名空间内容。dir() 也可获取当前命名空间中的关键词——名字列表。

代码 2.44　用 locals()、globals() 与 dir() 获取命名空间内容示例。

```
>>> print(f'当前模块中最初的名字列表:{dir()}')
当前模块中最初的名字列表:['__annotations__', '__builtins__', '__doc__', '__loader__', '__name__', '__package__', '__spec__']
>>> print(f'当前模块最初的名字字典:{globals()}')
当前模块最初的名字字典:{'__name__': '__main__', '__doc__': None, '__package__': None, '__loader__': <class '_frozen_importlib.BuiltinImporter'>, '__spec__': None, '__annotations__': {}, '__builtins__': <module 'builtins' (built-in)>}
>>>
>>> a = 1
>>> print(f'当前模块中定义a后的名字列表:{dir()}')
当前模块中定义a后的名字列表:['__annotations__', '__builtins__', '__doc__', '__loader__', '__name__', '__package__', '__spec__', 'a']
>>> def f1(b):
...     print(f'f1中最初的名字列表：{dir()}')
...     print(f'f1最初的数据字典：{locals()}')
...
...     c = 2
...     print(f'f1中定义c后的名字列表：{dir()}')
...
...     def f2(c):
...         print(f'f2中最初的名字列表：{dir()}')
...         d = 3
...         print(f'f1中定义d后的名字列表：{dir()}')
...         pass
...
...     print(f'f1中定义f2后的名字列表：{dir()}')
...     print(f'f1中定义f2后的数据字典：{locals()}')
...     f2(c)
...     pass
...
>>> f1(5)
f1中最初的名字列表：['b']
f1最初的数据字典：{'b': 5}
f1中定义c后的名字列表：['b', 'c']
f1中定义f2后的名字列表：['b', 'c', 'f2']
f1中定义f2后的数据字典：{'b': 5, 'c': 2, 'f2': <function f1.<locals>.f2 at 0x0000172D3D7B6D0>}
f2中最初的名字列表：['c']
f1中定义d后的名字列表：['c', 'd']
>>>
>>> print(f'当前模块中定义f1后的名字列表:{dir()}')
当前模块中定义f1后的名字列表:['__annotations__', '__builtins__', '__doc__', '__loader__', '__name__', '__package__', '__spec__', 'a', 'f1']
>>> print(f'当前模块定义f1后的名字空间:{globals()}')
当前模块定义f1后的名字空间:{'__name__': '__main__', '__doc__': None, '__package__': None, '__loader__': <class '_frozen_importlib.BuiltinImporter'>, '__spec__': None, '__annotations__': {}, '__builtins__': <module 'builtins' (built-in)>, 'a': 1, 'f1': <function f1 at 0x00000172D3D7B520>}
```

说明： 从这个代码的运行过程，可以看出：

① 数据字典的建立是个动态的过程，每一个定义都会使当前的数据字典增加一项。

② 一个命名空间中的名字只收进下一级的名字，不包括自己模块的名字，也不包括上一级的名字，例如，上述模块的命名空间中，不包含['b','c','d','f2','__main__']；而 f1 的命名空间中，不包含 ['f1','d']；f2 的命名空间中，不包含 'f2'。

③ 两头都是两个下划线的名字是具有特定用途的名字，都位于内置命名空间。

习题2.3

一、判断题

1. 在同一个作用域内，局部变量会屏蔽同名的全局变量。（　　）
2. 不同作用域中的同名变量之间互不影响，即在不同的作用域内可以定义同名变量。（　　）
3. 局部变量创建于函数内部，其作用域从其被创建位置起，到函数返回为止。（　　）
4. 函数内部定义的局部变量当函数返回时即被自动删除。（　　）
5. 在函数内部没有办法定义全局变量。（　　）
6. 全局变量创建于所有函数的外部，并可以被所有函数访问。（　　）
7. 在函数内部，既可以使用 global 来声明使用外部全局变量，也可以使用 global 直接定义全局变量。（　　）
8. nonlocal 语句的作用是将全局变量降格为局部变量。（　　）
9. 全局变量会增加不同函数之间的隐式耦合度，从而降低代码可读性，因此应尽量避免过多使用全局变量。（　　）
10. 局部变量的作用域是从其定义位置到函数结束位置。（　　）
11. 全局变量的作用域是从其定义位置到程序结束位置。（　　）

二、代码分析题

1. 代码

```
x,y = 6,9
def foo():
    global y
    x,y = 0,0
x,y
```

执行后的显示是_____。

  A．0 0   B．6 0   C．0 9   D．6 9

2. 阅读下面的代码，指出程序运行结果。

```
X=1
def out1(i):
    X=2
    Y='a'
```

```
        print(X)
        print(i)
        def in1(n):
            print(n)
            print(X,Y)
        in1(3)
out1(2)
```

3. 阅读下面的代码，指出程序运行结果。

```
x=1
def f():
    x=3
    g()
    print("f:",x)


def g():
    print("g:",x)


f()
```

4. 阅读下面的代码，指出程序运行结果。

```
x = 111
def f1():
  x = 222
  def f2():
    x = 333
    def f3():
      nonlocal x    #将下面的"x = 444"变成了上一层的"x"的值
      x = 444
    f3()
    print(x)
  f2()
f1()
```

5. 阅读下面的代码，指出程序运行结果并说明原因。

```
x = 'abcd'
def func():
    global x = 'xyz'
    return None

func()
print (x)
```

6. 阅读下面的代码，指出程序运行结果。

```
def funX():
    x = 5
    def funY():
```

```
        nonlocal x
        x += 1
        return x
    return funY

    a = funX()

print(a())
print(a())
print(a())
```

第 3 章 Python 函数式编程

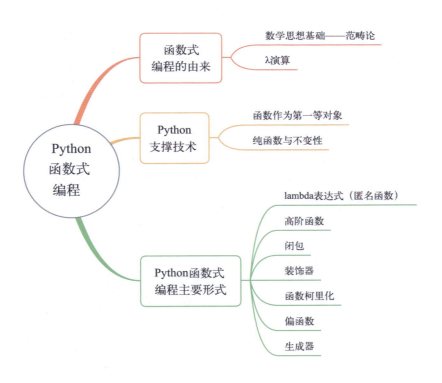

在命令式编程中，把函数看作一组计算机命令的封装体；在函数式编程（functional programming）中，把函数看作可以组装表达式并随时可以调用的计算单元，所以，函数式编程既是一种编程范式，又是一种编程思想。

3.1 函数式编程由来

历史唯物主义认为，任何事件的发生都是有一定背景的，任何技术的兴起与成熟也都有一定的认识过程和条件基础。函数式编程作为一种编程模式和编程思想，并不是一个空中楼阁，也需要其思想和技术的准备过程。

3.1.1 函数式编程的数学思想基础——范畴论

从本质上看，函数式编程源自数学。继续向根部追索，就会涉及数学范畴论（mathematical category theory，MCT）。而 MCT 可以归因于数学结构论（mathematical structure theory，MST）的一个分支。MST 是 1939 年由法国 5 位数学家以 Nicolas Bourbaki 为笔名，基于集合论给出的数学本质定义。他们认为，数学的本质是结构（数、形）和关系（存在与变化）的描述及其验证的过程和方法，以此奠定了现代数学的基本概念。

1945 年，波兰 - 美国数学家 Samuel Eilenberg(1913—1998 年）和美国数学家 Saunders Mac Lane（1909—2005 年），试图在集合论的基础上通过抽象和"公理化"，将一些看似不相关的概念在同一框架下进行讨论，将古希腊哲学家亚里士多德创建的范畴论引入到数学结构中，创立了 MCT。范畴是反映事物本质和普遍联系的基本概念，不同的学科都有自己特有的范畴。在 MCT 中，范畴由两个概念构成：对象（objects）和态射（morphisms）。其中，对象是集合（容器）的抽象，态射（用箭头表示）是对象之间的映射关系。如图 3.1 所示为一个范畴。这个范畴由 A、B、C、D 4 个对象和 e、f、g、h、id(A)5 个态射组成。

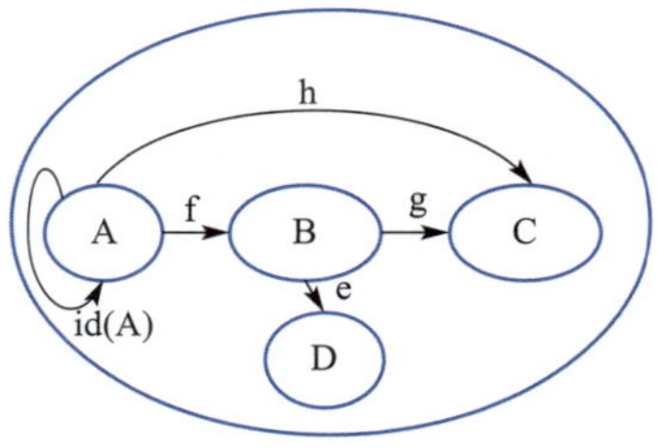

其中 id(A) 称为对象 A 的单位态射，其他每个对象也都有自己的单位态射。这个范畴描述了如下关系：

① 对象 A 通过态射 f 变换为了对象 B，对象 B 通过态射 g 变换为了对象 C。

② 对象 A 通过态射 h 变换为了对象 C。

图 3.1 一个范畴示例

因此有关系 h = g.f。圆点（.）为态射组合操作。组合顺序是从后（右）向前（左）。

MCT 是一个高度抽象的数学分支，它为多种数学概念和结构提供了统一框架。这种抽象思维方法，使得人们能够合理地把一些看似无关的现象组织在一起，不仅对于数学界，对于其他任何领域也都具有重要的意义。函数式编程也称泛函编程，指在程序设计中，使用的输入为函数，输出可以是一个值，也可以是一个函数；同时，将函数视为具有映射（mapping）功能的计算操作——就是态射的具体化。它强调程序执行的结果而非执行的过程，倡导利用若干简单的执行单元让计算结果不断精确，逐层推导复杂的运算，而不是设计一个复杂的执行过程。在 Python 中已经明显看到的"一切皆对象（各种容器是对象，函数也是对象）"就是为了支持函数式编程。有了这些条件，就可以将函数组合成高阶函数（higher-order function）——实现态射组合。

3.1.2　函数式编程是 λ 演算的直接延续

λ 演算是与范畴论有交叉的数学分支，是从数学逻辑中发展而来的形式系统，主要用于研究函数如何抽象化定义，以及如何清晰地定义什么是一个可计算函数。它强调的是变换规则的运用，而非实现它们的具体机器指令操作，并且任何可计算函数都能以这种形式表达和求值。

说起 λ 演算，可以追溯到 1900 年，德国数学家戴维·希尔伯特（David Hilbert，1862—1943 年）在巴黎第二届国际数学家大会上抛出的 10 个世纪难题（会后扩展到 23 个）。这 23 个问题后来成为许多数学家力图攻克的难关，对现代数学的研究和发展产生了深刻的影响。在这些数学家中，取得最为突出成就的是英国科学家艾伦·麦席森·图灵（Alan Mathison Turing，1912—1954 年）和他的老师阿隆佐·邱奇（Alonzo Church，1903—1995 年）。1936 年，二人以不同的思路、通过不同的路径，分别提出了一个可计算模型。邱奇提出的 λ 演算有如下特征：

λ 演算与函数式编程

① 每个函数都必须是单一参数；
② 函数的参数可以是一个单一参数的函数；
③ 函数的值（返回）也可以是一个单一参数的函数。

1958 年，麻省理工学院教授约翰·麦卡锡（John McCarthy，1927—2011 年）在研究符号计算时，借助于 λ 演算开发出了用于人工智能研究的第一个程序设计语言——LISP（list processing）。这是一种有别于命令式的程序设计语言。这一初步成功，给了在软件危机之后，怀念数学的严密逻辑性和高度抽象性，想回到传统数学中去寻找出路的人们一个惊喜。美国计算机科学家约翰·巴克斯就是这个群体中的一员。1977 年，他在图灵奖获奖演讲中就透露出这样的思想。他说，表达式是具有代数属性的，代数表达式方便我们理解 (reason about) 程序，并且为程序提供正确性保证。但是在指令式编程里面，这种代数属性被副作用给破坏了；而语句则无序，不提供有用的数学属性，只用来逐步执行指令。

尽管 LISP 还带有一些传统编程的特点，但毕竟引来一股清新之风。随后，Haskell、ML、Erlang 等语言也相继出现。John Backus 将这种编程模式命名为 functional programming（简称 FP）。2010 年，JavaScript 引入 λ 演算获得的成功，成为函数式编程的重要里程碑，促使众多的语言开始引入函数式编程模式，Python 也是其中之一。

习题3.1

一、判断题

1．命令式编程以诺依曼计算机为环境，函数式编程以图灵计算机为环境。（　　）
2．函数式编程就是将程序写成函数形式的编程范式。（　　）
3．函数式编程就是把函数当作一种计算单元的编程范式。（　　）
4．λ 演算可以看作范畴论的一个分支。（　　）

二、简答题

1．收集资料，例举程序设计领域有过哪些扰动因素，并说明人们是如何克服的。
2．查询资料，列出所有你知道的支持函数式编程的语言。

3.2 Python 函数式编程基础

近年来，随着函数式编程得到广泛青睐，函数式编程思想也开始针对命令式编程中存在的问题，在邱奇的 λ 演算特征的基础上，不断得以完善。大概有如下三条：

① 只用"表达式"，不用"语句"，使函数的计算功能实现重于其中的命令操作。

② 使函数的输出只由输入的参数决定——对同样的输入总是返回同样的结果，不依赖全局变量。

③ 引用透明，无副作用，不修改状态，不含修改数据的操作，数据一旦创建，就不能更改，任何修改都会生成一份新的数据副本。

下面介绍 Python 对这些函数式编程的支持措施。

3.2.1 函数是"第一等对象"

函数是"第一等对象"(first-class object) 是指函数与其他数据对象一样，可以被变量赋名引用，也可以作为参数传入另一个函数，或者作为别的函数的返回值。只有这样，才能做到在函数式编程中"只用'表达式'，不用'语句'，使函数的计算功能实现重于其中的命令操作"。

（1）Python 函数也是对象，有它自己的类型、身份码和值

代码 3.1 获取函数的类型和身份码。

```
>>> type(input),type(print)
(<class 'builtin_function_or_method'>, <class 'builtin_function_or_method'>)
>>> id(input),id(print)
(1988308275168, 1988308276288)
```

可见，Python 函数就是 function 的实例，None 是一个特殊值。

（2）Python 函数是第一等对象

作为对象的一种，在 Python 中就可以像其他数据对象一样使用函数。具体地说，就是可以在下列三种情况下使用函数。这就为 Python 函数式编程提供了有力支持，为此也将 Python 函数称为第一等对象。

① Python 函数可以作为元素添加到容器对象中。

代码 3.2 函数作为元素存储在容器中示例。

```
>>> def fun1():
...     return 'aaa'
...
>>> def fun2():
...     return '@@@'
...
>>> def fun3():
...     return 123
...
>>> tup1 = fun1,fun2,fun3      # 3个函数作为元组tup1的元素
>>> for t in tup1:
...     t()
...
'aaa'
'@@@'
123
```

② Python 函数可以作为参数传递给其他函数。如在代码 2.25 中，函数 sqrt() 作为了 print() 的参数。

③ Python 函数可以被一个变量赋名并作为函数返回的对象。如在代码 2.24 中，函数 tri_perimeter_area() 被变量 perm_area 赋名，而在代码 2.25 中，函数 print() 作为函数 tri_perimeter_area() 的返回值。

④ 函数作为第一等对象，使得函数与函数可以串起来，像数学演绎表达式一样进行计算，逻辑关系清晰。

3.2.2 纯函数与不变性原则

纯函数（pure function）与不变性是实现函数式编程的两个辩证统一的概念。具体地说，函数的纯度由实现不变性的彻底性决定。

1) 纯函数的特性

一个函数具有了如下两个特性，才能称为纯函数。

（1）函数的返回值只与输入参数相关

纯函数要求函数的返回值只与输入参数相关，对于相同的参数一定会得到相同的返回值，对于不同的参数可得到不同的返回值。为此，函数只能通过显式输入通道（参数）从环境中获取数据对象，而不可通过隐式通道从环境中获取数据对象。函数获取数据的隐式通道有如下 3 种：

① 全局变量；

② input 函数；

③ 调用非纯函数。

代码 3.3 简单的非纯函数示例 1。

```
>>> x = 3
>>> def add1(y):
...     return x + y
...
>>> add1(5)
8
```

在函数 add1 中，返回表达式由两个数据对象组成：由显式通道获得的数据对象 x 和由隐式通道获得的数据对象 y。由于 y 的存在，就无法保证该函数的返回值仅与输入的参数相关了。在函数设计时，对于同样的输入参数 x，因无法保证函数一定会从环境中获得同样的 y，无法保证同样的输入参数一定会得到同样的返回值，所以这个函数不是一个纯函数。显然，这是对于纯函数的一个要求，而这个要求又与不变性原则有关。

（2）函数引用透明，无副作用

对函数来说，其本职工作是完成某些计算。在函数式程序设计中，函数被用来实现从输入参数到函数返回之间的映射。这就是函数的本职工作。但是，如果一个函数在完成本职工作的同时，还改变了函数环境，也就有了副作用 (side effect)。为保证函数没有副作用，就需要关闭所有隐式输出通道，只能通过返回语句向调用者返回输入参数的映射。函数的隐式输出通道大概有如下几种：

① 修改全局变量；

② 修改参数值；
③ 对打印机或其他设备进行控制操作；
④ 与文件、数据库、网络等的数据交换；
⑥ 调用非纯函数；
⑤ 排除异常。

代码 3.4　非纯函数示例 2。

```
>>> x, y = 3, 5
>>> def add2(a, b):
...     global x
...     x = a + b
...     return x
...
>>> add2(x, y)
8
```

说明： 函数 add2 包含修改外部变量 x 的操作，所以它不是纯函数。在上述几种隐式输出通道中，要特别注意修改参数值的操作。因为在函数被调用时，参数传递的是可变对象还是不可变对象，不是函数设计者可以控制的。因此，为了安全，就要避免修改参数的操作，即不对参数使用分派语句或分派表达式。

2）纯函数的好处

纯函数可以带来如下好处。

① 使函数计算具有可预测性。由于纯函数的输出仅依赖于输入，因此其结果是可以预测的，这使得测试和调试变得更加容易。

② 提高程序设计效率。纯函数不存在与外界环境进行交互的隐形通道，而且它具有对于外部环境没有副作用的透明性，使得一段代码可以在不改变整个程序运行结果的前提下用与其等价的运行结果替代，这意味着可以进行与数学中的等式推导类似的推导。这种等式推导就可以实现人们梦寐以求的程序代码自动生成，还为理解代码带来极大的分析力，使得代码维护和重构更加容易。

③ 支持并行处理。一般说来，在多线程环境下并行操作共享的存储数据可能会出现意外情况，而纯函数不依赖于环境状态的特点，使其根本不需要访问共享的内存。纯函数不需要访问数据，所以在并行环境下可以随意运行纯函数。

3）Python 对纯函数的支持

① 摒弃了多数程序设计语言中使用的原生型变量和引用型变量，改用命名型变量，同时将多种数据对象定义为了不可变对象，实现了彻底去变量赋值。

② 将 "=" 定义为一个语句，而非一个表达式，这样就使得一个变量所引用的对象值变化后，不会立即向其他对象扩散。

③ 比较完善的作用域机制。要修改外层变量所绑定的对象，必须声明，以防止不明不白的修改操作发生（这些内容在 2.3 节已经介绍）。

④ 提供了丰富的内置函数式编程工具，如 map()、reduce() 和 filter() 等函数提供了类似于 Haskell 等纯函数式编程语言的功能。此外，还有闭包技术、yield 语句等，将在 3.3 节介绍。

习题3.2

一、判断题

1．第一等对象就是与其他对象具有相同作用的对象。（   ）
2．计算透明性要求函数中不使用全局变量。（   ）
3．在 Python 中，函数都是第一等对象。（   ）

二、简答题

1．简述函数作为第一等对象有哪些特征。
2．简述函数式编程的核心特征。
3．计算的透明性包括哪些内容？
4．简述纯函数有哪些特征。

3.3 Python 函数式编程的常用模式

函数式编程提供了一种无扰动编程模式，它追求的目标是无副作用、无状态、引用透明、接近自然语言、易于"并发编程"。这一变化的力量是巨大的，对于程序设计的影响是深刻的。人们曾预料它是在面向对象程序设计之后出现的一种划时代的主流编程模式。从现在看，这个端倪已现，几乎所有的通用程序设计语言中都已经在引入这一模式。目前，这一模式呈现出表达式和函数调用两种不太相同的形式。这一节介绍与之有关的关键技术。

3.3.1 lambda 表达式

lambda 表达式也称 lambda 函数或匿名函数，是在 λ 演算模型基础上演化出来的一种程序设计语言表达形式。它的基本作用是把一个函数定义写成一个表达式，而不是语句块。

1）用 lambda 表达式表示单参数函数

（1）lambda 表达式有参数，可以调用并传递参数

代码 3.5　一个单参数函数的 lambda 表达式。

```
>>> g = lambda x: x + 1
>>> g(1),g(2),g(3)
(2, 3, 4)
>>>
>>> # g的等效函数
>>> def f(x):
...     return x + 1
...
>>> f(1),f(2),f(3)
(2, 3, 4)
```

lambda 表达式，实际上是一种用表达式表示的函数，所以也称 lambda 函数。

注意，用 lambda 表达式定义一个函数时，基本语法由如下用冒号 (:) 分隔的两部分组成：

```
lambda 参数 :表达式
```
前面的部分是参数说明,用关键词"lambda"(λ演算中的"λ")将后面的自变量绑定到后面的表达式中。

(2)参数可以有默认值

代码 3.6　一个有默认值的单参数函数的 lambda 表达式。

```
>>> g = lambda x = 2:x + 1
>>> g()
3
>>> g(6)
7
```

显然,lambda 表达式简化了函数定义的书写形式,使代码更为简洁。

2) 多参数函数的 lambda 表达式

代码 3.7　一个计算三数之和,部分参数有缺省值的 lambda 表达式。

```
>>> sum = lambda a, b = 3, c = 5: a + b + c    # 定义一个Lambda隐函数,有3个参数
>>> sum (1, 2, 3)
6
>>> sum(2)
10
```

3) 选择结构的 lambda 表达式

代码 3.8　求绝对值(注意使用了一个三元运算符)。

```
>>> abs = lambda x : x if x >= 0 else -x
>>> abs(3)
3
>>> abs(-3)
3
```

4) lambda 表达式作为其他函数的参数

代码 3.9　lambda 表达式作为 print() 的参数,打印出列表 [0,1,2,3,4,5,6,7,8,9] 中能被 3 整除的数组成的列表。

```
>>> print ([x for x in [0, 1, 2, 3, 4, 5, 6, 7, 8, 9] if x % 3 == 0])
[0, 3, 6, 9]
>>>
>>> # 更清晰的写法
>>> foo = [0, 1, 2, 3, 4, 5, 6, 7, 8, 9]
>>> print ([x for x in foo if x % 3 == 0])
[0, 3, 6, 9]
>>>
>>> # 更简便的写法
>>> foo = [0, 1, 2, 3, 4, 5, 6, 7, 8, 9]
>>> print ([x for x in range(10) if x % 3 == 0])
[0, 3, 6, 9]
```

3.3.2　高阶函数

1) 高阶函数的概念

高阶函数 (higher-order function) 是函数式编程的基本机制,是至少满足下列一个条件的函数:
① 接收一个或多个函数作为参数输入。
② 输出一个函数 (返回值中包含函数名)。

高阶函数的意义在于它能使功能相关的函数形成链式调用。Python 将函数作为第一等对象，提供了对高阶函数的支持。此外它还内置了一些高阶函数，让程序员可以轻松地拿来构建应用函数链。

2）几个 Python 内置高阶函数

（1）filter()

filter() 用于过滤掉可迭代对象中不符合条件的元素，返回符合条件的对象列表，语法如下。

```
reduce(function, iterable[, initializer])
```

通常它必须含有如下两个参数：

① function: 有两个参数的函数。

② iterable: 可迭代对象。

initializer 是一个可选的初始参数。filter() 把传入的函数依次作用于每个元素，然后根据返回值是 True 还是 False 决定保留还是丢弃该元素。

代码 3.10 在一个 list 中，删掉偶数，只保留奇数。

```
>>> def is_odd(n):
...     return n % 2 == 1
...
>>> list(filter(is_odd, [1,2,3,4,5,6,7,8,9]))
[1, 3, 5, 7, 9]
>>>
>>> # 用lambda表达式作为参数的形式
>>> list1 = list(filter(lambda x : x % 2 == 1,[1,2,3,4,5,6,7,8,9]))
>>> print(list1)
[1, 3, 5, 7, 9]
```

（2）sorted()

sorted() 可以对可迭代对象中的元素进行排序，语法如下。

```
sorted(iterable, key=None, reverse=False)
```

参数说明：

① iterable：可迭代对象。

② key：只有一个参数的函数，指定比较对象，默认本身数字值。

③ reverse：排序规则，True 为降序，False 为升序 (默认)。

代码 3.11 用 sorted() 函数进行简单序列元素排序示例。

```
>>> sorted([22,5, -111, 99, -33])                       # 按原值比较升序排序
[-111, -33, 5, 22, 99]
>>> sorted([22, 5, -111, 99, -33], key = abs)           # 按绝对值比较升序排序
[5, 22, -33, 99, -111]
>>> sorted(['bcde', 'opq', 'asp', 'kmn'],reverse=True)  # 对字符串降序排序
['opq', 'kmn', 'bcde', 'asp']
>>> list =[('d',2),('c',1),('a',3),('b',4)]
>>> sorted(list,key=lambda x:x[1])                      # 基于各元组第二个元素排序
[('c', 1), ('d', 2), ('a', 3), ('b', 4)]
```

说明： 排序的基本操作是比较和移位。其中，数字或基于数字 (字符串) 的大小比较非常简单。对于无法取得数字值的元素，就必须使用自定义 key 函数进行特别的比较。

3）尾递归函数

尾递归函数是指递归调用是整个函数体中最后执行的语句，且它的返回值不属于表达式的一部分时，这个递归调用就是尾递归。进行尾递归调用（或任何尾调用）时，调用者的返回位置不需要保存在调用栈上；当递归调用返回时，它将直接在先前保存的返回位置上进行

分支。因此，尾递归既节省了空间，又节省了时间。在代码 2.35 中，fact() 函数的 return 语句中的递归调用是表达式的一部分，所以它不是尾递归函数。

代码 3.12 用尾递归函数计算阶乘。

```
>>> def fact_rial(n, acc = 1):
...     if n < 0:
...         return '错误的参数'
...     elif n== 1 or n == 0:
...         return acc
...     else:
...         acc =  n * acc
...         return  fact_rial(n - 1, acc)
...
>>> fact_rial(0)
1
>>> fact_rial(5)
120
>>> fact_rial(-2)
'错误的参数'
```

3.3.3* 函数柯里化

函数柯里化 (Currying，以逻辑学家 Haskell Curry 的名字命名) 是单一职责原则在处理多参数函数时的应用，其基本思路是把多参数函数转化成每次只传递处理一部分参数 (往往是一个参数) 的函数链，即每个函数都接收一个 (或一部分) 参数并让它返回一个函数去处理剩下的参数。函数柯里化可以用高阶函数实现。

代码 3.13 一个两数相加的函数柯里化。

```
>>> # 普通函数
>>> def add(x, y):
...     return  x + y
...
>>> add(3, 5)
8
>>>
>>> # 用高阶函数进行柯里化
>>> def add(x):
...     def _add(y):
...         return x + y
...     return _add
...
>>> add(3)(5)
8
```

3.3.4* 偏函数

在计算机科学中，偏函数 (partial function) 能以一个函数为基础，将某个参数（默认第一个参数，但不限于第一个参数）固定，后续参数重新扩展传递给原函数，对外则是生成一个新函数。这个功能可以用来简化函数的复杂性，让人们能够复用已有的函数而无须改变它们的实现。

下面通过一个例子来说明偏函数的机制。

例 3.1 内置的 int() 函数称为 int 类的构造函数,它可以将一个任何进制的数字字符串转换为十进制整数。为此它需要两个参数:被转换的数字字符串和给定进制的 base 参数 (默认为 10)。

1) 用不同的函数实现不同数制的转换

代码 3.14 内置函数 int 的应用示例。

```
>>> int('11100010110011', base = 2)
14515
>>> int('11100010110011', 2)
14515
>>> int('11100010110011', 3)
2305426
>>> int('11100010110011', 4)
88098053
>>> int('11100010110011', 5)
1513753756
>>> int('11100010110011', 6)
15600562423
>>> int('11100010110011', 7)
112708467110
>>> int('11100010110011', 8)
627067359241
>>> int('11100010110011', 9)
2855681273008
>>> int('11100010110011', 10)
11100010110011
>>> int('11100010110011', 16)
4802667059675153
```

由这个代码的运行情况可以看出,若要转换大量的二进制字符串,每次都传入 int(x, base=2) 非常麻烦。如果可以定义一个 int2() 的函数,默认把 base=2 传进去,就简单多了。

2) 用缺省参数函数实现不同数制的转换

代码 3.15 内置定义有默认参数的 int2() 函数示例。

```
>>> def int2(x, base = 2):
...     return int(x, base = 2)
...
>>> int2('11100010110011')
14515
>>> int2('123456789abcd00123456789def', base = 16)
Traceback (most recent call last):
  File "<pyshell#17>", line 1, in <module>
    int2('123456789abcd00123456789def', base = 16)
  File "<pyshell#15>", line 2, in int2
    return int(x, base = 2)
ValueError: invalid literal for int() with base 2: '123456789abcd00123456789def'
```

这样对某一种进制的转换就方便多了,但是却不再可以对其他进制进行转换了。

3) 用偏函数实现不同数制的转换

在 Python 中,可以使用 functools 模块中的 partial 函数来创建偏函数。

代码 3.16 由 functools.partial 创建一个偏函数 int2 示例。

```
>>> from functools import partial
>>> int2 = partial(int, base = 2)
>>> int2('11100010110011')
14515
>>> int2('123456789abcd00123456789def', base = 16)
2307687492682138857280779535l023
```

显然,使用偏函数不仅方便了某一种参数多次计算,也不排斥对其他参数的计算。

3.3.5* 生成器

1）生成器与 yield

生成器（generator）是用普通函数 + yield 定义的惰性求值（lazy evaluation）迭代器。即它每运行一次，只生成一个迭代值，而不是一次性返回一个迭代系列的所有值。其关键技术是使用了 yield 代替 return。当含有 yield 的函数被调用时，Python 并不立即执行函数体，而是返回一个生成器对象；然后才开始执行函数体，对生成器进行迭代，遇到 yield 便返回 yield 后面的表达式值并保存其状态暂停；下一次调用时，是从 yield 语句处继续执行。于是就形成了生成器函数的状态保持不变，而随着暂停和恢复，使值逐个生成的惰性求值运行模式。这种惰性求值模式，避免了一次性加载所有数据到内存中，节约了资源，提高了效率，特别是在处理大数据集或无限序列时，可以非常有效地处理迭代任务。

例 3.2 斐波那契（Leonardo Pisano，Fibonacci，Leonardo Bigollo，1175—1250 年，见图 3.2）是中世纪意大利数学家。他曾提出一个有趣的数学问题：有一对兔子，从出生后的第 3 个月起每个月都生一对兔子。小兔子长到第 3 个月又生一对兔子。如果生下的所有兔子都能成活，且所有的兔子都不会因年龄大而老死，问每个月的兔子总数为多少？这些数组成一个有趣的数列，人们将之称为 Fibonacci 数列。

图 3.2 斐波那契

代码 3.17 产生无穷 Fibonacci 数列的生成器。

```
>>> def fib():
...     n, a, b = 0, 0, 1
...     while True:
...         yield b
...         a, b = b, a + b
...         n += 1
...
>>> f = fib()
>>> next(f)
1
>>> next(f)
1
>>> next(f)
2
>>> next(f)
3
>>> next(f)
5
```

说明：

① 每用 next() 向生成器请求一次数据，生成器将用下一个 yield 返回下一个数据。

② 这个生成器可构造一个无穷 Fibonacci 数列。但是，它不是一下子返回，而是随着用户的需要一个一个地陆续返回，充分显示出对于内存的友好姿态。如果使用 return 把一整个序列返回，将会很快用尽内存。因此，利用生成器的惰性求值特点，可以在用多少生成多少的前提下构造一个无限的数据类型。

③ 可以使用多个生成器对一系列操作进行流水线处理。

2）生成器的其他应用方式

生成器运行后，除了可以使用 next() 函数触发一步步地进行迭代，向生成器请求数据外，还有如下一些应用方法。

（1）用 for-in 结构向生成器请求数据

除了用 next()，还可以用 for。因为 for 中隐藏了一个 next()。它与直接用 next() 请求的不同在于能一次生成序列中的全部元素，除非用条件终止这个 for 结构。

代码 3.18 用 for-in 向生成器请求数据示例。

```
>>> def fib(n):
...     i, a, b = 0, 0, 1
...     while i <= n - 1:
...         yield b
...         a, b = b, a + b
...         i += 1
...
>>> for i in fib(5):
...     print(i, end = ',')
...
1,1,2,3,5,
```

（2）以管道生成器的形式请求生成器中的数据

以管道生成器形式请求生成器中的数据可用多个生成器对一系列操作进行流水线处理。

代码 3.19 将斐波那契数列生成器与一个平方数生成器连接成管道示例。

```
>>> def fib(n):
...     a, b = 0, 1
...     for i in range(n):
...         a, b = b, a + b
...         yield b
...
>>> def square(n):
...     for i in n:
...         yield i ** 2
...
>>> print(sum(square(fib(1))))      # 连接成管道
1
>>> print(sum(square(fib(3))))      # 连接成管道
14
```

（3）以生成器表达式与列表解析式的形式向生成器请求数据

简化 for 和 if 语句，使用圆括号 () 将之括起就形成一个生成器表达式，若使用方括号 [] 则形成一个列表解析式，以向生成器请求数据。

代码 3.20 以生成器表达式和列表解析式的形式向生成器 range() 请求数据示例。

```
>>> # 生成器表达式
>>> result1= (x for x in range(5))
>>> result1
<generator object <genexpr> at 0x00000212DB0D7B50>
>>> type(result1)
<class 'generator'>
>>> next(result1)
0
>>> next(result1)
1
>>> next(result1)
2
>>> next(result1)
3
>>> next(result1)
4
>>> next(result1)
Traceback (most recent call last):
  File "<pyshell#11>", line 1, in <module>
    next(result1)
StopIteration
>>>
>>> # 列表解析表达式
>>> result2 = [ x for x in range(5)]
>>> type(result2)
<class 'list'>
>>> result2
[0, 1, 2, 3, 4]
>>> result2
[0, 1, 2, 3, 4]
```

说明：

① 生成器表达式只可向前迭代执行，不可逆执行；列表解析式则可以重复执行。

② 使用生成器表达式可以轻松地动态创建简单生成器，使得构建生成器变得容易。

3）Python 内置的生成器举例

为了方便用户，Python 自己定义了一些内置生成器，range() 就是应用最多的一个生成器。但要注意的是，range 不可以用 next 函数迭代。除此之外，还有一些，下面仅举两例。

（1）zip 函数

zip 是一个打包函数。其基本语法如下。

```
zip(*iterables)
```

其中 *iterables 可以是两个或多个可迭代对象。它能将多个可迭代对象打包成一个元组或列表。其打包过程如下：从每个序列里获取一项，把这些项打包成元组。如果有多个序列，以最短的序列为元组的个数。执行 next 函数可以观察到 zip 逐步生成序列的过程。

代码 3.21 用 next 观察 zip 的工作过程。

```
>>> a, b, c = (1, 2, 3), ('a','b','c'), (5, 6, 7)
>>> zipped = zip(a, b, c)
>>> tuple(zipped)
((1, 'a', 5), (2, 'b', 6), (3, 'c', 7))
>>>
>>> # 用next可以观察到打包过程
>>> zipped = zip(a, b, c)
>>> next(zipped)
(1, 'a', 5)
>>> next(zipped)
(2, 'b', 6)
>>> next(zipped)
(3, 'c', 7)
>>> next(zipped)
Traceback (most recent call last):
  File "<pyshell#16>", line 1, in <module>
    next(zipped)
StopIteration
```

（2）map 函数

map 是一个生成器，它会根据提供的函数对指定的一个或多个可迭代对象做映射。map 函数的语法如下。

```
map(function, iterable1 [,iterable2, ...])
```

map 的第一个参数 function 是一个一对一或多对一的函数，剩下的参数是一个或多个可迭代对象。map 被调用后，将依次用可迭代对象 iterable1 中的元素调用函数 function，最后返回一个可迭代对象。

注意： 如果是多个序列，要求序列包含的元素个数相同。

代码 3.22　map() 函数用法示例。

```
>>> tup1,tup2 = (1,3,5,7,9),(10,8,6,4,2)
>>> tup3 = tuple(map(lambda x,y: x + y,tup1,tup2))
>>> tup3
(11, 11, 11, 11, 11)
```

说明： map 的参数由一个函数和多个可迭代对象组成，所生成的数据序列中的每一项，都是由函数参数依次对可迭代对象的各项进行计算的结果。

代码 3.23　map 函数应用示例。

```
>>> # map函数以1个可迭代对象为参数
>>> m1 = map(lambda x : x*2, [1, 2, 3])
>>> next(m1)
2
>>> next(m1)
4
>>> next(m1)
6
>>> next(m1)
Traceback (most recent call last):
  File "<pyshell#8>", line 1, in <module>
    next(m1)
StopIteration
>>>
>>> # map函数以2个可迭代对象为参数
>>> m2 = map(lambda x, y : x * y, [1, 3, 5], [2, 4, 6])
>>> next(m2)
2
>>> next(m2)
12
>>> next(m2)
30
>>> next(m2)
Traceback (most recent call last):
  File "<pyshell#15>", line 1, in <module>
    next(m2)
StopIteration
>>>
>>> # map函数以3个可迭代对象为参数
>>> s1,s2,s3 = ['a','b','c'],[1,2,3],['p','q','r']
>>> m3 = map(lambda x, y, z : str(x) + str(y) + str(z),s1,s2,s3)
>>> next(m3)
'a1p'
>>> next(m3)
'b2q'
>>> next(m3)
'c3r'
>>> next(m3)
Traceback (most recent call last):
  File "<pyshell#23>", line 1, in <module>
    next(m3)
StopIteration
```

3.3.6 闭包

（1）闭包的概念

闭包 (closure) 又称闭包函数或者闭合函数。如果它的内嵌函数中引用了包围函数中的变量，并且包围函数返回的是内嵌函数的引用，就形成了闭包结构。

代码 3.24 闭包性质演示。

```
>>> def outer():                    # 包围函数
...     free_var = 0                # 在包围函数中定义的自由变量
...
...     def inner(num):             # 内嵌函数
...         nonlocal free_var       # 声明为nonlocal变量
...         free_var += num         # 引用包围函数中的变量
...         print(free_var)
...         pass
...
...     return inner                # 返回内嵌函数的引用
...
>>> # 第1批执行情形
>>> outer()(1)
1
>>> outer()(2)
2
>>> outer()(3)
3
>>>
>>> # 第2批执行情形
>>> f = outer()
>>> f(1)
1
>>> f(2)
3
>>> f(3)
6
```

说明： 此代码中的嵌套函数结构是符合闭包定义的。因为，它的内嵌函数 inner 中使用了包围函数 outer 中定义的变量 free_var。但是两批操作执行的情况不同：第 1 批的 3 个操作每次都是重新从包围函数执行起，所得的 3 个结果之间没有关系。第 2 批则是第 1 次操作从包围函数开始执行，以后就只执行内嵌函数，后两次得到的都是在前一次结果上的继续计算结果。这就是闭包的一个奇妙之处：闭包可以在一个函数与一组局部变量之间建立关联，并使给定函数在被多次调用的过程中，这些局部变量能够保持其持久性。

一般来说，一旦一个函数执行了返回语句，该函数内部的局部变量所占有的存储空间就会被释放掉，其值不会被保存；再次调用时，要为其重新分配内存。但是若在闭包情况下，并且先进行一次打包——包围函数作为一个独立对象存在［即上述的 f=outer() 操作］后，解释器就会发现，包围函数返回的是内嵌函数，而内嵌函数中又引用了包围函数中的局部变量，可内嵌函数还没有执行。于是，就会采取措施，将内嵌函数中的自由变量（没有在某代码块中定义，但却在该代码块中使用的变量）与包围函数的 __closure__ 属性相绑定，以备以后调用内嵌函数时使用。这样，这些内嵌函数的自由变量就有了持久生命周期。这就是上述代码两次执行结果不同的原因：第 1 批操作，尽管是在闭包形式结构中执行的，但缺少一个打包操作，并没有形成真正的闭包机制。由此，可以得出关于闭包更准确的一个概念：闭包是由一个函数动态生成并返回的函数。

（2）自由变量的作用域

自由变量（free variables）是指在闭包中被内嵌函数引用但不是内嵌函数的参数或局部变量的变量。代码 3.24 中的变量 free_var 就是一个自由变量。在闭包中，自由变量的作用域有两个：

① 包围函数作用域：自由变量在包围函数中定义，因此在包围函数内部的任何地方都可以访问和使用自由变量。

② 内嵌函数作用域：内嵌函数是闭包中实际执行的函数，它可以访问和使用包围函数的自由变量。

由于闭包是由一个函数动态生成并返回的函数，所以它可以访问创建它时的作用域中的自由变量。即使那个作用域已经不存在了。或者说，闭包具有记住自己被创建时的环境的能力。

（3）闭包的作用

闭包是函数式编程中的重要机制，其主要作用如下。

① 闭包具有记住自己被创建时的环境的能力，由此可以使函数的局部变量信息保存下来，供下一次使用。这对于隐藏数据或推迟计算非常有用。

② 闭包有效地减少了函数所需的参数数目，非常适合并行运算：可以让每台计算机负责一个函数，然后将一台计算机的输出与另一台计算机的输入串联起来，形成流水线式的工作，特别是对于只有一个参数的函数，可以由串联的计算机集群一端输入，另一端输出。

③ 避免了使用全局变量。闭包允许将函数与其所操作的某些数据（环境）关联起来。这样不同的函数需要同一个对象时，就不需要使用全局变量。

④ 可以根据闭包变量使内嵌函数展现出不同的功能。

代码 3.25 在 50×50 的棋盘上，用闭包从方向 (direction) 和步长 (step) 两个参数的变化上描述棋子跳动过程的代码 (去掉所有的提示符)。

```
>>> origin = [0, 0]                    # 坐标系统原点
>>> legal_x = [0, 50]                  # x轴方向的合法坐标
>>> legal_y = [0, 50]                  # y轴方向的合法坐标
>>> def create(pos = origin):
...     def player(direction, step):
...         new_x = pos[0] + direction[0]*step
...         new_y = pos[1] + direction[1]*step
...         pos[0] = new_x
...         pos[1] = new_y
...         return pos
...     return player
...
>>> player = create()                  # 创建棋子player，起点为原点
>>> print (player([1,0],5))            # 向x轴正方向移动5步
[5, 0]
>>> print (player([0,1],10))           # 向y轴正方向移动10步
[5, 10]
>>> print (player([-1,0],3))           # 向x轴负方向移动3步
[2, 10]
>>> print (player([0,1],3))            # 向y轴正方向移动3步
[2, 13]
```

说明：

① 棋子移动是基于前一个位置的。从上述运行结果可以看出，闭包的记忆功能十分适合这种问题。

② 该程序代码仅用于说明闭包的作用，并非一个完整的棋子移动程序，还有许多功能需要补充，例如，每跳一步还需要判断是否出界等。

3.3.7 Python 装饰器

（1）软件开发的开闭原则与 Python 装饰器

软件开发是一种高强度的脑力劳动。软件修改则更为麻烦，稍有不慎就会酿成大祸。针

对这样一个问题，1988 年，勃特兰·梅耶 (Bertrand Meyer，1950 年—) 在他的著作《面向对象软件构造》(Object-Oriented Software Construction) 中提出了开闭原则 (open closed principle，OCP)：软件实体应当对扩展开放，对修改关闭 (software entities should be open for extension, but closed for modification)。其核心思想是尽量地对原来的软件进行功能扩张使其满足新的需求，而不是通过修改原来的软件使其满足新的需求，以保持和提高软件的适应性、灵活性、稳定性和延续性，避免由于修改带来可靠性、正确性等方面的错误，降低维护成本。

装饰器 (decorator) 也称包装器（wrapper），是一项基于开闭原则的函数式编程技术，它可以在不侵入原有代码的前提下，从外部用一些代码将功能函数包裹起来，为其添加一些新色彩——对函数或类进行功能扩充。所以，它也是代码复用的高级形式。

（2）Python 装饰器的实现

具体地说，装饰器就是一个函数，它以功能函数为参数，在内部进行功能添加后，输出添加后的功能。为此，经典的装饰器常采用闭包形式，在内嵌函数中进行功能添加，并返回添加了功能的内嵌函数。

代码 3.26 经典的函数装饰器示例。

```python
>>> # 一个简单的功能函数：求两数之和
... def add(x, y):
...     return x + y
>>> add(2, 3)
5
>>>
>>> # 装饰器代码：使函数add以表达式形式输出，但不修改函数add
... def logger(func):
...     def wrapper(a, b):
...         print(f'{a} + {b} = ', end = '')
...         return func(a, b)
...     return wrapper
...
>>> # 打包装配：用装饰器logger装配add
... add = logger(add)
>>>
>>> # 测试
... if __name__ == '__main__':
...     add(2, 3)
...
2 + 3 = 5
```

说明：

① 在这段代码中，add 是一个原来设计好的功能函数，用于实现两个数的相加。

② logger 是一个装饰器，就是一个函数，它用参数 func 接收功能函数名，用内嵌函数 wrapper 对功能函数 func 进行功能添加，最后返回添加了功能的 wrapper 函数。

③ 语句 add = logger(add) 是将装饰器装配到功能函数 add 上，即将原来的函数名 add 赋名于装饰器 logger(add)。这样，后面调用 add 时，实际是调用了以 wrapper 为核心的 logger(add)。

（3）Python 装饰符（@）

在代码 3.26 中，使用了语句 add = logger(add) 来说明函数 logger() 是功能函数 add() 的装饰器。不过，Python 中装饰器语法并不需要每次都用引用语句来说明装饰关系，在功能函数定义时只要在其前面加上"@+ 装饰器名字"就可以了。@ 称为装饰符。

代码 3.27　代码 3.26 改用装饰符的示例。

```
>>> def logger(func):
...     def wrapper(a, b):
...         print(f'{a} + {b} = ', end = '')
...         return func(a, b)
...     return wrapper
>>> @logger
... def add(x, y):
...     return x + y
>>> if __name__ == '__main__':
...     add(2, 3)
...
2 + 3 = 5
```

说明： 在功能函数前添加 @ 装饰符，就将装饰器绑定在了功能函数上。在本例中，@logger 用于修饰函数 add，就相当于 logger(add)。

（4）复合装饰器

复合装饰器就是给一个功能函数装配多个装饰器。

代码 3.28　在代码 3.27 的基础上再添加一个装饰符示例。

```
>>> def add_info(func):
...     def wrapper(*args, **kwargs):
...         print(f'用参数{args}和{kwargs}调用装饰器{func.__name__}:')
...         return func(*args, **kwargs)
...     return wrapper
>>> def logger(func):
...     def wrapper(a, b):
...         print(f'{a} + {b} = ', end = '')
...         return func(a, b)
...     return wrapper
>>> @add_info
... @logger
... def add(x, y):
...     return x + y
>>> if __name__ == '__main__':
...     add(2, 3)
...
用参数(2, 3)和{}调用装饰器wrapper:
2 + 3 = 5
```

（5）带参装饰器

代码 3.29　测试函数运行时间示例。

```
>>> import time
>>>
>>> def repeat(n):
...     def timer(func):
...         def wrapper(num1, num2):
...             start = time.time()
...             for _ in range(n):     # 下划线代表for结构中的循环变量
...                 result = func(num1, num2)
...             print(f'函数：{func.__name__}，耗时：{time.time() - start}')
...             return result
...         return wrapper
...     return timer
>>> @repeat(1000000)
... def add(x, y):
...     return x + y
>>> if __name__ == '__main__':
...     add(6, 5)
...
函数：add，耗时：0.10926699638366699
11
```

一、选择题

1. 下列关于匿名函数的说法中，正确的是_____。
   A. lambda 是一个表达式，不是语句
   B. 在 lambda 的格式中，lambda 参数1，参数2，……是由参数构成的表达式
   C. lambda 可以用 def 定义一个命名函数替换
   D. 对于 mn=(lambda x，y:x if x<y else y)，mn(3, 5) 可以返回两个数字中的大者

2. 关于 Python 的 lambda 函数，以下选项中描述错误的是_____。
   A. lambda 函数将函数名作为函数结果返回
   B. f=lambda x，y:x+y 执行后，f 的类型为数值类型
   C. lambda 用于定义简单的、能够在一行内表示的函数
   D. 可以使用 lambda 函数定义列表的排序原则

二、判断题

1. 对于数字 n，如果表达式 0 not in [n%d for d in range(2，n)] 的值为 True，则说明 n 是素数。（ ）
2. 已知 x = list(range(20))，那么语句 del x[：：2] 可以正常执行。（ ）
3. 已知 x = list(range(20))，那么语句 print(x[100：200]) 无法正常执行。（ ）
4. 表达式 (i**2 for i in range(100)) 的结果是个元组。（ ）
5. 闭包是在其词法上下文中引用了自由变量的函数。（ ）
6. 闭包在运行时可以有多个实例，不同的引用环境和相同的环境组合可以产生不同的实例。（ ）
7. 闭包是延伸了作用域的函数，其中包含了函数体中引用而不是定义体中定义的非全局变量。（ ）
8. 对于生成器对象 x = (3 for i in range(5))，连续两次执行 list(x) 的结果是一样的。（ ）
9. 包含 yield 语句的函数一般称为生成器函数，可以用来创建生成器对象。（ ）
10. 在函数中 yield 语句的作用和 return 完全一样。（ ）

三、代码分析题

阅读下面的代码，指出程序运行结果并说明原因。也可以先在计算机上执行，得到结果，再分析得到这种结果的理由。

1.
```
d = lambda p: p; t = lambda p: p * 3
x = 2; x = d(x); x = t(x); x = d(x); print(x)
```

2.
```
def multipliers():
    return ([lambda x:i * x for i in range (4)])
```

```
print ([m(2) for m in multipliers()])
```
3.
```
def is_not_empty(s):
    return s and len(s.strip()) > 0

print (filter(lambda s:s and len(s.strip())>0, ['test', None, '', 'str', '','END']))
```
4.
```
def log(prefix):
    def log_decorator(f):
        def wrapper(*args, **kw):
            print ( f'[{prefix}],{f.__name__}()...')
            return f(*args, **kw)
        return wrapper
    return log_decorator

@log('DEBUG')
def test():
    pass

print (test())
```
5.
```
def dec1(func):
    print("1111")
    def one():
        print("2222")
        func()
        print("3333")
    return one

def dec2(func):
    print("aaaa")
    def two():
        print("bbbb")
        func()
        print("cccc")
    return two

@dec1
@dec2
def test():
    print("test test")

test()
```

6.
```
def spamrun1(fn):
    def sayspam1(*args):
        print("spam1,spam1,spam1")
        fn(*args)
    return sayspam1

@spamrun
@spamrun1
def useful(a,b):
    print(a*b)

if __name__ == "__main__"
    useful(2,5)
```

四、实践题

1. 使用 lambda 匿名函数完成以下操作：

```
def add(x,y):
    return x+y
```

2. 台阶问题。一只青蛙一次可以跳 1 级台阶，也可以跳 2 级台阶。求该青蛙跳一个 n 级的台阶总共有多少种跳法。请用函数和 lambda 表达式分别求解。

3. 矩形覆盖。可以用 2×1 的小矩形横着或者竖着去覆盖更大的矩形。请问用 n 个 2×1 的小矩形无重叠地覆盖一个 2×n 的大矩形，总共有多少种方法？请用函数和 lambda 表达式分别求解。

4. Python 提供的 sum() 函数可以接收一个 list 并求和，请编写一个高阶函数 prod()，可以接收一个 list 并利用 reduce() 函数求积。

5. 利用 map 和 reduce 编写一个 str2float 函数，把字符串 '123.456' 转换成浮点数 123.456。

6. 用 filter 打印 100 以内的素数。

7. 回数是指从左向右读和从右向左读都一样的数，例如 12321, 909。请利用 filter() 筛选出回数。

8. 请实现一个装饰器，限制某函数被调用的频率 (如 10s 一次)。

9. 用偏函数把一个秒数转换为"时:分:秒"格式。

第 4 章
Python 基于类的编程

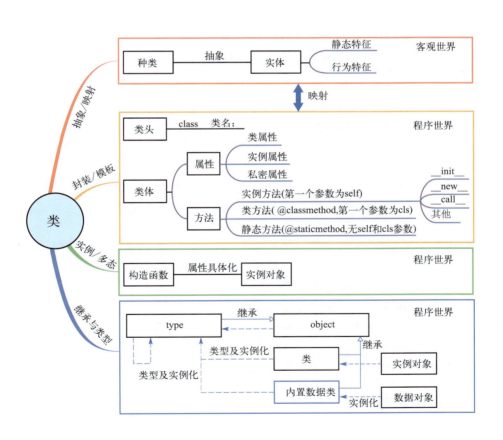

从 20 世纪 60 年代末开始，通过在语句层、代码块（函数）层的封装，使结构化程序设计和代码复用崭露头角之时，人们就已经开始考虑如何在更大的规模上进行封装和复用，并能很自然地表现现实世界。1962 年，挪威科学家奥利－约翰·达尔（Ole-Johan Dahl，1931—2002 年）和克利斯登·奈加特（Kristen Nygaard，1926—2002 年）为进行计算机模拟，设计出程序设计语言 Simula，并于 1967 年正式发布，命名为 Simula 67。在这个程序设计语言中，用对象（objects）、类（class）和继承来模拟现实世界中的个体、分类和继承关系。1970 年，美国的艾伦·凯（Alan Curtis Kay，1940 年—）在 Simula 的启发下，构思出了面向对象的 Smalltalk 语言。到了 20 世纪 80 年代，Stepstone 公司的布莱德·考克斯 (Brad Cox) 把 Smalltalk 中的一些机制引进到 C 语言中，推出 Objective-C。从此，面向对象程序设计（object oriented programming，OOP）雄风骤起，成为一种基本的程序设计范式。

基于结构化编程的 OOP，其本质是抽象与多态。这两个概念体现在类与对象上：遇到问题先将所涉及的事物抽象出相关类和类的层次结构，然后根据解题需要以类为模型生成所需的不同对象。所以，OOP 也可成为基于类的编程。这样的解题思路符合人们认识的规律，而且提高了程序的灵活性和程序设计的效率，特别有利于大型程序的设计。现在，许多程序设计语言都引入了 OOP 范式。Python 也不例外，并且在抽象与多态方面做出了自己的特色，形成了引人注目的亮点。

4.1 类的定义与实例对象的构建

4.1.1 用 class 关键词封装类对象

（1）class 的语法规则

面向对象编程的实质是基于类的编程，即首先要设计类，因为类是一类对象的模型。不过，类也是对象，称为类对象。在程序中，类对象用关键词 class 定义封装，语法如下：

```
class 类名 (object):
    类属性声明
    def __init__(self，实例参数 1，实例参数 2，…)：
        实例属性声明
    方法定义
```

说明：

① 类定义由类头和类体两大部分组成。类头也称为类首部，占一行，以关键词 class 开头，后面是类名，之后是冒号。下面是缩进的类体。

② 类名应当是合法的 Python 标识符。自定义类名的首字母一般采用大写。

③ 类体是类成员的定义(说明)的封装体。类成员可以分为方法和属性两大类。

④ 在类体的方法中，有一个不可或缺的特殊方法：__init__。这是一个默认方法，用于对实例变量进行初始化，故称为初始化方法。

代码 4.1 Employee 类定义及其模块生成。

```python
# emloyee.py
class Employee(object):
    corp_name = 'ABC公司'              # 类属性1：公司名称
    total_emp = 0                      # 类属性2：员工总数

    def __init__(self, emp_name, emp_age):
        self.emp_name = emp_name       # 实例属性，公开属性
        self.__emp_age = emp_age       # 实例属性，私密属性
        Employee.total_emp += 1        # 应用类属性
        pass                           # 空语句，该方法定义结束

    def show_emp_info(self):           # 公开实例方法：显示员工信息
        print(f'员工姓名:{ self.emp_name }, 年龄:{self.__emp_age}', end = '')
        pass

    @classmethod                       # 装饰器
    def show_corp_info(cls):           # 类方法：输出公司信息，cls为类参数
        print(f'{cls.corp_name}, 总职工数:{cls.total_emp}.')
        pass
    pass
```

注意： 在上述代码中，第 7、8 行是两个赋名语句。这两个赋名语句的左边是 Employee 类的两个实例属性名，右面则是两个从调用方接收的所传递的实例属性对象，并被这样的赋名语句赋以类中的实例属性名。

（2）类对象的简单测试

有了类定义模块，就可以在程序中采用导入的方式来使用它了。

代码 4.2 Employee 类的简单测试。

```
>>> from employee import Employee     # 导入Employee类对象
>>> emp = Employee                    # 给Employee类对象赋一个别名，以方便在此使用
>>> id(Employee), type(Employee)      # 测试类对象Employee的要素值
    (1969974628048, <class 'type'>)
>>> id(emp), type(Employee)           # 测试别名emp 所引用的类对象要素值
    (1969974628048, <class 'type'>)
```

说明： 对 Employee 和 emp 的测试表明，Employee 和 emp 都是 ID 为 1969974628048、类型为 type 对象的两个对象的名字。这里，引出了一个非常有意义的话题："Employee 的 type 是 type"。关于这一点，将在 4.2 节中解释。

4.1.2 用构造函数创建实例对象

（1）构造函数语法规则

class 语句只是定义一个类对象，它本身不会生成任何实例对象。或者说，class 语句只是定义一类对象的模型对象，要生成这个模型的实例对象，就需要使用这个类对象的构造函数。它的基本形式如下。

<u>类名（实例属性参数）</u>

其实，这样的构造函数在前面已经见过了，如 int()、float()、str()……。不过它们背后的 int 类、float 类、str 类……都是内置的。这里介绍的是自定义类的实例对象的构造——生成方法。

代码 4.3 Employee 类实例对象的生成与特征值测试示例。

```
>>> from employee import Employee      # 导入Employee类对象
>>> emp = Employee                     # 赋予别名
>>>
>>> # 生成实例对象
>>> zz,ww,ll = emp('张展',50),emp('王婉',39),emp('李丽',38)
>>>
>>> #实例对象要素测试
>>> id(zz),type(zz)
(1970003440496, <class 'employee.Employee'>)
>>> id(ww),type(ww)
(1970004351424, <class 'employee.Employee'>)
>>> id(ll),type(ll)
(1970004351376, <class 'employee.Employee'>)
```

说明：

① 由 zz、ww 和 ll 的要素测试可以得出结论：它们所关联的对象都属于 employee.Employee 类型，但分别存储在内存不同地址中，是 employee.Employee 类型的不同实例。

② 与代码 4.2 对比可以看出，emp 和 Employee 都是对象，emp 是 Employee 类的别名。但是类名后加上括号，就可以生成类的实例对象了。即加上括号就变为了函数——构造函数（constructor）——用于生成实例对象的函数。

（2）构造函数原理：cls、self、__new__ 与 __init__

在 Python 程序中，要生成一个类实例，就需要调用该类的构造函数。类的构造函数名与类名相同，只是它有一个函数的形式。Employee 类的构造函数就是 Employee()。不过构造函数有面向外部的"前台"接待处，它的背后是 cls 对象、__new__ 方法、self 对象与 __init__ 方法的支撑，并按照下面的过程进行操作。

① 调用类构造函数时，解释器首先会调用 Python 内置方法 __new__。__new__ 称为构造方法。它是类级别的方法，其格式如下：

```
def __new__(cls,*args,**kwargs):
    pass
```

__new__ 其主要功能是以当前类（用 cls 指称）为模板（参数），获取存储空间，生成一个只与类相关，而与类的任何实例无关的实例对象框架（也称模板对象），返回一个对象引用。解释器则会将这个对象引用传送给另一个内置方法 __init__ 的参数 self。此外，__new__ 还负责用形参 *args 和 **kwargs 分别对构造函数传来的位置实参和字典实参进行打包，最后也传给 __init__。

② __init__ 称为初始化方法，即用于对 self 接收的空对象壳中的属性进行填充使其实例化，并可以为其添加属性，使 self 成为完整的实例对象。显然，__init__ 会不会被调用，完全依赖于 __new__ 有没有返回一个类对象的引用；如果 __new__ 没有生成一个类对象引用，__init__ 将无被调用的价值。__init__ 的格式如下：

```
def __init__(self,*args,**kwargs):
    pass
```

如代码 4.1 中的 __init__ 有下列语句：

```
self.emp_name = emp_name        # 实例属性，公开属性
self.__emp_age = emp_age        # 实例属性，私密属性
```

这里，点运算符（.）也称为成员运算符、分量运算符，表示其后的名字所引用对象是其前名字所引用对象的分量。即 self.emp_name 表示待初始化对象的 emp_name 的成员（属性）。self 的另一个属性是 __emp_age，其前两个下划线表示这是一个私密属性，外部不可以随便访问。在 __init__ 中还可以有别的语句。

③ 由于 __init__ 中的 self 与 __new__ 中的 self 所绑定的是同一对象，所以，__init__ 可以没有返回语句，就把完整的实例对象传给 __new__。

④ __new__ 必须有返回语句。它返回的就是一个完整的实例对象，也就是构造函数的返回对象。这样，一个实例对象就创建好了。

代码 4.4 cls、self、__new__ 与 __init__ 之间的关系演示。

```
>>> from sys import getrefcount
>>>
>>> class DemoClass(object):
...     def __new__(cls, *agrs, **kwds):
...         inst = object.__new__(cls, *agrs, **kwds)
...         print(f'cls in new:{cls},refcount = {getrefcount(cls)}.')
...         print(f'inst in new:{inst},refcount = {getrefcount(inst)}.')
...         return inst
...
...     def __init__(self, number = 123):
...         print(f'self1 in init:{self},refcount = {getrefcount(self)}.')
...         self.number = number
...         print(f'self2 in init:{self},refcount = {getrefcount(self)}.')
...
>>> demo = DemoClass()
cls in new:<class '__main__.DemoClass'>,refcount = 8.
inst in new:<__main__.DemoClass object at 0x000001877506D210>,refcount = 2.
self1 in init:<__main__.DemoClass object at 0x000001877506D210>,refcount = 3.
self2 in init:<__main__.DemoClass object at 0x000001877506D210>,refcount = 3.
>>> print(f'demo in main:{demo},refcount = {getrefcount(demo)}.')
demo in main:<__main__.DemoClass object at 0x000001877506D210>,refcount = 2.
```

说明：

① 后 4 条结果显示的存储位置相同，说明实例对象是在 __new__ 中构造而成，是分配了存储空间的，此后的参数传递都是赋名操作。

② 引用计数器的变化可以解释为：实例对象在 __new__ 中被创建后，由 inst 引用，refcount 变为 2；由于 __init__ 是在 __new__ 中被调用，再由 self 引用，所以增 1 为 3；然后退出 __init__（refcount–1），再退出 __new__（refcount–1），再被 demo 引用（refcount＋1），得到 refcount＝2。

一般说来，__new__ 内的操作都是自动进行的，并且对所有实例对象的操作都相同。所以如果没有特别需要，一般不会要求重写 __new__。但是，__init__ 要体现同一模板下的实例对象的多样性，所以通常要对其进行重写。

4.1.3　类的属性与方法

设计一个类的主要工作是设计它的成员。按照作用范围，类分为类成员与实例成员，并分别用 cls 与 self 指代。按照功能性质，分为属性（attributes，也称为字段）成员和方法（methods）成员两种。

1）类的属性成员：类属性、实例属性与私密属性

类属性（class attributes，如类 Employee 中的 corp_name 和 total_emp）属于类对象，默认的名字前缀是类名或 cls（class 的缩写），它们位于类的作用域，为类所有，自然也为该类的所有实例共享。通常定义在类中所有方法的外面，在类定义外可以通过类对象访问（Employee.total_emp），也可以通过实例对象访问（如 zz.total_emp）。

实例属性（instance attributes，如类 Employee 中的 emp_name 和 __emp_age）为实例对

象所有。在类定义中，它们的前面都带有 self 前缀——表明这个属性是实例对象的一个分量，并在初始化方法 __init__ 中以赋名形式初始化，即将实例属性名与传来的实例属性对象相绑定。这样，在生成一个实例对象后，只能由该实例对象访问（调用），不可由其他实例对象访问，即各个实例对象只能访问自己的实例属性。

属性有公开（public）与私密（private）之分。Python 用双下划线（__）前缀作为私密属性的标志（如 __emp_age）。一个属性一旦定义为私密属性，就不可在外部被直接访问，只可以在内部直接访问。外部需要私密属性时，只能通过公开方法（如代码 4.1 中的 show_emp_info）间接访问。表 4.1 为类属性、实例属性和私密属性的简要比较。

表 4.1 类属性、实例属性和私密属性的简要比较

比较项目	定义位置	公约名字前缀	类对象外部直接访问	实例对象外部直接访问
类属性	所有方法之外	cls	√	√
实例属性	__init__ 中	self	×	√
私密属性	__init__ 中	self与__	×	×

代码 4.5 类属性与实例属性的访问测试示例。

```
>>> from employee import Employee        # 导入Employee类对象
>>> emp = Employee                       # 赋予Employee一个别名
>>> zz = emp('张展',50)                  # 生成实例对象
>>>
>>> zz.emp_name                          # 实例对象访问自己的实例属性
'张展'
>>> emp.emp_name                         # 类对象不可访问实例属性
Traceback (most recent call last):
  File "<pyshell#23>", line 1, in <module>
    emp.emp_name                         # 类对象不可访问实例属性
AttributeError: type object 'Employee' has no attribute 'emp_name'. Did you mean: 'corp_name'?
>>> zz.__emp_age                         # 实例对象不可访问自己的私密属性
Traceback (most recent call last):
  File "<pyshell#24>", line 1, in <module>
    zz.__emp_age                         # 实例对象不可访问自己的私密属性
AttributeError: 'Employee' object has no attribute '__emp_age'
>>> zz.show_emp_info()                   # 类外间接访问私密属性
员工姓名:张展, 年龄:50
```

说明： 类属性既可被类对象访问，也可被实例对象访问；实例属性只能由自己的实例对象访问。在外部，实例对象只能直接访问自己的公开（public）实例属性，不能直接访问自己的私密属性。

2）类的方法成员：实例方法、类方法和静态方法

在 Python 类中，方法与属性一样也分为实例方法和类方法，此外还多出一种静态方法。

（1）实例方法

实例方法是描述实例对象行为和实例属性变化的方法。实例方法只能由特定的实例对象调用，不可以由类对象或其他实例对象调用，并只能访问类属性和同一实例对象中的属性和其他方法，不可由其他实例对象调用，也不能访问其他实例对象的属性。每个实例方法至少第一个参数为 self，当该方法被调用时，将会把当前实例对象自动赋名给该 self。此外，self 还用于对该实例对象属性的限定，使非该实例对象绑定的实例方法不可访问。

实例方法通常由程序员定义，如 Employee 类中的 show_emp_info()。不过为了方便程序开发，Python 还内置了相当多的具有共性的实例方法——人们称其为魔法方法，__init__ 就是其中之一。更多的魔法方法将在 4.3.1 节介绍。

代码 4.6　实例方法调用权限测试示例。

```
>>> from employee import Employee    # 导入Employee类对象
>>> emp = Employee                    # 赋予Employee别名
>>> zz = emp('张展',50)               # 生成实例对象
>>> zz.show_emp_info()                # 实例对象调用实例方法
员工姓名:张展，年龄:50
>>>
>>> emp.show_emp_info()               # 类对象调用实例方法
Traceback (most recent call last):
  File "<pyshell#7>", line 1, in <module>
    emp.show_emp_info()               # 类对象调用实例方法
TypeError: Employee.show_emp_info() missing 1 required positional argument: 'self'
>>>
>>> emp.show_emp_info(zz)             # 类对象调用实例方法时传入实例对象参数
员工姓名:张展，年龄:50
```

（2）类方法

类方法（class method）是描述类的行为和类属性的变化，即类的所有实例对象的共同行为和属性变化的方法。类方法可以由类对象调用，也可以由实例对象调用。这些与实例属性相似。不同的是，类方法须用 @classmethod 装饰器修饰，并要求第一个参数是 cls，代表当前类对象，当该方法被调用时，把类对象自动赋名给该参数。在 Employee 类中，show_corp_info(cls) 就是一个类方法，它具有一般类方法的两个基本特征。

代码 4.7　类方法的调用权限测试示例。

```
>>> from employee import Employee    # 导入Employee类对象
>>> emp = Employee                    # 赋予别名
>>> emp.show_corp_info()              # 类对象调用类方法
ABC公司，总职工数:0。
>>> zz = emp('张展',50)               # 生成一个实例对象
>>> emp.show_corp_info()              # 类对象调用类方法
ABC公司，总职工数:1。
>>> zz.show_corp_info()               # 实例对象调用类方法
ABC公司，总职工数:1。
>>> ww = emp('王旺',39)               # 生成第二个实例对象
>>> emp.show_corp_info()              # 类对象调用类方法
ABC公司，总职工数:2。
```

（3）静态方法

静态方法 (static method) 是类的一种特殊成员，它需要用 @staticmethod 装饰器修饰。

代码 4.8　静态方法用法测试示例。

```
>>> class Test_Class:
...     hello = "Hello!"              # 一个类属性
...     def show(self,arg):           # 一个实例方法
...         print(arg)
...
...     @classmethod
...     def cls_hello(cls):           # 一个类方法
...         return cls.hello
...
...     @staticmethod
...     def stit_hello(arg = "您好！"):   # 静态方法B
...         return arg
...
>>> # 静态方法的调用权限测试
>>> test_object = Test_Class()        # 生成一个实例对象
>>> Test_Class.stit_hello()           # 类对象调用
'您好！'
>>> test_object.stit_hello()          # 实例对象调用
'您好！'
>>>
>>> # 静态方法的访问权限测试
>>> Test_Class.stit_hello(hello)      # 直接访问类属性
Traceback (most recent call last):
  File "<pyshell#9>", line 1, in <module>
    Test_Class.stit_hello(hello)      # 直接访问类属性
NameError: name 'hello' is not defined. Did you mean: 'help'?
>>> Test_Class.stit_hello(Test_Class.hello)   # 间接访问类属性
'Hello!'
```

说明：静态方法是一种特殊类成员，它处于类的命名空间，但却与类或任何实例对象均无绑定关系，不可用 cls 或 self 作为参数；访问类成员要像外部函数那样明确地标明这些成员是哪个类的分量，不能像类方法那样直接，只能由类对象或实例对象调用。

（4）小结

表 4.2 对静态方法、类方法与实例方法的特征进行了简单比较。

表 4.2 静态方法、类方法与实例方法之间的比较

比较内容	装饰器	被调用限制		访问实例属性	调用实例方法	访问类属性	调用类方法	调用静态方法	第1个参数		继承性
		类对象	实例对象						cls	self	
实例方法	无	×	√	√	√	√	√	√	×	√	√
类方法	@classmethod	√	√	×	×	√	√	√	√	×	√
静态方法	@staticmethod	√	√	×	×	√	√	√	×	×	×

说明：虽然类方法和静态方法既可以由类对象调用，也可以由实例对象调用，但一般情况下，推荐只由类对象调用。这样的概念比较清楚。

4.1.4 类与实例对象的测试与维护

（1）用于获取类与实例对象间关系的函数

① isinstance(对象名，类名)：判断对象是否是类的实例。

② hasattr(对象名，属性名)：判断对象中有无此属性。

③ getattr(对象名，属性名 [，默认值])：获取对象中属性的值。

④ setattr(对象名，属性名，值)：为对象动态设置属性。

⑤ delattr(对象名，属性名)：在对象内删除动态属性。

代码 4.9 实例与属性测试示例。

```
>>> from employee import Employee
>>> zz = Employee('张展',50)
>>> 
>>> from employee import Employee
>>> 
>>> zz = Employee('张展',50)
>>> isinstance(zz,Employee)
True
>>> hasattr(zz,'emp_name')
True
>>> getattr(zz,'emp_name')
'张展'
>>> setattr(zz,'emp_sex','男')
>>> hasattr(zz,'emp_sex')
True
>>> delattr(zz,'emp_sex')
>>> hasattr(zz,'emp_sex')
False
```

注意：属性名必须用引号引起来。因为命名空间中的名字都是字符串形式。

（2）类与实例对象的成员信息的获取

① dir([object])：获取 object 中的属性（变量）名、方法（函数）名列表。无参默认为当前所在作用域。

② object.__dict__：返回 object 的字典对象。

③ vars([object])：获取 object 的 __dict__；无参默认为当前所在作用域。

代码 4.10　获取类或对象的属性和方法实例。

```
>>> from employee import Employee
>>> dir(Employee)
['__class__', '__delattr__', '__dict__', '__dir__', '__doc__', '__eq__', '__form
at__', '__ge__', '__getattribute__', '__gt__', '__hash__', '__init__', '__init_s
ubclass__', '__le__', '__lt__', '__module__', '__ne__', '__new__', '__reduce__',
 '__reduce_ex__', '__repr__', '__setattr__', '__sizeof__', '__str__', '__subclas
shook__', '__weakref__', 'corp_name', 'show_corp_info', 'show_emp_info', 'total_
emp']
>>>
>>> vars(Employee)
mappingproxy({'__module__': 'employee', 'corp_name': 'ABC公司', 'total_emp': 0,
'__init__': <function Employee.__init__ at 0x000002B5CEB0B520>, 'show_emp_info':
 <function Employee.show_emp_info at 0x000002B5CEB0B760>, 'show_corp_info': <cla
ssmethod(<function Employee.show_corp_info at 0x000002B5CEB0B7F0>)>, '__dict__':
<attribute '__dict__' of 'Employee' objects>, '__weakref__': <attribute '__weak
ref__' of 'Employee' objects>, '__doc__': None})
>>>
>>> Employee.__dict__
mappingproxy({'__module__': 'employee', 'corp_name': 'ABC公司', 'total_emp': 0,
'__init__': <function Employee.__init__ at 0x000002B5CEB0B520>, 'show_emp_info':
 <function Employee.show_emp_info at 0x000002B5CEB0B760>, 'show_corp_info': <cla
ssmethod(<function Employee.show_corp_info at 0x000002B5CEB0B7F0>)>, '__dict__':
<attribute '__dict__' of 'Employee' objects>, '__weakref__': <attribute '__weak
ref__' of 'Employee' objects>, '__doc__': None})
>>>
>>> zz = Employee('张展',50)
>>> dir(zz)
['_Employee__emp_age', '__class__', '__delattr__', '__dict__', '__dir__', '__doc
__', '__eq__', '__format__', '__ge__', '__getattribute__', '__gt__', '__hash__',
 '__init__', '__init_subclass__', '__le__', '__lt__', '__module__', '__ne__', '_
_new__', '__reduce__', '__reduce_ex__', '__repr__', '__setattr__', '__sizeof__',
 '__str__', '__subclasshook__', '__weakref__', 'corp_name', 'emp_name', 'show_co
rp_info', 'show_emp_info', 'total_emp']
>>>
>>> vars(zz)
{'emp_name': '张展', '_Employee__emp_age': 50}
>>>
>>> zz.__dict__
{'emp_name': '张展', '_Employee__emp_age': 50}
```

（3）类和实例对象新增成员的直接绑定

在类与实例对象中新增成员的直接绑定语句的基本格式为：

<u>类名或实例名.新增成员名 = 成员对象</u>

代码 4.11　用分量直接绑定法为类 Employee 增添成员示例。

```
>>> from employee import Employee       # 导入Employee类定义
>>>
>>> # 为类对象动态绑定一个类属性
>>> @classmethod                        # 定义一个类方法
... def signal(cls):
...     print(f'公司名称：{cls.corp_name}。地址：{cls.location}')
...
>>> Employee.signal = signal            # 将类方法绑定到类对象
>>>
>>> # 测试类成员绑定结果
>>> zz = Employee('张展',50)            # 生成一个实例对象
>>> Employee.signal()                   # 类对象调用
公司名称：ABC公司。地址：江苏
>>> zz.signal()                         # 实例对象调用
公司名称：ABC公司。地址：江苏
>>>
>>> # 为实例对象绑定一个实例属性
>>> zz.emp_gender = '男'                # 绑定属性到实例对象
>>>
>>> # 为实例对象绑定一个实例方法
>>> def disp(self):                     # 定义一个实例方法
...     print(f'姓名：{self.emp_name}，性别：{self.emp_gender}')
...
>>> zz.disp = disp                      # 绑定到实例对象
>>>
>>> # 实例成员绑定测试
>>> zz.disp(zz)                         # 本实例对象调用
姓名：张展，性别：男
```

说明：

① 从理论的角度看，Python 类和实例都是结构可以改变的对象。这给程序带来很大的灵活性。但是，并不提倡这样的修改。因为类是由所有实例共享的，一处的修改可能影响多处。为此，Python 一方面允许对类进行修改，另一方面推出了一个可选属性 __slots__。这个属性可以是一个元组、列表、字符串等可迭代对象，用于列出所允许修改的属性名。不过，它只能对实例的属性修改进行限制，而对类无效。具体用法可参考有关资料。

② 为类动态增添一个静态方法的过程与动态增添一个类方法基本相同。

习题4.1

一、判断题

1. 一个实例对象一旦被创建，其作用域就是整个类。（　　）
2. 在 Python 中定义类时，实例方法的第一个参数名称不管是什么，都表示对象自身。（　　）
3. 实例对象不能调用类方法和静态方法。（　　）
4. Python 中没有严格意义上的私密成员。（　　）
5. 初始化方法 __init__ 是 Python 的内置方法，在创建一个实例对象时会自动执行。（　　）
6. 类方法的第一个参数是类本身。（　　）
7. Python 允许为自定义类的对象动态增加新成员。（　　）
8. Python 只允许动态为对象增加属性成员，而不能动态为对象增加方法成员。（　　）

二、选择题

1. 将第一个参数限定为调用它的实例对象的是＿＿＿＿。
   A．类方法　　　B．静态方法　　　C．实例方法　　　D．外部函数
2. 只有创建了实例对象，才可以调用的方法是＿＿＿＿。
   A．类方法　　　B．静态方法　　　C．实例方法　　　D．外部函数
3. 将第一个参数限定为定义它的类对象的是＿＿＿＿。
   A．类方法　　　B．静态方法　　　C．实例方法　　　D．外部函数
4. 只能使用在方法成员中的变量是＿＿＿＿。
   A．类变量　　　　　　　　　　B．静态变量
   C．实例变量　　　　　　　　　D．外部变量
5. 不可以用 __init__ 方法初始化的实例变量称为＿＿＿＿。
   A．必备实例变量　　　　　　　B．可选实例变量
   C．动态实例变量　　　　　　　D．静态实例变量
6. 下列关于 __init__ 方法参数的说法中，错误的是＿＿＿＿。
   A．__init__ 方法的参数只能是 self
   B．__init__ 方法的参数除了 self，还可以有其他参数
   C．__init__ 方法可以没有参数

D. __init__ 方法可以设置数量不定的参数

7. 下列关于类的说法中，错误的是_____。
   A. 类方法是用 @classmethod 修饰的方法
   B. 类方法的第一个参数必须是类本身，而不是实例对象
   C. 类方法可以由类对象调用，也可以由实例对象调用
   D. 类方法只可以由类名调用

8. 下列关于静态方法的说法中，错误的是_____。
   A. 静态方法是用 @staticmethod 修饰的方法
   B. 静态方法的第一个参数必须是类本身，而不是实例对象
   C. 静态方法可以由类对象调用，也可以由实例对象调用
   D. 静态方法没有类方法中的第一个类对象参数

9. 下列关于类和实例的动态扩展的说法中，正确的是_____。
   A. Python 允许为已经定义的类或已经创建的实例对象根据运行的需要动态地绑定新成员
   B. Python 只允许为已经定义的类或根据运行的需要动态地绑定新成员
   C. Python 只允许为已经创建的实例对象根据运行的需要动态地绑定新成员
   D. Python 只允许为已经创建的实例对象根据运行的需要动态地绑定新属性，不能动态绑定新方法

三、填空题

1. 实例属性在类体内通过_____访问，在外部通过_____访问。
2. 类方法的第一个参数限定为_____，通常用_____表示。
3. 实例方法的第一个参数限定为_____，通常用_____表示。
4. 实例对象创建后，就会自动调用_____进行实例对象的初始化。
5. 一个实例对象一经创建成功，就可以用_____操作符调用其成员。
6. 在表达式"类名.成员变量"中的成员变量是_____成员变量；在表达式"实例.成员变量"中的成员变量是_____成员变量。

四、代码分析题

阅读下面的代码，判断其是否可以运行：若可以运行，给出输出结果；不可运行，说明理由。

1.
```
class A:
    def __init__(self,a,b,c):self.x=a+b+c
a= A(3,5,7);b = getattr(a,'x');setattr(a,'x',b+3);print(a.x)
```

2.
```
class A:
    def __init__(self,p = 'Python'):
        self.p = p
    def print(self):
        print(self.p)
```

```
a = A()
a.print()
```
3.
```
class Account:
      def __init__ (self,id):
          self.id = id; id = 999

ac = Account(1000); print(ac.id)
```
4.
```
class Account:
    def __init__ (self, id, balance):
        self.id = id; self.balance = balance
    def deposit(self, amount): self.balance += amount
    def withdraw(self, amount): self.balance -= amount
acc = Account('abcd', 200); acc.deposit(600); acc.withdraw(300)
print(acc.balance)
```
5.
```
class Test:
      def init(self, value):
          self.__value = value
      @property
      def value(self):
          return self.__value

t = Test(3)
t.value = 5
print(t.value)
```

五、实践题

1. 设计一个 Rectangle 类，可由方法成员输出矩形的长、宽、周长和面积。
2. 设计一个大学生类，可由方法成员输出学生姓名、性别、年龄、学号、专业。
3. 设计一个 Cat 类，具有名字、品种、颜色、年龄、性别等属性，以及抓老鼠能力。再设计一个 Mouse 类，具有名字、品种、颜色、年龄、性别等属性。分别创建 3 个猫对象和 5 个老鼠对象，让猫抓老鼠，每只猫只抓一只老鼠，输出哪只猫抓了哪只老鼠。

4.2 类的继承与组合

在进行软件开发时，如果能有效地利用已有的代码，不仅可以节省成本，还能提高软件的可靠性和与其他软件接口的一致性。这称为代码复用。类的继承 (inheritance of classes) 和组合（combination of classes）是面向对象程序设计提供的由已有类生成新类的两种途径，也是一种代码复用技术。

4.2.1 父类通过继承派生子类

如果把类的属性和方法当作类的基因，那么，类的继承就是着眼于基因传递或复制，使新类成员（基因）中至少有一部分是已有类的成员（基因），形成了新类与已有类之间的继承关系。这时，将被继承的类称为基类（base class）或者父类（parent class）、超类（super class），将继承的类称为派生类（derived class）或子类（sub class, child class）。在通过继承生成新类的过程中，父类表现出共性和一般性，子类表现出个性和特殊性。在这个过程中，从父类的角度看是派生，从子类的角度看是继承。

1）父类派生子类的语法

父类派生子类的基本语法格式如下：

```
class 类名 ( 父类1, 父类2, …):
    类体                              # 类的属性和方法的定义
```

说明：

① 只有一个父类的继承称为单继承，存在多个父类的继承称为多继承。

② 子类会继承父类的属性和方法。

代码 4.12 类的派生示例：由 Employee 类派生一个 Salesman 子类。

```
1  #salesman.py
2  from employee import Employee
3
4  class Salesman(Employee):                                 # 由Employee类派生Salesman类
5      position = '销售员'
6
7      def __init__(self, emp_name,emp_age,place_dispt):     # 子类初始化方法
8          super().__init__(emp_name,emp_age)                # 调用父类初始化方法
9          self.place_dispt = place_dispt                    # 派出地
10         pass
11
12     def show_emp_info(self):                              # 子类实例方法
13         Employee.show_emp_info(self)                      # 使用父类资源
14         print(f', 职务:{Salesman.position}, 派出地:{self.place_dispt}')
15         pass
```

说明： 在这个代码的第 6 行中使用了 super().__init__ 表示其所使用的 __init__ 是上一级的，而第 10 行则使用了 Employee.show_emp_info 表示所使用的 show_emp_info 是 Employee 类的。在这里，super(). 与 Employee. 意义相同。这在单继承情况下可以这样理解，但是在多继承的情况下，意义并非完全一致。后面会专门介绍。

2）子类继承父类资源的简单测试

在 Python 中，每个类都可以拥有一个或者多个父类，并从父类那里继承属性和方法。如果一个方法在子类的实例中被调用，或者一个属性在子类的实例中被访问，但是该方法或属性在子类中并不存在，那么就会自动地去其父类中查找。但如果这个方法或属性在子类中被重新定义，就只能访问子类的这个方法或属性。

代码 4.13 子类继承父类资源的简单测试示例。

```
>>> from salesman import Salesman
>>> bb = Employee('鲍宝',32)
>>> bb.show_emp_info()                                      # 父类实例调用父类方法
员工姓名:鲍宝, 年龄:32
>>>
>>> cc = Salesman('蔡彩',36,'上海')
>>> cc.show_emp_info()                                      # 子类实例调用子类方法
员工姓名:蔡彩, 年龄:36, 职务:销售员, 派出地:上海
>>> print(f'{cc.emp_name}是{cc.corp_name}的{cc.position}。')  # 子类实例访问父类属性
蔡彩是ABC公司的销售员。
```

说明：

① 此代码中，有三种不同的资源利用情况：

a. 父类实例对象调用父类方法 [bb.show_emp_info()]；

b. 子类实例对象调用子类方法 [cc.show_emp_info()]；

c. 子类实例对象访问父类属性（cc.emp_name、cc.corp_name）。

前两种都是自己的资源自己使用；第 3 种则是父类的资源子类使用，体现了资源继承的特点，并且在语句中还包含了子类实例对象使用子类资源的情况。那么，解释器如何根据私密规则来判定它们的合法性呢？一个原则是：一个实例对象遇到要访问的资源，首先要在自己的类中寻找；若没有找到，就沿着方法解析链，向上一个类中去找；如果还没有找到，再继续沿着方法解析链向上，直到最后找到为止，或找到最顶层(object)还没有找到，便发出错误信息。

② 在代码 4.13 中，可以看到父类有一个 show_emp_info()，子类也有一个 show_emp_info()。这称为子类对父类的方法进行了重定义，从而使得子类对象表现出与父类对象不同的行为。或者说，一个方法名字呈现出多态。

3）继承体系中的特性获取

派生类生成后，可以先行进行如下基本特性测试：

（1）获取类的属性列表

① 用 vars() 获取类的全部实例属性。

② 用 dir() 函数获取类域中的全部名字。

代码 4.14 获取类的属性示例。

```
>>> from salesman import Salesman
>>> vars(Employee)                      # 获取Employee的实例属性
mappingproxy({'__module__': 'employee', 'corp_name': 'ABC公司', 'total_emp': 0,
'__init__': <function Employee.__init__ at 0x0000028672DDB520>, 'show_emp_info':
<function Employee.show_emp_info at 0x0000028672DDB760>, 'show_corp_info': <cla
ssmethod(<function Employee.show_corp_info at 0x0000028672DDB7F0>)>, '__dict__':
<attribute '__dict__' of 'Employee' objects>, '__weakref__': <attribute '__weak
ref__' of 'Employee' objects>, '__doc__': None})
>>> dir(Employee)                       # 获取Employee类域的全部名字
['__class__', '__delattr__', '__dict__', '__dir__', '__doc__', '__eq__', '__form
at__', '__ge__', '__getattribute__', '__gt__', '__hash__', '__init__', '__init_s
ubclass__', '__le__', '__lt__', '__module__', '__ne__', '__new__', '__reduce__',
'__reduce_ex__', '__repr__', '__setattr__', '__sizeof__', '__str__', '__subclas
shook__', '__weakref__', 'corp_name', 'show_corp_info', 'show_emp_info', 'total_
emp']
>>> vars(Salesman)                      # 获取Salesman的实例属性
mappingproxy({'__module__': 'salesman', 'position': '销售员', '__init__': <funct
ion Salesman.__init__ at 0x0000028672DDB910>, 'show_emp_info': <function Salesma
n.show_emp_info at 0x0000028672DDBB50>, '__doc__': None})
>>> dir(Salesman)                       # 获取Salesman类域的全部名字
['__class__', '__delattr__', '__dict__', '__dir__', '__doc__', '__eq__', '__form
at__', '__ge__', '__getattribute__', '__gt__', '__hash__', '__init__', '__init_s
ubclass__', '__le__', '__lt__', '__module__', '__ne__', '__new__', '__reduce__',
'__reduce_ex__', '__repr__', '__setattr__', '__sizeof__', '__str__', '__subclas
shook__', '__weakref__', 'corp_name', 'position', 'show_corp_info', 'show_emp_in
fo', 'total_emp']
```

（2）获取或判断类之间的层次关系

① 用 mro() 方法获取方法解析顺序（method resolution order）。可以看出类之间的简单层次关系。

② 用 __bases__ 获取一个类的父类组成元组。

③ 用 issubclass(类名, 父类名) 函数，判断一个类是否为另一个类直接或间接的子类。

④ 用 isinstance(对象, 类) 函数判断一个对象是否为一个类或其子类的实例。

代码 4.15 类之间的层次关系测试示例。

```
>>> from employee import Employee
>>> from salesman import Salesman
>>> Salesman.mro()                    # 获取方法解析顺序
[<class 'salesman.Salesman'>, <class 'employee.Employee'>, <class 'object'>]
>>> Employee.__bases__                # 获取Employee的父类名
(<class 'object'>,)
>>> issubclass(Salesman,Employee)     # 判断Salesman是否为Employee的子类
True
>>> bb = Employee('鲍宝',32)
>>> isinstance(bb,Salesman)           # 判断bb是否为Salesman的实例对象
False
>>> cc = Salesman('蔡彩',36,'上海')
>>> isinstance(cc,Salesman)           # 判断cc是否为Salesman的实例对象
True
```

说明：

① 用 mro()、issubclass() 和 __bases__ 测试的结果一致。

② object 是 Python 类的最顶层。可以说，所有的 Python 类都是由它直接或间接派生的。此有关内容，后面进一步介绍。

4）多继承

多继承类就是有两个或两个以上父类的类。

代码 4.16 由硬件 (Hard) 和软件 (Soft) 派生计算机系统 (System)。

```
>>> class System(Hard,Soft):
...     def __init__(self,systemName,cpuName,memCapacity,osName):
...         self.systemName = systemName
...         Hard.__init__(self,cpuName,memCapacity)    # 用类名调用父类方法
...         Soft.__init__(self,osName)                  # 用类名调用父类方法
...         pass
...
...     def dispSystemInfo(self):
...         print('System name:'+self.systemName)
...         Hard.dispHardInfo(self)                     # 用类名调用父类方法
...         Soft.dispSoftInfo(self)                     # 用类名调用父类方法
...
SyntaxError: invalid non-printable character U+3000
>>> class System(Hard,Soft):
...     def __init__(self,systemName,cpuName,memCapacity,osName):
...         self.systemName = systemName
...         Hard.__init__(self,cpuName,memCapacity)    # 用类名调用父类方法
...         Soft.__init__(self,osName)                  # 用类名调用父类方法
...         pass
...
...     def dispSystemInfo(self):
...         print('System name:'+self.systemName)
...         Hard.dispHardInfo(self)                     # 用类名调用父类方法
...         Soft.dispSoftInfo(self)                     # 用类名调用父类方法
...         pass
...
>>> def main():
...     s = System('中兴Axon Station','兆芯KX-6780','16G','麒麟OS')
...     s.dispSystemInfo()
...
>>> main()
System name:中兴Axon Station
CPU:兆芯KX-6780
Memory Capacity:16G
OS:麒麟OS
```

4.2.2 Python 的继承路径：mro、super、object 和 type

（1）MRO 链

一般说来，在一个多层次结构中，某个类的对象要访问或调用某个资源，解释器就会一级一级地向上去寻找。但是在含有多继承（也按形状称为菱形继承或钻石继承）的情况下，并非全是线性派生关系。这让程序设计者很头疼。为此，需要一个规范，给出一条清晰的解析线索。mro() 方法的作用就是从非线性的派生关系中找出一条线性的解析链来，即将多个父类的继承关系合并成一个有序的列表——称为 MRO（method resolution order）链，就是一个解析规范，自 Python 2.2 为 Python 类制定新式类规范以来，便开始使用 MRO 链作为方法解析顺序的规范，目的就是保证方法调用的正确性和一致性。mro() 方法的核心是 C3 算法。该算法的基本原则是"广度优先"，并在此前提下，给出如下三个基本要求：

① 子类永远排在父类前面；
② 如果有多个父类，它们会按照在类定义中出现的顺序被合并到列表中；
③ 如果两个类之间存在继承关系，那么继承关系会按照类定义时的顺序被保留。

代码 4.17　5 个类组成的菱形继承关系中进行 mro() 测试的示例。

```
>>> # 构建一个菱形继承
>>> class A:pass
...
>>> class B(A):pass
...
>>> class C(A):pass
...
>>> class D(A):pass
...
>>> class E(B,C,D):pass
...
>>> # 进行mro()测试
>>> A.mro()
[<class '__main__.A'>, <class 'object'>]
>>> B.mro()
[<class '__main__.B'>, <class '__main__.A'>, <class 'object'>]
>>> C.mro()
[<class '__main__.C'>, <class '__main__.A'>, <class 'object'>]
>>> D.mro()
[<class '__main__.D'>, <class '__main__.A'>, <class 'object'>]
>>> E.mro()
[<class '__main__.E'>, <class '__main__.B'>, <class '__main__.C'>, <class '__mai
n__.D'>, <class '__main__.A'>, <class 'object'>]
```

图 4.1 为上述代码所创建的 A、B、C、D、E 五个类组成的菱形继承结构的 UML 图。图中，用带中空箭头的实线表示五个类之间的继承关系，用带实箭头的虚线表示对 E 进行 mro() 测试得到的方法解析顺序。显然，MRO 算法可以避免由继承关系复杂而导致的方法名冲突和调用顺序混乱的问题。不过，为提高程序执行效率，在程序设计中，尤其是遇到多继承的情况下，不要过度使用多重继承，以尽量避免出现继承链过长或复杂的情况。同时，在类的定义中，应该尽量避免出现同名的方法或属性。

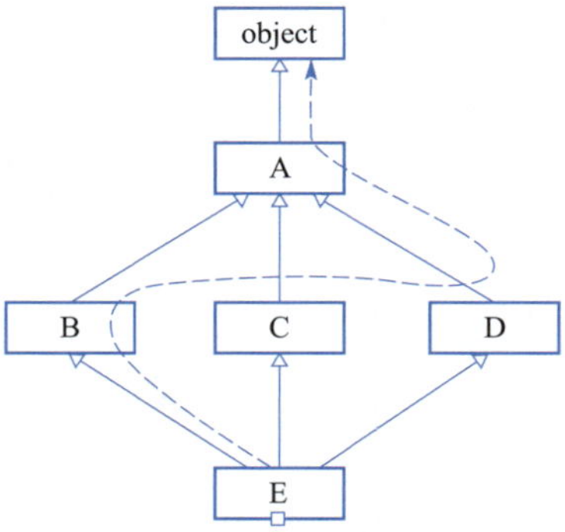

图 4.1　一个菱形继承的 UML 图

（2）super 类

在 4.2.1 节中已经对 super() 进行了简单介绍。读者可能因此而认为 super 就是对于父类的指代。但介绍了多继承，尤其是介绍了 MRO 链后，这个概念应该有了进一步的提升——

super 应该是 MRO 链中的下一个类节点指代。这样,在 Python 面向对象编程中,就有了三个重要的指代名称:self(本实例)、cls(本类)和 super(MRO 链中的下一个类节点)。这样,当不知道上一个类节点的名字时,就可以编写与之相关的代码了,例如:

① 当子类重写父类的方法时,可以通过 super 调用父类的相同方法,这样可以在不破坏继承关系的前提下扩展或修改父类的行为。

② 在多重继承的情况下,super 可以确保按照继承结构的顺序正确地调用相应的方法,避免冲突和混淆。

③ super 使代码更加简洁,通过动态绑定在运行时确定调用的父类方法,提高代码的灵活性。

④ super 也用于在子类中调用父类的属性,避免重复定义相同的属性。

代码 4.18　关于 super 实质的测试。

```
>>> import inspect              # 导入inspect模块
>>>
>>> inspect.isclass(super)      # 用inspect.isclass()判定super是否为类名
True
>>>
>>> type(super)                 # 用type()方法测试super的类型
<class 'type'>
>>>
>>> super.mro()                 # 用mro()获取super的解析路线
[<class 'super'>, <class 'object'>]
```

说明: 由上述测试可知,super 是一个类名,属于 type 类型,并且直接由 object 派生。

(3) super() 函数

但是,super 是一个类,直接用一个类来指代一个类系列中的一个节点,容易引起概念混乱。因此,通常是生成一个 super 类的实例来指代一个具体的节点。这就要用到 super() 了。super() 的原型如下。

```
super([类名1[,<对象名 -or- 类名2>]])
```

在大多数情况下,super 包含了两个非常重要的信息:一个 MRO 以及 MRO 中的一个类。因此,super 函数设置了两个参数,其中第 2 个参数是 class 或者 object,决定了使用怎样的 MRO。第 1 个参数是 class,指定 MRO 从这个 class 后面开始寻找,并将函数绑定到第 2 个参数上。

super() 的两个参数都是可选的,但通常使用如下三种参数形式。

① 在类中调用基类方法和属性时,可以省略参数。

代码 4.17 中就是采用了这种方式。

② 当参数只有一个类名时,返回的超类对象就是未绑定的 super 对象(也称无效对象),即返回的参数没有绑定在实例对象上。采用这种方式的方法称为调用未绑定的基类方法。这样就可以自由地提供需要的 self 参数。

代码 4.19　super(type) 应用示例。

```
>>> class A:
...     def funx(self):
...         print('AAAAAA')
...
>>> class B(A):
...     def funx(self):
...         print('BBBBBB')
...
>>> super(B)
<super: <class 'B'>, NULL>
>>> type(super(B))
<class 'super'>
```

③ 当第 2 个参数为一个对象时，isinstance(类名，对象名) 必须为 True。

当第 2 个参数为一个类时，issubclass(类名 1，类名 2）必须为 True，即类 1 必须为类 2 的子类。这在多继承情况下可以避免重复调用造成的资源浪费。

代码 4.20　重复调用示例。

```
>>> class A:
...     def __init__(self):
...         print("AAAAAA")
...
>>> class B(A):
...     def __init__(self):
...         print("BBBBBB")
...         A.__init__(self)      # 重写
...
>>> class C(A):
...     def __init__(self):
...         print("CCCCCC")
...         A.__init__(self)      # 重写
...
>>> class D(B, C):
...     def __init__(self):
...         print("DDDDDD")
...         B.__init__(self)      # 重写与重复调用
...         C.__init__(self)      # 重写与重复调用
...
>>> d = D()
DDDDDD
BBBBBB
AAAAAA
CCCCCC
AAAAAA
```

super() 返回的对象可用于调用类层次结构中任何被重写的同名方法，包括 __init__()。这样，情况就不一样了。super 类的初始化方法只有单一的参数传递功能。它所传递的参数是 MRO 链中的第 2 项的属性，并会按照 MRO 链向上层迭代解析，从而既避免了多重继承中同名方法的重复调用，也避免了同名方法之间的冲突。

代码 4.21　用 super() 消除重复调用示例。

```
>>> class A:
...     def __init__(self):
...         print("AAAAAA")
...
>>> class B(A):
...     def __init__(self):
...         print("BBBBBB")
...         super(B, self).__init__()
...
>>> class C(A):
...     def __init__(self):
...         print("CCCCCC")
...         super(C, self).__init__()
...
>>> class D(B, C):
...     def __init__(self):
...         print("DDDDDD")
...         super(D, self).__init__()
...
>>> d = D()
DDDDDD
BBBBBB
CCCCCC
AAAAAA
```

注意： 混用 super 类和非绑定的函数是一个危险行为，这可能导致应该调用的父类函数没有被调用或者一个父类函数被调用多次。

（4）object 和 type

在前面已经遇到了两个标识符：object 和 type。它们到底是什么呢？二者之间到底有什么关系呢？许多初学者非常困惑。不过，要了解它们，最好的途径就是测试。

代码 4.22 关于类对象性质的测试示例。

```
>>> class X(object):pass
...
>>> class Y(type):pass
...
>>> object
<class 'object'>
>>> type
<class 'type'>
>>> int
<class 'int'>
>>> X
<class '__main__.X'>
>>> Y
<class '__main__.Y'>
```

说明： object、type、int、X、Y 都是类对象，它们的名字分别为 "object" "type" "int" "X" "Y"。但 object、type、int 是命名空间中的名字，名字不带前缀；而 X 和 Y 是当前命名空间中的名字，用前缀 "__main__" 限定。

代码 4.23 关于类对象性质的测试示例。

```
>>> class X(object):pass
...
>>> class Y(type):pass
...
>>> # 用type()获取类对象的类型信息
>>> type(object),type(type),type(int),type(X),type(Y)
(<class 'type'>, <class 'type'>, <class 'type'>, <class 'type'>, <class 'type'>)
>>> # 用__class__获取类型信息
>>> object.__class__,type.__class__,int.__class__,X.__class__,Y.__class__
(<class 'type'>, <class 'type'>, <class 'type'>, <class 'type'>, <class 'type'>)
>>> # 用isinstance()测试类对象是否为type及其子类的实例
>>> isinstance(object,type),isinstance(type,type)
(True, True)
>>> isinstance(int,type),isinstance(X,type),isinstance(Y,type)
(True, True, True)
>>> # 用issubclass()测试类对象是否为type的子类
>>> issubclass(object,type),issubclass(int,type),issubclass(X,type)
(False, False, False)
>>> issubclass(type,type),issubclass(type,type)
(True, True)
>>> # 用isinstance()测试类对象是否为object及其子类的实例
>>> isinstance(object,object),isinstance(type,object)
(True, True)
>>> isinstance(int,object),isinstance(X,object),isinstance(Y,object)
(True, True, True)
>>> # 用issubclass()测试类对象是否为object的子类
>>> issubclass(object,object),issubclass(type,object)
(True, True)
>>> issubclass(int,object),issubclass(X,object),issubclass(Y,object)
(True, True, True)
>>> # 用__mro__获取类对象的MRO链
>>> object.__mro__,type.__mro__
(((<class 'object'>,), (<class 'type'>, <class 'object'>))
>>> int.__mro__,X.__mro__
(((<class 'int'>, <class 'object'>), (<class '__main__.X'>, <class 'object'>))
>>> Y.__mro__
(<class '__main__.Y'>, <class 'type'>, <class 'object'>)
```

说明： 如图 4.2 所示，上述测试说明，Python 的类体系由两条"基因"脉络组成。

① 从对象构造模板的角度追踪，所有的类（包括 type）都属于 object 基因脉络；或者说，所有的类都是 object 的子类。

② 从对象类型的角度追踪，所有对象（包括 object 和 type）中的类型基因都来自 type。或者说，所有的对象（包括 object 和 type 自己）都是 type 的实例。

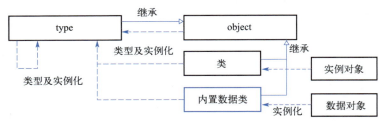

图 4.2 object 与 type 的关系图

这么说，好像 type 脉络与 object 脉络一样，都是通过继承机制构建的。但实际上并非如此。继承是子类在继承父类属性和方法的基础上，添加新的属性和方法或修改父类的方法实现的。而 type 脉络却是实例化——将类中有关类型的某些属性具体化而构建的。

4.2.3* Python 类与对象的命名空间及其作用域

前面将代码块和命名空间分为函数、嵌套、模块和内置 4 级，然而，却"遗漏"了非常重要的级别——类与实例对象。因为，类和实例对象有它自己的特殊性。

① 类对象和实例对象是两种不同的对象，它们各有自己独立的、相互隔离的命名空间，但二者的命名空间之间又有一定的连接关系。

② 类与其基类，各是不同的对象，它们各有自己独立的、相互隔离的命名空间。但由于它们之间有继承关系，所以它们的命名空间之间有一定的连接关系。

③ 类和实例对象都包含了方法，方法有自己独立的命名空间，类和对象也有自己独立的命名空间。

这些一层层隔离又连接的命名空间将变量、类、对象、函数等都组织起来，使得它们可以拥有某些属性，可以进行属性查找，并形成了类和实例对象特有的命名空间特性。

1) Python 类的相关命名空间

（1）类命名空间

在 Python 中，类并没有什么特殊的，它存在于所定义的作用域中，是该作用域的命名空间中的一个属性。例如，在模块文件中定义了一个类 cls，那么这个 cls 就是一个全局变量，只不过这个变量中保存的地址是类代码块所在数据对象。

代码 4.24　获取类命名空间、全局命名空间和局部命名空间示例。

```
>>> class A:
...     pass
...
>>> def f():
...     class B:
...         pass
...
...     print(f'函数f的局部命名空间：\n{locals()}')
...     print(f'\n全局命名空间：\n{globals()}')
...     pass
...
>>> f()
函数f的局部命名空间：
{'B': <class '__main__.f.<locals>.B'>}

全局命名空间：
{'__name__': '__main__', '__doc__': None, '__package__': None, '__loader__': <class '_frozen_importlib.BuiltinImporter'>, '__spec__': None, '__annotations__': {}, '__builtins__': <module 'builtins' (built-in)>, 'A': <class '__main__.A'>, 'f': <function f at 0x000001D7142C8430>}
```

说明： 类 A 定义在全局作用域中，只能在全局命名空间中可见，不可在函数 f 的命名空间中可见。而类 B 定义在函数 f 中，所以 B 只能在函数 f 的命名空间中可见，而不可在全局命名空间中可见。

类命名空间是类代码定义时或类被导入时形成的名字 - 对象字典。内容包括：类属性、类方法、静态方法、内置属性等。由于命名空间是一个字典，可以在类外部用其属性 __dict__ 获取其命名空间。

代码 4.25　获取类命名空间和全局命名空间——以 Employee 类（参见代码 4.1）为例。

```
>>> from employee import Employee       # 导入Employee类
>>> Employee.__dict__                   # 获取Employee类命名空间
mappingproxy({'__module__': 'employee', 'corp_name': 'ABC公司', 'total_emp': 0, '__init__': <function Employee.__init__ at 0x0000026D53BAB520>, 'show_emp_info': <function Employee.show_emp_info at 0x0000026D53BAB760>, 'show_corp_info': <classmethod(<function Employee.show_corp_info at 0x0000026D53BAB7F0>)>, '__dict__': <attribute '__dict__' of 'Employee' objects>, '__weakref__': <attribute '__weakref__' of 'Employee' objects>, '__doc__': None})
```

说明：

① 由于 Employee 类是从 employee 模块中导入的，因此，在这个导入的命名空间中可以看到如下内容。

  a. 导入模块的名字及其绑定的对象：'__module__': 'employee'。

  b. 两个类属性：'corp_name': 'ABC 公司 ' 和 'total_emp': 0。

  c. 初始化方法：'__init__': <function Employee.__init__ at 0x0000026D53BAB520>。

  d. 实例方法：'show_emp_info': <function Employee.show_emp_info at 0x0000026D53BAB760>。

  e. 类方法：'show_corp_info': <classmethod(<function Employee.show_corp_info at 0x0000026D53BAB7F0>)>。

  f. 其他。

此外，若有静态方法，也应包含进来。

② 类命名空间是在类定义过程中或类导入时形成的。由此可以看出，类命名空间与方法命名空间的关系与在第 2 章介绍的全局命名空间与局部命名空间的关系极为类似。但是并不等价，特别是作用域有比较大的不同。因为，实例方法还需要有一个 self 参数，才能访问实例属性；而类属性在非类方法中必须要有类名限定才能访问等限制。

119

（2）实例对象命名空间

类的实例对象有自己独立的命名空间。实例对象的命名空间由实例属性组成。在实例对象的命名空间中进行属性名字的搜索，要先在本实例对象的命名空间中搜索。若搜索不到，将会通过 __class__ 连接到其类的命名空间进行搜索。

代码 4.26　获取实例对象的命名空间——以 Employee 类的实例对象为例。

```
>>> from employee import Employee            # 导入Employee类
>>> zz,cc = Employee('张展',50),Employee('蔡彩',36)
>>> zz.__dict__                              # 获取实例对象zz的命名空间
{'emp_name' : '张展', '_Employee__emp_age' : 50}
>>> cc.__dict__                              # 获取实例对象cc的命名空间
{'emp_name' : '蔡彩', '_Employee__emp_age' : 36}
```

（3）子类命名空间

子类和父类之间有继承关系。因此，它们的命名空间是独立的，但又会通过一种特殊的方式进行连接：由于子类可以继承父类的属性，因此当访问的属性不存在于子类中时，将会通过 __bases__ 连接到父类的命名空间进行搜索。

代码 4.27　以 Employee 的 Salesman 子类（参见代码 4.12）为例，获取子类命名空间。

```
>>> from salesman import Salesman
>>> Salesman.__dict__                        # 获取子类继承时的命名空间
mappingproxy({'__module__' : 'salesman', 'position' : '销售员', '__init__' : <function Salesman.__init__ at 0x000001EEC640B880>, 'show_emp_info' : <function Salesman.show_emp_info at 0x000001EEC640BA30>, '__doc__' : None})
```

说明：

① 对于子类实例对象来说，属性名字的搜索顺序则为：子类对象自身命名空间 → 子类的类命名空间→父类的类命名空间。

② Python 支持多重继承。在多重继承情况下，特别是对于菱形继承结构来说，在有继承关系的类之间进行属性搜索，涉及动态调整访问顺序。但基本上可以根据 MRO 算法总结为：先左后右，先深度再广度，但必须遵循共同的超类最后搜索。

2）Python 类与对象的命名空间之间的连接关系

当程序中需要访问对象的某个元素时，解释器会先从对象的命名空间中查找该元素的名字，如果在对象的命名空间中没有查到，就会连接到类的命名空间，从中查找；如果在类的命名空间中也没有找到，则会连接到父类的命名空间中查找；如果最终没有找到，就会抛出异常信息。简单地说：实例对象与实例对象之间的命名空间是完全隔离的，实例对象与类之间的命名空间存在连接关系；类定义之间的命名空间是完全隔离的，但类与父类之间的命名空间存在连接关系。

这种机制，再加上分别针对实例元素、类元素、静态元素的限制措施，使得 Python 面向对象编程既灵活、强大，又保证了安全性和封装性。

3）Python 类定义代码不构成作用域

一个作用域是一个命名空间可直接访问的 Python 程序的代码区域。这里的"可直接访问"意味着对名称的非限定引用会尝试在命名空间中查找名称。但是在 Python 中，类定义作为一个特殊的代码块，它虽然与函数代码块一样可以形成一个隔离的命名空间，但是这个命名空间却没有相对应的作用域。因为涉及类代码块中的变量搜索时，它只会根据对象与类的连接、子类与父类的继承连接进行搜索；不会像全局变量和函数一样，函数内可以向上搜索全局变量，嵌套函数可以搜索外部函数。这导致类虽然可以访问其外层作用域的局部作用域,但其本身却不能作为一个外层作用域被访问。因为方法函数中对名称的搜索跳过了外层的类,所以类属性必须作为对象属性并使用继承来访问。也就是说,在类当中定义的方法并不可以绑定到所谓"类的作用域",即 Python 的类定义不构成一个作用域。

另外,类是实例对象的模型,由其所创建的实例对象将形成相互隔离的命名空间。这些隔离的实例命名空间之间没有连接,只可以分别与类的命名空间以及父类的命名空间连接,所以即使在同一个代码段中,也没有统一访问规则,只能将成员分为类成员和实例成员,分别制定访问规则。

① 类的访问规则:
a. 类可以直接访问类属性;
b. 类不可以直接访问实例方法,必须通过实例化之后的对象来访问实例方法;
c. 类不可以访问对象特有的属性(比如:def __init__ 中定义的属性);
d. 类可以直接访问类方法;
e. 类可以直接访问静态方法。

② 实例对象的访问规则:
a. 对象可以直接访问类的属性(实例化过程中,类已经将属性赋给对象);
b. 对象可以直接访问自己私有的属性;
c. 对象可以直接访问类方法;
d. 对象可以直接访问静态方法;
e. 对象可以直接访问实例方法。

通常,实例属性因实例而取值,类属性则为所有实例共享。如果一个实例对象的属性与类属性相同,则改变实例对象的属性值,不会影响类属性值。

4) Python 类方法作用域

虽然类不构成作用域,但类中定义的方法都可以构成作用域。这些方法可以与普通函数相同的方式引用全局名字和内置名字。不过,方法与普通函数也有不相同之处:实例方法会以实例对象作为第一个参数被传入,而类方法会以类对象作为第一个参数被传入。

类中的方法作用域分为如下三类。

① 实例方法作用域:实例方法是定义在类中的方法,它的基本特征是以实例对象作为第一个参数被传入,通常使用 self 关键词来引用当前实例化的对象。实例方法可以访问类的属性和方法,以及实例对象的属性和方法。

② 类方法作用域:类方法使用 @classmethod 装饰器定义,并以类对象作为第一个参数被传入,通常使用 cls 关键词来引用当前类。类方法可以访问类的属性和方法,但不能直接访问实例对象的属性和方法。

③ 静态方法作用域:静态方法是使用 @staticmethod 装饰器修饰的方法,通过类名或实例对象来调用。静态方法既不能访问类的属性和方法,也不能直接访问实例对象的属性和方法。静态方法与类和实例对象无关,通常用于封装一些与类相关但不依赖于类或实例对象的功能。

4.2.4* Python 类组合

类组合是一种与继承不同的基于类的代码复用形式。它不像继承那样,通过建立继承关系来使新类(子类)获得对已有类(基类或父类)成员的使用权,而是通过对现有对象进行拼装即组合产生新的更复杂的功能。组合类必须要调用已有类实例对象所属类的构造函数。表 4.3 对类的继承和组合进行了比较。可以看出，它们各有特点。

表 4.3 类继承与类组合的比较

比较内容	类间关系	代码复用和封装性	类间结构	实现容易性	应用场合
继 承	使用基类属性、方法	白盒复用，基类向子类暴露了细节	呈is-a(属于)关系，竖向	实现、修改、扩展容易	新类需要回溯，可展示多态性
组 合	使用已有类实例对象	黑盒复用，新类不需了解已有类结构，封装性好	呈has-a(包含，嵌套)关系	会涉及多个类	不需回溯

代码 4.28 类组合示例——以软件＋硬件组成计算机为例。

```
>>> class Hardware(object):
...     def __init__(self, cpu_model, memory_capacity):
...         self.cpu = cpu_model
...         self.memory = memory_capacity
...
>>> class Software(object):
...     def __init__(self, os_name):
...         self.os = os_name
...
...
>>> class Compiter(object):
...     def __init__(self, comp_name, cpu, memory, os, yieldly):
...         self.name = comp_name
...         self.hard = Hardware(cpu, memory)
...         self.soft = Software(os)
...         self.yieldly = yieldly
...
...     def disp_info(self):
...         print(f'{self.name}:')
...         print(f'    CPU  {self.hard.cpu}')
...         print(f'    内存 {self.hard.memory}G')
...         print(f'    OS {self.soft}G')
...         print(f'    产地 {self.yieldly}')
>>> comp = Compiter('奔语','龙芯3A6000 四核',32,'银河麒麟','中国上海')
>>> comp.disp_info()
奔语:
    CPU  龙芯3A6000 四核
    内存 32G
    OS <__main__.Software object at 0x000002495500D990>G
    产地 中国上海
```

/ 习题4.2 /

一、判断题

判断下列描述的对错。

1. 子类是父类的子集。（   ）
2. 私密成员不可以继承。（   ）
3. Python 类不支持多继承。（   ）
4. 子类可以覆盖父类的私密方法。（   ）
5. 子类可以覆盖父类的初始化方法。（   ）

6. 所有的对象都是 object 类的实例。（   ）
7. 父类中非私密的方法能够被子类覆盖。（   ）
8. 在设计派生类时，基类的私有成员默认是不会继承的。（   ）
9. 当创建一个类的实例时，该类的父类初始化方法会被自动调用。（   ）
10. 如果一个类没有显式地继承自某个父类，则默认它继承自 object 类。（   ）

二、代码分析题

1. 对于如下继承结构：

```python
class Parent(object):
    x = 1
class Child1(Parent):
    pass
class Child2(Parent):
    pass
```

请分别给出执行如下语句时的运行结果。

（1）
```python
print (Parent.x, Child1.x, Child2.x)
```
（2）
```python
Child1.x = 2
print (Parent.x, Child1.x, Child2.x)
```
（3）
```python
Parent.x = 3
print (Parent.x, Child1.x, Child2.x)
```

2. 指出下面多继承结构中最后的类 D 的方法解析顺序。

```python
class A(object):pass

class E(object):pass

class B(A):pass

class C(E,A):pass

class D(B,C):pass
```

3. 指出下面代码执行的结果。

```python
class Root(object):
    def __init__(self):
        print('this is Root.')

class B(Root):
    def __init__(self):
        print('enter B')
        super(B,self).__init__()
        print('leave B')
```

```
class C(Root):
    def __init__(self):
            print('enter C')
            super(C,self).__init__()
            print('leave C')

class D(B,C):pass

d = D()
print(d.__class__.__mro__)
```

三、实践题

1. 编写一个类，其由 int 类型派生并且可以把任何对象转换为数字进行四则运算。
2. 编写一个方法，当访问一个不存在的属性时，会提示"该属性不存在"，但不停止程序运行。
3. 为交管部门设计一个机动车辆管理程序，功能如下：
（1）车辆类型 (大客车、大货车、小客车、小货车、摩托车)、生产日期、牌照号、办证日期。
（2）车主姓名、年龄、性别、住址、身份证号。
4. 编写一个继承自 str 的 Word 类，要求：
（1）重写一个比较操作符，用于对两个 Word 类对象进行比较。
（2）如果传入带空格的字符串，则取第一个空格前的单词作为参数。

4.3 为 Python 程序增添异彩

Python 是一种具有良好编程生态的程序设计语言，它不仅有丰富的标准库和第三方库，在其内置库中，除了丰富的内置函数，还包含了一大批具有自适应性、可以为类增添多态性和魔力性的方法和属性，供程序设计者拿来使用。除此之外，它还支持装饰器在不修改已有设计的前提下进行功能扩展。很好地应用这些生态可以使程序充满魔力。

4.3.1 Python 魔法方法

1）Python 魔法方法概述

魔法方法（magic methods）属于内置函数的一个特类。它们会在幕后见机行事、自动调用、出其不意地完成一些特别任务。Python 的魔法成员特别充分，特别是魔法方法数量很大，主要包括如下种类：

- 构造相关魔法方法。如前面已经见到的 __new__ 和 __init__。
- 调用类魔法方法。如 __call__ 可允许一个类的实例像函数一样被调用。
- 属性操作类魔法方法。如 __getattr__，用户试图获取一个不存在属性时被调用。

- 上下文管理魔法方法。如__enter__和__exit__，用于实现上下文管理器协议。
- 类型转换类魔法方法。如__int__，定义当int()被调用时的行为。
- 自变赋名类魔法方法。如__iadd__，用于实现对象的自加赋名操作。
- 迭代类相关魔法方法。如__iter__(self)，定义iter()函数被调用等时的行为。
- 复制相关魔法方法。如__imul__，用于实现对象间的增量复制操作。
- 容器相关魔法方法。如__delitem__（self,key），删除指定key的值。
- 字符串相关魔法方法。如__format__，用于字符串格式化。
- 比较运算符相关魔法方法。如__lt__，定义对象间的比较操作。
- 二元算术运算符相关魔法方法。如__add__，定义对象间算术加时的运算操作。
- 反射运算符相关魔法方法。如__radd__，用于实现右加运算符（+）的反向操作。
- 一元操作符相关魔法方法。如__neg__，用于实现对象的一元操作。
- 协程相关魔法方法。如__await__，返回一个迭代器，定义awaitable对象的await()的行为。

Python
魔法方法
分类查询表

2）Python魔法方法应用举例

面对这样巨大的魔法方法阵容，本书实在无力一一介绍如何应用，只好"以偏概全"了。不过，对程序设计者来说，只要学会两个字——"重载"或"改写"，抑或是"定制"，一切问题就会迎刃而解了。或者说，Python魔法方法的魔力就是来自它们的可以重载上。也正是重载，使它们可以通权达变，也让Python对象娴娜多姿。

（1）算术运算符重载

通常，算术运算符只能用来对数值数据进行十进制操作。对于非十进制计算则无能为力。但是，通过定制它们背后的魔法方法，问题就迎刃而解了。

代码4.29　重载__add__方法，用于时间相加。

```
>>> class Time():
...     def __init__(self, hours, minutes, seconds):
...         self.hours = hours
...         self.minutes = minutes
...         self.seconds = seconds
...
...     def __add__(self, other):
...         self.seconds += other.seconds
...         if self.seconds >= 60:
...             self.minutes += self.seconds // 60
...             self.seconds = self.seconds % 60
...         self.minutes += other.minutes
...
...         if self.minutes >= 60:
...             self.hours += self.minutes // 60
...             self.minutes = self.minutes % 60
...         self.hours += other.hours
...         return self
...
...     def output(self):
...         print(f'{self.hours}:{self.minutes}:{self.seconds}')
...
>>> t1, t2, t3 = Time(3, 50, 40), Time(2, 40, 30), Time(1, 10, 20)
>>> (t1 + t2).output()
6:31:10
>>> (t2 + t3).output()
3:50:50
```

说明： 对于Python操作符重载，应注意以下事项。

① 操作符重载就是在该操作符原来预定义的操作类型上增添新的载荷类型。所以，只

能对 Python 内置的操作符重载，不可以生造一个内置操作符之外的操作符，例如，给"##"赋予运算机能是不可以的。

② Python 操作符重载通过重新定义与操作符对应的内置特别方法进行。这样，当为一个类重新定义了内置特别方法后，使用该操作符对该类的实例进行操作时，该类中重新定义的内置特别方法就会拦截常规的 Python 特别方法，解释为对应的内置特别方法。因此，要重载一个操作符，必须用对应的内置特别方法，不可生造一个方法。

③ 操作符重载不可改变操作符的语义习惯，只可以赋予其与预定义相近的语义，尽量使重载的操作符语义自然、可理解性好，不造成语义上的混乱。例如，不可赋予 + 符号进行减操作的功能，赋予 * 符号进行加操作的功能等，这样会引起混乱。

④ 操作符重载不可改变操作符的语法习惯，勿使其与预定义语法差异太大，避免造成理解上的困难。保持语法习惯包括如下情况：

a. 要保持预定义的优先级别和结合性，例如，不可定义 + 的优先级高于 *。
b. 操作数个数不可改变。例如，不能用 + 对三个操作数进行操作。

（2）__new__ 与 __init__ 应用举例

代码 4.30 __new__ 与 __init__ 的关系测试。

```
>>> class Person(object):
...     def __new__(cls, name, age):  # Or def __new__(cls, name)
...         instance = super().__new__(cls)
...         print(f'in new:')
...         print(f'    cls = {cls}')
...         print(f'    instance = {instance}')
...         print(f'    name = {name}, name_id = {id(name)}')
...         print(f'    age = {age}, age_id = {id(age)}')
...         return instance
...
...     def __init__(self, name, age):
...         print()
...         print(f"in __init__:")
...         print(f'    self = {self}.')
...         self.name = name
...         print(f'    self.name = {self.name}, self.name_id = {id(self.name)}')
...         self.age = age
...         print(f'    self.age = {self.age}, self.age_id = {id(self.age)}')
...
>>> cc = Person('蔡彩', 38)
in new:
    cls = <class '__main__.Person'>
    instance = <__main__.Person object at 0x00000213CA9AD210>
    name = 蔡彩, name_id = 2284026007344
    age = 38, age_id = 2283991336336

in __init__:
    self = <__main__.Person object at 0x00000213CA9AD210>.
    self.name = 蔡彩, self.name_id = 2284026007344
    self.age = 38, self.age_id = 2283991336336
```

讨论：魔法方法可以根据需要直接重载，并根据上述结果得到如下结论。

① 创建一个实例对象时，__new__ 先执行，__init__ 后执行。并且，__new__ 中的 name 和 age 就是从构造函数 Person() 中传来的两个属性对象的值。

② __new__ 返回的 ID 与 __init__ 的 self 接收的 ID 相同。说明 __init__ 由 __new__ 调用并传递了该实例参数。而该实例是由 super.__new__ 即 object 的 __new__ 创建。

③ __new__ 中 name 和 age 的 ID, 分别与 __init__ 中属性名 self.name 和 self.age 的 ID 相同。说明 __new__ 的功能是为实例以及它的属性对象分配存储空间，而 __init__ 的作用仅仅是为

已经分配了存储空间的属性对象赋名。

（3）__str__ 与 __print__ 定制

__str__ 的作用是让字符串转换函数 str() 可以对任何对象进行转换。如代码 4.29 中，要直接用 print() 输出一个 Time 类的实例，将会触发 SyntaxError（invalid character in identifier）错误。为此，必须对 Time 类实例进行字符串转换。可是，下面的形式也无法输出 Time 对象的值。

```
print(str(t1))
<__main__.Time object at 0x000002051529EFD0>
```

在这种情况下必须借助 __str__。

代码 4.31　__str__ 定制示例。

```
>>> class Time():
...     def __init__(self, hours, minutes, seconds):
...         self.hours = hours
...         self.minutes = minutes
...         self.seconds = seconds
...
...     def __add__(self, other):
...         self.seconds += other.seconds
...         if self.seconds >= 60:
...             self.minutes += self.seconds // 60
...             self.seconds = self.seconds % 60
...         self.minutes += other.minutes
...
...         if self.minutes >= 60:
...             self.hours += self.minutes // 60
...             self.minutes = self.minutes % 60
...         self.hours += other.hours
...         return self
...
...     def __str__(self):            #定制__str__
...         return (str(self.hours)+':'+str(self.minutes)+':'+str(self.seconds))
...
>>> t1, t2, t3 = Time(3, 50, 40), Time(2, 40, 30), Time(1, 10, 20)
>>> print(str(t1+t2))
6:31:10
```

在此基础上再对 __print__ 进行定制就更加方便了。添加的代码如下：

```
def __print__(self):
    return str(self)
```

测试结果如下：

```
>>> print (t1)
3:50:40
>>> print(t1 + t2)
6:31:10
```

（4）定制 __iter__ 与 __next__，使对象可迭代

在 Python 中，迭代环境是通过调用内置函数 iter() 创建的。对于用户自定义类的实例对象来说，iter() 总是通过尝试寻找定制（重构）的 __iter__ 方法来实现，这种定制的 __iter__ 方法应该返回一个迭代器对象。如果已经定制，Python 就会重复调用这个迭代器对象的 __next__ 方法，直到发生 StopIteration 异常；如果没有找到这个类的 __iter__ 方法，Python 会改用 __getitem__ 机制，直到引发 IndexError 异常。

代码 4.32 __iter__ 与 __next__ 定制示例。

```
>>> class Range(object):
...     def __init__(self, start, end, long):    # 接收并初始化start、end、long
...         self.start = start
...         self.end = end
...         self.long = long
...
...     def __iter__(self):                       # __iter__:生成迭代器对象self
...         return self                           # 返回这个迭代器本身
...
...     def __next__(self):                       # __next__:一个一个返回迭代器内的值
...         if self.start>=self.end:
...             raise StopIteration               # 引发异常
...
...         n = self.start
...         self.start+=self.long
...         return n
...
>>> r = Range(3, 10, 2)
>>> next(r)
3
>>> next(r)
5
>>> next(r)
7
>>> next(r)
9
>>> next(r)
Traceback (most recent call last):
  File "<pyshell#9>", line 1, in <module>
    next(r)
  File "<pyshell#3>", line 12, in __next__
    raise StopIteration              # 引发异常
StopIteration
>>> r = Range(3, 20, 3)
>>> for i in r:
...     print(i, end = '\t')
...
3       6       9       12      15      18
```

说明： 在这个例子中，Range 类实现了 __iter__ 方法，使得它能够返回一个迭代器对象，该对象定义了 __next__ 方法来提供迭代流程。当使用 for 循环时，它会自动调用 __next__ 方法来获取下一个值，直至抛出 StopIteration 异常，表示迭代结束。

（5）重载 __call__ 使对象可调用

在类中重载 __call__ 方法，可以使该类的实例像函数一样被调用。使用 callable() 方法可以判断某对象是否可以被调用。

代码 4.33 重载 __call__ 方法示例。

```
>>> class City(object):
...     def __init__(self, name):
...         self.name = name
...
...     def __call__(self):                       # 重载__call__
...         print(self.name + "欢迎您。")
...
>>> wuxi = City("无锡")
>>> wuxi()                                        # 像函数一样调用实例对象
无锡欢迎您。
```

4.3.2 Python 魔法属性

除了魔法方法，Python 还为所有类准备了具有特别用途的成员——魔法属性（magic

attributes），如表 4.4 所示。

表 4.4 Python 魔法属性

成员名	说明
__doc__	类的文档字符串
__module__	类定义所在的模块
__class__	当前对象的类
__dict__	类的属性组成字典
__name__	泛指当前程序模块
__main__	直接执行的程序模块
__slots__	列出可以创建的合法属性（但并不创建这些属性），防止随心所欲地动态增加属性

代码 4.34　常用内置特别属性的应用示例。

```
>>> class A:              #定义类A
...     'ABCDE'
...     pass
...
>>> a = A()               # 创建实例对象a
>>> a.__class__           # 获取实例对象a的类
<class '__main__.A'>
>>> A.__doc__             # 获取类A中的文档字符串
'ABCDE'
>>> a.__module__          # 获取对象a所在模块名
'__main__'
>>> A.__dict__            # 获取类A的属性字典
mappingproxy({'__module__': '__main__', '__doc__': 'ABCDE', '__dict__': <attribute '__dict__' of 'A' objects>, '__weakref__': <attribute '__weakref__' of 'A' objects>})
>>> a.__dict__            # 获取对象a的属性字典
{}
```

说明：

① 模块是对象且所有模块都有一个内置属性 __name__。__name__ 可以表示模块或文件，也可以表示模块的名字，具体看用在什么地方，即一个模块的 __name__ 的值取决于如何应用模块。如果 import 一个模块，那么模块 __name__ 的值通常为模块文件名，不带路径或者文件扩展名。

② Python 程序模块有两种执行方式：调用执行与直接（立即）执行。__main__ 表示主模块，应当优先执行。所以，若在一段代码前添加"if __name__ == '__main__':"，就表示后面书写的程序代码段要直接执行。

③ __dict__ 代表了类或对象中的所有属性。从上面的测试中可以看出，类 A 中有许多成员。这么多的成员从何而来呢？主要来自两个方面：一是 Python 内置的一些特别属性，如 '__module__': '__main__'；二是程序员定义的一般属性，如 '__doc__': 'ABCDE' 等。对于实例，取得的是实例属性。本例的实例 a 没有创建任何实例属性，仅取得一个空字典。

④ __slots__ 用于对实例属性进行限制，列出可以使用的属性，以防随心所欲地定义不相干的属性。注意：只列出属性，不创建它们，需要用时再创建。

代码 4.35 内置特别属性 __slots__ 的应用示例。

```
>>> class PhoneBook(object):
...     __slots__ = 'name', 'telNumber'    #在类中规定了对所定义属性的限制
...     def __init__(self,name):
...         self.name = name
...
>>> f1 = PhoneBook('chener')
>>> f1.telNumber= 12345678921
>>> dir(f1)
['__class__', '__delattr__', '__dir__', '__doc__', '__eq__', '__format__', '__ge
__', '__getattribute__', '__gt__', '__hash__', '__init__', '__init_subclass__',
'__le__', '__lt__', '__module__', '__ne__', '__new__', '__reduce__', '__reduce_e
x__', '__repr__', '__setattr__', '__sizeof__', '__slots__', '__str__', '__subcla
sshook__', 'name', 'telNumber']
>>> f1.age = 'f'
Traceback (most recent call last):
  File "<pyshell#6>", line 1, in <module>
    f1.age = 'f'
AttributeError: 'PhoneBook' object has no attribute 'age'
```

4.3.3* Python 类相关装饰器

装饰器（decorators）是 Python 中一种强大而灵活的功能，它不仅可以以函数的形式来修饰函数，还可以有如下形态和类型：

① 装饰器类；
② 类装饰器；
③ 方法装饰器；
④ 与类有关的内置装饰器。

（1）装饰器类设计

装饰器类就是使用类来实现的装饰器，通常通过在类中定义 __call__ 方法来实现。当使用 @ 语法糖应用装饰器时，Python 会调用装饰器类的 __init__ 方法创建一个实例，然后将被装饰的函数或类作为参数传递给 __init__ 方法。当被装饰的函数或方法被调用时，Python 会调用装饰器实例的 __call__ 方法。

代码 4.36 一个装饰器类的实现与应用示例。

```
>>> import time
>>>
>>> class TimerDecorator:
...     def __init__(self, func):
...         self.func = func
...     def __call__(self, *args, **kwargs):
...         start_time = time.time()
...         result = self.func(*args, **kwargs)
...         end_time = time.time()
...         print(f"运行函数{self.func.__name__} 用了{end_time - start_time} 秒.")
...         return result
...
>>> @TimerDecorator
... def slow_function():
...     time.sleep(2)
...
>>> if __name__ == '__main__':
...     slow_function()

运行函数slow_function 用了2.015204906463623 秒.
```

说明：在此例中，先定义了类 TimeDecorator 作为一个装饰器，它的构造方法以功能函数 slow_function 为参数，并通过 __call__ 方法将该功能函数包裹在起始计时和结束计时之间。然后用 @ 语法糖将类 TimeDecorator 与功能函数 slow_function 组装。这样，当调用

slow_function 时，实际上是在调用 TimeDecorator 的实例方法 __call__。

（2）类装饰器

按照函数装饰器要以功能函数为输入的思路，类装饰器是以功能类作为装饰器的输入参数，并返回一个经过修饰的新类。

代码 4.37　一个类装饰器的实现与应用示例。

```
>>> def my_decorator(cls):
...     class Wrapper:
...         def __init__(self, *args, **kwargs):
...             self.wrapped = cls(*args, **kwargs)
...         def __getattr__(self, name):
...             return getattr(self.wrapped, name)
...     return Wrapper
...
>>> @my_decorator
... class MyClass:
...     def __init__(self, x):
...         self.x = x
...     def print_hello(self):
...         print(self.x)
...
>>> if __name__ == '__main__':
...     obj = MyClass('Hello!')
...     obj.print_hello()
...
Hello!
```

说明： 在本例中，my_decorator 是一个类装饰器，它接收一个类 cls 作为参数，并返回一个新的类 Wrapper。而 Wrapper 类在初始化时接收任意数量的参数和关键词参数，并将它们传递给功能类 cls 的构造函数——初始化方法。然后，Wrapper 类重写 __getattr__ 方法，使其在访问功能类的属性时被代理给功能类的实例。这样，使用语法糖 @my_decorator 装饰 MyClass 类后，实际上是将 MyClass 类传递给 my_decorator，然后将返回的 Wrapper 类赋值给 MyClass。即当创建 MyClass 的实例并调用其方法时，实际上是在调用 Wrapper 类的实例的方法，从而实现了在原类前后添加额外功能的目的。

（3）方法装饰器

方法装饰器是应用于类中方法的装饰器，它与函数装饰器基本相同，只是装饰的目标是方法而非普通函数。

代码 4.38　为类的实例方法添加类型检测的方法装饰器示例。

```
>>> def type_check(attrType):              # 获取属性类型
...     def decorrator(method):             # 获取方法名
...         def wrapper(self, value):       # 获取属性值
...             if not isinstance(value, attrType):   # 增加类型检测功能
...                 raise ValueError(f'属性必须是 {attrType} 类型')
...             method(self, method)
...         return wrapper
...     return decorrator
...
>>> class MyClass(object):
...     @ type_check(str)
...     def set_value(self, value):
...         self._value = value
...
>>> my_obj = MyClass()
>>> my_obj.set_value('张展')
>>> my_obj.set_value(50)
Traceback (most recent call last):
  File "<pyshell#49>", line 1, in <module>
    my_obj.set_value(50)
  File "<pyshell#44>", line 5, in wrapper
    raise ValueError(f'属性必须是 {attrType} 类型')
ValueError: 属性必须是 <class 'str'> 类型
```

（4）内置装饰器

表 4.5 为几个常用的内置装饰器。

表 4.5 几个常用的内置装饰器

内置装饰器	用途
@classmethod	定义类方法
@staticmethod	定义类的静态方法
@abstractmethod	定义抽象方法
@classproperty	用于创建一个类级别的只读属性
@property	可将一个方法的调用方式变为与属性访问方式一样，而不需要调用时加上括号
@classproperty	用于定义抽象方法
@wraps	用来保留被装饰函数的元信息。这些元信息可能包括函数名、文档字符串、参数签名、注释等
@lru_cache	加速函数的计算速度
@timeout	设置函数运行时间上限
@retry	可修饰一个函数或方法，以实现重试。多用于重新调用出现异常的函数

这些装饰器中的前两个已经用过。用过了这两个，后面的几个也就知道如何使用了。关键在于了解这些装饰器的作用。

/ 习题4.3 /

一、选择题

1. Python 魔法方法和魔法属性的形式特征是名字用_____。
    A．一个下划线 _ 开始
    B．两个下划线 __ 开始
    C．一个下划线 _ 开始，一个下划线 _ 结尾
    D．两个下划线 __ 开始，两个下划线 __ 结尾
2. 在下列关于装饰器的说法中，错误的是_____。
    A．装饰器的本质是一个函数
    B．装饰器以函数作为参数，返回一个新函数
    C．装饰器就是关于函数特征的标志
    D．装饰器用于修饰函数或类的行为

二、代码分析题

阅读下面的代码，给出输出结果。

1.
```
class Person:
    def __init__(self, id):self.id = id

wang =  Person(357); wang.__dict__['age'] = 26
wang.dict_['major'] = 'computer';print (wang.age + len(wang.__dict__))
```
2.
```
class A:
    def __init__(self,x,y,z):
        self.w = x + y + z

a = A(3,5,7); b = getattr(a,'w'); setattr(a,'w',b + 1); print(a.w)
```
3.
```
class Index:
    data = [1,3,5,7,9]
    def __getitem__(self,index):
        print('getitem:',index)
        return self.data[index]

x = Index(); x[0]; x[2]; x[3]; x[-1]
```
4.
```
class Prod:
    def __init__(self, value):
        self.value = value
    def __call__(self, other):
        return self.value * other

p = Prod(2); print (p(1)); print (p(2))
```
5.
```
class Life:
    def __init__(self, name='name'):
        print( 'Hello', name  )
        self.name = name
    def __del__(self):
        print ('Goodbye', self.name)

brain = Life('Brain') ;brain = 'loretta'
```
6.
```
class Class1:
    pass

obj = Class1()
print(f'{obj.__class__},{obj.__class__.__name__}')
```

三、实践题

1．编写一个类，用于实现下列功能。
（1）将十进制数转换为二进制数。
（2）二进制的四则计算。
（3）对于带小数点的数，用科学记数法表示。
2．编写一个三维向量类，实现下列功能。
（1）向量的加、减计算。
（2）向量和标量的乘、除计算。

4.4* 抽象，再抽象

抽象 (abstract) 是形成概念的思维过程和科学方法，其基本思想是从众多的事物中抽取出共同的、本质性的特征，而舍弃其非本质的特征。迈出抽象过程的第一步是分离。

基于不变性原则的归因分离，使得所形成的概念和构成的系统具有较高的稳定性。

程序设计的核心思想就是抽象，作为其灵魂的数据结构和算法，就是对客观问题的活动因素的结构和运动规律的抽象。面向对象程序设计则是从存在性的角度，把数据结构与算法归结到类（class）进行的抽象，并用实例对象来展现它的灵活性——多态性，是一种以抽象为本，以多态为用的程序设计模式。

但是，面向对象程序设计并非到了类 - 实例就算达到了顶峰，它还在继续向前。而其发展的路径基本上就是：更高的抽象和更灵活的多态的有机结合。

4.4.1 抽象类与 ABC

一般说来，从问题求解的角度看，类是对现实世界中相关事物的抽象；而从类的应用角度看，它又是一堆实例对象的抽象。而抽象类（abstract class）则是一群类的抽象。如果说，类是从一堆对象中抽取相对不变的属性和方法所构成的模板，那么抽象类就是从一堆类中抽取相对不变的属性和方法所构成的模板。所以，抽象类具有更高的抽象性和更广的覆盖面，也就有了更多的多态性。

抽象类与普通类的共同点是，都可以被继承；不同点是，普通类可以被实例化，而抽象类不可以被实例化。具体来说，抽象类有两个特征：
① __main__ 和 __init__ 方法不能初始化属性。
② 至少有一个方法是抽象方法——只有方法声明，没有方法体，仅仅是个空架子。
它的用途就是为一群类提供一种模板和规范，以保证代码的一致性和可维护性。也可以说，抽象类的用途就是充当基类。

说明：
① 为支持用户创建和使用抽象类，Python 在其标准库中提供了一个专门的模块 abc(abstract base classes)。其核心是一个抽象基类 ABC，用户可以通过继承 ABC 类定义抽象类。

代码 4.39 抽象类及其直接继承示例。

```
>>> # 定义一个抽象基类
... class Mammal(ABC):
...     classification = 'poultry'
...
...     @abstractmethod
...     def growl(self):
...         pass
...
>>> # 定义一个继承自Mammal的子类Dog
... class Dog(Mammal):
...     def growl(self):
...         return "汪！汪！"
...
>>> # 定义一个继承自Mammal的子类Cat
... class Cat(Mammal):
...     def growl(self):
...         return "喵—喵—"
...
>>> # 使用多态
... def howls(Mammal):
...     print(Mammal.growl())
...
>>> # 创建Dog和Cat的实例
>>> gg = Dog()
>>> mm = Cat()
>>>
>>> # 调用多态方法
>>> howls(gg)
汪！汪！
>>> howls(mm)
喵—喵—
```

② 在模块 abc 中，还定义有一个装饰器 @abstractmethod，可以将方法标记为抽象方法——抽象方法没有具体的实现，只有方法名和参数列表。从而使 Mammal 类只有规范统一的作用，而无构建实例的功能。

③ 在本例中，Dog 和 Cat 是抽象类 Mammal 的两个子类，它们分别实现了 Mammal 中的抽象方法 call，成为可以构造实例的子类。也就是说，抽象类的子类要能产生实例，必须首先实现其父类中的所有抽象方法。

④ 掌握了抽象类的设计，就会使创建新类除了从 object 开始一层一层地继承路径之外，又多了一种按照一定的规范设计抽象类再派生其子类的途径。

4.4.2　Python 元类

在面向对象的程序设计中，一切对象都是由类作为模板而创建的。而类也是一种对象，也应该由类创建。这种作为类的模板，可以创建类的类就是元类（metaclass）。

（1）Python 默认的元类—type

关于 type，在第 1 章开始不久就已经相遇了。在那里 type 是作为一个内置函数来获取一个对象的类型，实际上就是用来获取一个对象是哪个类的实例，即获取的是类名。

代码 4.40 type 意义的测试示例。

```
>>> type(3)
<class 'int'>
```

```
>>> type(3.14156)
<class 'float'>
>>> type(object)
<class 'type'>
```

从这三条语句的执行结果可以看出：各种类型的模板——创建者是 type，也包括了前面讲过的从继承的角度得出的最顶层的基类 object，它的创建者也是 type。

要想知道 type() 如何去定义一个新类，就要看一下它的构造函数的原型。

<u>type(name, bases, dict)</u>

这个原型表明，作为 type 类的构造函数，为了定义一个新类，它需要 3 个参数：

① 参数 name，是一个字符串，表示新类型的名称。这个参数是必需的。没有它，将会导致 TypeError 异常。

② 参数 bases 是一个元组，表示新类的基类。如果不提供 bases 参数，新类默认将会继承自 object 类。这个参数可以表明，元类的定义关乎类的创建过程。

③ 参数 dict，是一个字典，其元素为该类所有的元素名：元素对象组成的键-值对。这里所说的元素，包括了属性、实例方法和类方法，从而形成了该新类的命名空间。如果不提供 dict 参数，新类型将会是一个空类型。

这三个参数表明了一个类的结构要素。

代码 4.41 type 的定义。

```
>>> class type(object):
...     """
...     type(object_or_name, bases, dict)
...     type(object) -> the object's type
...     type(name, bases, dict) -> a new type
...     """
...     # 实例化
...     def __init__(cls, what, bases=None, dict=None): # known special case of type.__init__
...         """
...         type(object_or_name, bases, dict)
...         type(object) -> the object's type
...         type(name, bases, dict) -> a new type
...         # (copied from class doc)
...         """
...         pass
...     # 创建类
...     @staticmethod     # known case of __new__
...     def __new__(*args, **kwargs): # real signature unknown
...         """
...         Create and return a new object. See help(type) for accurate signature.
...         （创建并返回一个新对象）
...         """
...         pass
```

说明： 与代码 4.39 相比，可以看出用元类 type 创建的新类 Mammal 与用 class 创建的子类 Mammal 的功能一致。说明用 class 创建一个子类时，自动调用了 type 的构造函数。

（2）自定义元类

从 class 创建类时隐式地调用 type 构造函数，控制创建类的过程，自然可以想到，如何显式地控制自己所要创建的类，以便改变类中定义的属性和方法呢？为满足这一需求，Python 允许用户自己定义元类。

定义一个元类与定义一个普通类的区别仅在于元类是一个继承自 type 的子类。其类体与普通子类的类体并无什么不同，基本工作是重写继承自父类的方法，尤其要注意的是 __new__ 和 __init__。

代码 4.42 用 type 构造函数构造一个类示例。

```python
>>> # 由type构造一个类
>>> Mammal = type('Mammal',(object,),{'classification':'poultry'})
>>>
>>> # 定义一个继承自Mammal的子类Dog
>>> class Dog(Mammal):
...     def growl (self):
...         return ("汪!汪!")
...
>>> # 定义一个继承自Mammal的子类Cat
>>> class Cat(Mammal):
...     def growl (self):
...         return ("喵—喵—")
...
>>> # 使用多态
>>> def howls(Mammal):
...     print(Mammal. growl ())
...
>>> # 创建Dog和Cat的实例
>>> gg = Dog()
>>> mm = Cat()
>>>
>>> # 调用多态方法
>>> howls(gg)
汪!汪!
>>> howls(mm)
喵—喵—
```

为了创建新的类，__new__ 方法要接收 4 个参数：

cls：元类的类对象。

name：要创建的类的名称。

bases：要创建的类的基类。

attrs：要创建的类的属性。

代码 4.43 定义一个名为 Mammal 的元类示例。

```python
>>> # 定义一个继承自type的元类
... class Mammal(type):
...     def __new__(cls, name, bases, attrs):
...         attrs['classification'] = 'poultry'     # 添加类属性
...         return super().__new__(cls,name, bases, attrs)
...
>>> # 定义一个继承自元类Mammal的子类Dog
... class Dog(metaclass = Mammal):                  # 要表明其前为元类
...     def growl (self):
...         return ("汪!汪!")
...
>>> # 定义一个继承自元类Mammal的子类Cat
... class Cat(metaclass = Mammal):                  # 要表明其前为元类
...     def growl (self):
...         return ("喵—喵—")
...
>>> # 使用多态
... def howls(Mammal):
...     print(Mammal. growl ())
...
>>> # 创建Dog和Cat的实例
>>> gg, mm = Dog(),Cat()
>>>
>>> # 调用多态方法
>>> howls(gg)
汪!汪!
>>> howls(mm)
喵—喵—
```

说明：

① 自定义元类的子类的正确定义，必须用 metaclass 约束基类（元类），否则就会把默认的 type 当作基类。

② 自定义元类继承自 type，而 type 是 Python 中的内置元类。所以在元类的 __new__ 方法中，要返回一个类对象，通常是使用 super().__new__ 来创建它。

③ 类属性可以在 __new__ 中增添，也可以在 __init__ 中增添。效果相同。

代码 4.44 在 __init__ 中为元类 Mammal 增添属性示例。

```
>>> # 定义一个继承自type的元类
>>> class Mammal(type):
...     def __new__(cls, name, bases, attrs):
...         #attrs['classification'] = 'poultry'   # 此行注释掉
...         return super().__new__(cls, name, bases, attrs)
...
...     def __init__(cls, name, bases, attrs):
...         cls.classification = 'poultry'        # 增添类属性
```

④ 元类可以控制类的创建和初始化，但不要过度使用，以免使代码变得复杂和难以理解。通常不需要在日常编程中使用。

/ 习题4.4 /

一、判断题

判断下列描述的对错。

1．抽象类就是只由抽象方法组成的类。（   ）
2．不能用抽象类生成实例。（   ）
3．元类实质上就是一种抽象类。（   ）
4．抽象类的子类要实例化，就要保证自己类中定义的方法都被实现。（   ）
5．type 是 Python 中唯一的元类。（   ）
6．在 Python 程序中，当使用关键词 class 定义类时，Python 解释器会创建一个类对象，这个类对象属于 object 类。（   ）

二、代码分析题

1．阅读下面的代码，指出其运行结果。

```python
class Mytype(type):
    def __init__(self, a, b, c):
        print("===》执行元类构造方法 ")
        print("===》元类 __init__ 第一个参数：{}".format(self))
        print("===》元类 __init__ 第二个参数：{}".format(a))
        print("===》元类 __init__ 第三个参数：{}".format(b))
        print("===》元类 __init__ 第四个参数：{}".format(c))

    def __call__(self, *args, **kwargs):
```

```
            print("=====》执行元类 __call__ 方法 ")
            print("=====》元类 __call__ args：{}".format(args))
            print("=====》元类 __call__ kwargs：{}".format(kwargs))
            obj = object.__new__(self)    # object.__new__(Student)
            self.__init__(obj, *args, **kwargs)  # Student.__init__(s, *args, **kwargs)
            return obj


    class Student(metaclass=Mytype):   # Student=Mytype(Student, "Student", (), {})
---> __init__
        def __init__(self, name):
            self.name = name    # s.name=name


print("Student 类：{}".format(Student))
s = Student("xu")
print(" 实例：{}".format(s))
```

2. 阅读下面的代码，指出其运行结果，并体会这段代码的意义。

```
    class CustomMeta(type):
        def __new__(cls, name, bases, dct):
            dct['new_attribute'] = 'This is a new attribute added dynamically.'
            return super().__new__(cls, name, bases, dct)


    class CustomClass(metaclass=CustomMeta):
        pass


print(CustomClass.new_attribute)
```

3. 阅读下面的代码，指出其运行结果，并体会这段代码的意义。

```
    class SingletonMeta(type):
        _instances = {}

        def __call__(cls, *args, **kwargs):
            if cls not in cls._instances:
                cls._instances[cls] = super().__call__(*args, **kwargs)
            return cls._instances[cls]


    class SingletonClass(metaclass=SingletonMeta):
        pass


instance1 = SingletonClass()
instance2 = SingletonClass()
print(instance1 is instance2)
```

4. 阅读下面的代码，指出其运行结果，并体会这段代码的意义。

```
    class Myclass(type):
        def __new__(cls, type_name, bases, attrs, *args, **kwargs):
```

```
            new_cls = super().__new__(cls, type_name, bases, attrs)
            print("这个是Myclass:", type_name, bases, attrs, )
            return new_cls


class Inherited_class(metaclass=Myclass):
    a = 100
    b = 200


print(type(Inherited_class))
```

第 5 章
Python 容器操作

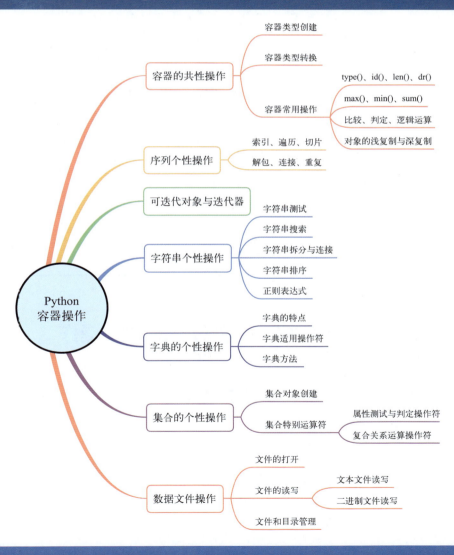

容器（container）是指用以容纳物料的壳体类物体。在 Python 中，容器是一类可以容纳其他对象（称为元素）的数据结构。如图 5.1 所示，本章所讨论的 Python 容器包括内存容器和外存容器。内存容器有 str（字符串）、list（列表）、tuple（元组）、dict（字典）和 set（集合）共 5 种；外存容器只有 file（文件）。

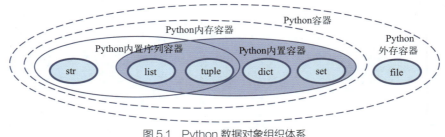

图 5.1 Python 数据对象组织体系

内存容器是系统内置对象。它们的基本特征如表 5.1 所示。与 int、float、complex 和 bool 这些标量对象的基本区别是，内存容器都有边界符构成的壳体，它们的元素就装在特有的壳体之中。与 C、C++ 和 Java 等不同，Python 容器来自对常见实用数据结构的归纳和抽象，可以直接应用于多数项目开发中，使得数据的管理和操作变得高效和灵活，使开发者可以轻松地存储、检索和修改数据，从而提高程序的执行效率和可维护性。

表 5.1 Python 内置内存容器的基本特征

名称	标识符	边界符	元素类型	可变类型	元素互异	元素有序	元素分隔
字符串	str	'…'、"…"、'''…'''、"""…"""	字符串	否	否	位置顺序	无
元组	tuple	(…)	任何类型				逗号(,)
列表	list	[…]	任何类型	是			
字典	dict	{…}	键须可哈希，值随意	是	仅键	否	
集合	set		可哈希	是	是		
	frozenset			否			

5.1 Python 内存内置容器对象的共性操作

5.1.1 内存内置容器对象的创建与类型转换

内存容器(后面简称容器)对象都可以用如下三种方式构建对象：用字面量直接书写、用构造函数构造和用推导式创建。

（1）用字面量直接书写容器实例对象

不管是元组、列表、字符串，还是字典、集合，只要用相应的边界符将合法的元素括起来，其就成为某个容器的字面量，这个字面量是某种类型容器的实例对象。

代码 5.1　用字面量创建容器实例对象的同时，对其赋名。

```
>>> # 创建字符串对象并对其赋名
>>> str1 = 'rst123'
>>> str1, type(str1)
('rst123', <class 'str'>)
>>> # 创建列表对象并对其赋名
>>> list1 = [1, 3, 5, 'r', 's', 't']
>>> list1, type(list1)
([1, 3, 5, 'r', 's', 't'], <class 'list'>)
>>> # 创建元组对象并对其赋名
>>> tuple1 = (1, 3, 5, 'r', 's', 't')
>>> tuple1, type(tuple1)
((1, 3, 5, 'r', 's', 't'), <class 'tuple'>)
>>> # 创建集合对象并对其赋名
>>> set1 = {'r', 's', 't', 5, 3, 1}
>>> set1, type(set1)
({'t', 1, 3, 5, 's', 'r'}, <class 'set'>)
>>> # 创建字典对象并对其赋名
>>> dict1 = {'r':1, 's':5, 't':3}
>>> dict1, type(dict1)
({'r': 1, 's': 5, 't': 3}, <class 'dict'>)
```

说明：

① Python 内置容器不一定都要求只存储相同类型的元素。

② 列表和元组允许有重复的元素，而集合不能有重复元素，因为集合是按值分配存储空间的。这符合数学中的集合概念。此外，字典不能有重复的键，若有重复的键，则只取最后出现的键-值对。因为在字典中是按键存储值的，遇到先出现的键-值对，就先存储起来，后面再出现相同的键，就用其对应的值覆盖原先的值。

③ 一般来说，元组就是一组以逗号分隔的数据对象，不一定要以圆括号为边界符。但从易读的角度，还是加一对圆括号为好。

④ 上述对象的类型分别是 <class 'str'>、<class 'list'>、<class 'tuple'>、<class 'set'> 和 <class 'dict'>。这说明，这些对象都是相关内置容器类型的实例。

（2）用构造函数构造容器对象与容器类型转换

每一个类都有自己的构造方法，用于创建这个类的实例对象(包括空对象)。在面向对象的程序设计中，类的构造方法用于构造该类的实例对象。在创建非空容器对象时，构造方法要求使用相容对象参数——可以将其转换为所需类型的数据对象，如将字符串参数向列表转换等。Python 提供的内置类型构造方法有 list()、tuple()、str()、set() 和 dict()。

代码 5.2　列表、元组、集合、字典不能转换为有意义的字符串对象示例。

```
>>> # 用构造函数str()创建字符串对象
>>> str2, str3, str4 = str(), str(2.345), str({'a':3,'c':5,'b':2})
>>> str2, str3, str4
('', '2.345', "{'a': 3, 'c': 5, 'b': 2}")
>>> # 用构造函数list()创建列表对象
>>> list2, list3, list4 = list(), list(str3), list({'a':3,'c':5,'b':2})
>>> list2, list3, list4
([], ['2', '.', '3', '4', '5'], ['a', 'c', 'b'])
>>> # 用构造函数tuple()创建元组对象
>>> tup2, tup3, tup4 = tuple(), tuple('abc'), tuple(list4)
>>> tup2, tup3, tup4
((), ('a', 'b', 'c'), ('a', 'c', 'b'))
>>> # 用构造函数set()创建集合对象
>>> set2, set3 = set(), set('abc')
>>> set2, set3
(set(), {'a', 'c', 'b'})
>>> # 用构造函数dict()创建字典对象
>>> dict1, dict2 = dict(), dict(a = 1, b = 2, c = 3)
>>> dict1, dict2
({}, {'a': 1, 'b': 2, 'c': 3})
```

注意：

① 空字符串、空列表、空元组和空字典分别为''、[]、() 和 {}。由于 {} 用于空字典，所以空集合只能为 set()。

② 列表、元组、集合和字典向字符串转换时，边界符也作为字符串的一部分。

③ 字典的构造函数与赋名操作相结合创建字典实例，也表明赋名操作的实质就是形成字典中的一个元素。

（3）用推导式创建容器对象

为了动态地修改或创建容器对象，Python 逐步推出了容器的推导式 (comprehension)。Python 2 先引入了一个列表推导式，Python 3 引入了集合与字典推导式。下面是列表和集合的推导式格式（其中的条件部分是可选的）。

```
[expression for item in iterable [if condition]]   # 列表推导式
{expression for item in iterable [if condition]}   # 集合推导式
```

由这些格式可以看出，列表推导式与集合推导式的区别仅在于边界符上。而且，有了列表，转换为元组和集合非常简单。对于字典来说，有意义的是由两个列表分别生成每一元素的键和值。语法如下。

```
{k:v for k,v in zip(k,v)}
```

代码 5.3 用推导式创建容器对象示例。

```
>>> k,v = ['张','王','李','赵'],[12,34,56,78]
>>> [i // 2 for i in v]                          # 不带条件的列表推导式
[6, 17, 28, 39]
>>> [i // 2 for i in v if i % 3 != 0]            # 带条件的列表推导式
[17, 28]
>>> {i + 2 for i in range(10)}                   # 不带条件的集合推导式
{2, 3, 4, 5, 6, 7, 8, 9, 10, 11}
>>> {i + 2 for i in range(10) if i % 3 != 0}     # 带条件的集合推导式
{3, 4, 6, 7, 9, 10}
>>> {k:v for k,v in zip(k,v)}                    # 字典推导式
{'张': 12, '王': 34, '李': 56, '赵': 78}
```

注意： 推导式的应用有限，不要代替一切。若只需要执行一个循环，就应当尽量使用循环，其更符合 Python 提倡的直观性。

5.1.2 容器对象属性获取

（1）获取对象的三要素

Python 容器都是对象，它们都具有 Python 对象的三要素——值、ID 和类，分别可以用它的名字、id() 和 type() 获取。这是已经熟悉了的内容，这里不再赘述。

（2）获取容器实例对象的全部属性和方法名称

dir() 函数不带参数时，返回当前范围内的变量、方法和定义的类型列表；带参数时，返回参数的属性、方法列表。

说明： 通过 dir，就可以了解该容器对象有哪些属性和方法。这些属性和方法，有些是直接继承自基类的，有些是经过重定义的，有些是生成自己的类中添加的。例如，看到了 __add__，就会联想到它支持运算符 + 的功能。

代码 5.4 用 dir() 获取属性示例。

```
>>> list1 = [1, 2, 3]
>>> dir(list1)
['__add__', '__class__', '__class_getitem__', '__contains__', '__delattr__', '__delitem__', '__dir__', '__doc__', '__eq__', '__format__', '__ge__', '__getattribute__', '__getitem__', '__gt__', '__hash__', '__iadd__', '__imul__', '__init__', '__init_subclass__', '__iter__', '__le__', '__len__', '__lt__', '__mul__', '__ne__', '__new__', '__reduce__', '__reduce_ex__', '__repr__', '__reversed__', '__rmul__', '__setattr__', '__setitem__', '__sizeof__', '__str__', '__subclasshook__', 'append', 'clear', 'copy', 'count', 'extend', 'index', 'insert', 'pop', 'remove', 'reverse', 'sort']
>>>
>>> str1 = 'abcde'
>>> dir(str1)
['__add__', '__class__', '__contains__', '__delattr__', '__dir__', '__doc__', '__eq__', '__format__', '__ge__', '__getattribute__', '__getitem__', '__getnewargs__', '__gt__', '__hash__', '__init__', '__init_subclass__', '__iter__', '__le__', '__len__', '__lt__', '__mod__', '__mul__', '__ne__', '__new__', '__reduce__', '__reduce_ex__', '__repr__', '__rmod__', '__rmul__', '__setattr__', '__sizeof__', '__str__', '__subclasshook__', 'capitalize', 'casefold', 'center', 'count', 'encode', 'endswith', 'expandtabs', 'find', 'format', 'format_map', 'index', 'isalnum', 'isalpha', 'isascii', 'isdecimal', 'isdigit', 'isidentifier', 'islower', 'isnumeric', 'isprintable', 'isspace', 'istitle', 'isupper', 'join', 'ljust', 'lower', 'lstrip', 'maketrans', 'partition', 'removeprefix', 'removesuffix', 'replace', 'rfind', 'rindex', 'rjust', 'rpartition', 'rsplit', 'rstrip', 'split', 'splitlines', 'startswith', 'strip', 'swapcase', 'title', 'translate', 'upper', 'zfill']
```

代码 5.5 __add__ 与 + 对于 list 类对象的作用示例。

```
>>> list1 = ['a','c','b']
>>> list2 = [1, 2, 3]
>>> list1 + list2
['a', 'c', 'b', 1, 2, 3]
>>> list1.__add__(list2)
['a', 'c', 'b', 1, 2, 3]
```

由此可以看出 __add__ 与 + 对于 list 类对象的一致性。同样，可能到了 __len__，就会想到内置函数 len()。它们的作用都是求容器中的元素个数。

代码 5.6 容器实例对象长度的获取。

```
>>> tup1 = 'a','b','c',1,2,3
>>> len(tup1)
6
>>> list1 = [tup1]
>>> len(list1)
1
>>> list1
[('a', 'b', 'c', 1, 2, 3)]
>>> list2 = list(tup1)
>>> len(list2)
6
>>> list2
['a', 'b', 'c', 1, 2, 3]
>>> str1 = str(tup1)
>>> len(str1)
24
>>> str1
"('a', 'b', 'c', 1, 2, 3)"
>>> len(123)
Traceback (most recent call last):
  File "<pyshell#11>", line 1, in <module>
    len(123)
TypeError: object of type 'int' has no len()
>>> len(1.23)
Traceback (most recent call last):
  File "<pyshell#12>", line 1, in <module>
    len(1.23)
TypeError: object of type 'float' has no len()
```

说明： 上述代码中，先测试 tup1 的长度，得到 6；list1=[tup1] 的长度却是 1，因为它将 tup1 整体作为了 list1 的一个元素；而 list2 = list(tup1) 长度变成了 6。这说明容器类型转换最可靠的办法是用构造函数显式转换。但是，str1 的长度变成了 24，因为这个转换将所有的符号也当作了一个字符串的元素。所以，一般情况下，不要将元组、列表、字典、集合转换为字符串。

注意： len() 函数只能用于容器类对象，不可用于标量类型。

5.1.3 容器及成员关系运算

从运算对象看，容器及成员关系包括容器之间的关系和容器与成员之间的关系；从运算的形式上看，可以分为如下 3 类判定性运算，运算均得到 bool 值：True 或 False。

① 对象值比较运算：>、>=、<、<=、== 和 !=。
② 对象身份判定运算：is 和 is not。
③ 成员属于判定运算：in 和 not in。

代码 5.7 对容器实例对象进行判定操作示例。

```
>>> tup1 = (1, 2, 3); tup2 = (1, 2, 3); tup3 = ('a','b','c')
>>> tup1 == tup2, tup1 is tup2, tup2 is tup3
(True, True, False)
>>> tup3 > tup2
Traceback (most recent call last):
  File "<pyshell#8>", line 1, in <module>
    tup3 > tup2
TypeError: '>' not supported between instances of 'str' and 'int'
>>>
>>> str1 = 'abcxy';str2 = 'abcdef'
>>> str1 < str2, str1 > str2
(False, True)
>>>
>>> set1 = {1, 2, 3};set2 = {1, 2, 3, 4, 5}
>>> set1 > set2, set1 < set2, set1 == set2, set1 != set2
(False, True, False, True)
>>>
```

说明：
① 相等比较 (==) 与是否比较 (is) 不同，相等比较的是值，是否比较的是 ID。
② 只有相同元素类型的容器对象才可以进行大小比较。不同元素类型的容器对象只可以进行相等或不等的比较。
③ 字符串之间的比较是按正向下标，从 0 开始以对应字符的码值 (如 ASCII 码值) 作为依据进行的，直到对应字符不同，或所有字符都相同，才能确定大小或是否相等。

5.1.4 容器的可迭代性操作

在 Python 中，tuple、list、str、set 和 dict 这 5 类容器对象都是可迭代对象。因此，它们都可以进行可迭代对象的有关操作。

1）容器迭代遍历
（1）使用 iter() 获取迭代器进行迭代遍历操作

代码 5.8　用 iter() 获取迭代器对容器对象进行迭代操作示例。

```
>>> iterable = {'a': 1, 'b': 2, 'c':3}
>>> iterator = iter(iterable)          # 使用iter()函数获取迭代器
>>> next(iterator)
'a'
>>> next(iterator)
'b'
>>> next(iterator)
'c'
>>> next(iterator)
Traceback (most recent call last):
  File "<pyshell#19>", line 1, in <module>
    next(iterator)
StopIteration
```

（2）用 for 循环进行迭代遍历操作

代码 5.9　容器实例对象用 for 循环进行迭代操作示例。

```
>>> # 简单迭代示例
>>> for key in {'a': 1, 'b': 2, 'c':3}:
...     print(key, end=',')
...
a,b,c,
>>> # 使用zip()进行并行迭代示例
>>> for key, item in zip({'a': 1, 'b': 2, 'c':3}, {5,6,7}):
...     print(key, item)
...
a 5
b 6
c 7
>>> # 用enumerate函数在迭代时获取元素的索引
>>> for key in enumerate({'a': 1, 'b': 2, 'c':3}):
...     print(key, end=',')
...
(0, 'a'), (1, 'b'), (2, 'c'),
```

2）数值容器的最大元素、最小元素与数值元素和

对于以数值型对象作为元素的容器，可以用下面三个 Python 内置函数获取容器有关参数。

```
max(iterable, *[, default=obj, key=func])    # 返回容器元素的最大值
min(iterable, *[, default=obj, key=func])    # 返回容器元素的最小值
sum(iterable, start)                          # 返回容器元素之和
```

注意：max 和 min 仅限用于元素可比较大小的字符串或数字，sum 仅限数字元素。它们的参数说明如下：

iterable：一个可迭代对象；

key：可为一个函数，作用与内置函数 sorted 相同；

default：用来指定最大值 / 最小值不存在时返回的默认值；

start：计算的起始值。

这些函数用法简单，不再举例。

3）容器元素总体评估 any() 和 all()

内置函数 any() 和 all() 用于对可迭代对象或多个条件进行总体评估：any() 用于评估可迭代对象中是否有为"真"的元素或条件；all() 用于评估可迭代对象中的元素是否都为"真"或条件都符合。

5.1.5　可变对象与不可变对象的复制

在信息领域，复制是指将一个对象的部分或全部数据转移到另一个位置或存储介质上。

在 Python 中，进行对象的复制大致有如下途径：

① 标准库的 copy 模块中，提供了两个函数 copy() 和 deepcopy()。

② 序列对象的切片。这个概念下一节会进行详细介绍，这里知道如何使用即可。

③ 使用类的构造函数重新构建。

此外，有一个重要的概念是，复制对于可变对象和不可变对象会出现不同的结果。这一节，先就此进行讨论。

代码 5.10　可变对象和不可变对象复制操作的区别示例。

```
>>> from sys import getrefcount    # 导入getrefcount函数，以便统计对象的引用计数
>>> import copy                    # 导入copy模块
>>>
>>> # 测试元组——不可变对象的复制情况
>>> ot = (1, 2, ('a', 'b', 'c'), 'xyz')    # 原始元组
>>> getrefcount(ot)                        # 引用计数
2
>>> t1 = copy.copy(ot)                     # 浅复制
>>> getrefcount(ot), getrefcount(t1)       # 引用计数
(3, 3)
>>> t2 = copy.deepcopy(ot)                 # 深复制
>>> getrefcount(ot), getrefcount(t1), getrefcount(t2)
(4, 4, 4)
>>> t3 = ot[:]                             # 切片复制
>>> getrefcount(ot), getrefcount(t1), getrefcount(t2), getrefcount(t3)
(5, 5, 5, 5)
>>> t4 = tuple((1, 2, ('a', 'b', 'c'), 'xyz'))    # 重构
>>> getrefcount(ot), getrefcount(t1), getrefcount(t2), getrefcount(t4)
(5, 5, 5, 2)
>>> id(ot), id(t1), id(t2), id(t3), id(t4)        # 获取ID
(2254917375920, 2254917375920, 2254917375920, 2254917375920, 2254885540768)
>>>
>>> # 测试列表——可变对象的复制情况
>>> o1 = [1, 2, ('a', 'b', 'c'), 'xyz']    # 原始列表
>>> getrefcount(o1)                        # 引用计数
2
>>> l1 = copy.copy(o1)                     # 浅复制
>>> getrefcount(o1), getrefcount(l1)       # 引用计数
(2, 2)
>>> l2 = copy.deepcopy(o1)                 # 深复制
>>> getrefcount(o1), getrefcount(l1), getrefcount(l2)
(2, 2, 2)
>>> l3 = o1[:]                             # 切片复制
>>> getrefcount(o1), getrefcount(l1), getrefcount(l2), getrefcount(l3)
(2, 2, 2, 2)
>>> l4 = list([1, 2, ('a', 'b', 'c'), 'xyz'])     # 重构
>>> getrefcount(o1), getrefcount(l1), getrefcount(l2), getrefcount(l4)
(2, 2, 2, 2)
>>> id(o1), id(l1), id(l2), id(l3), id(l4)        # 获取ID
(2025511964160, 2025511963968, 2025539912128, 2025539827776, 2025504995392)
```

讨论： 由上述代码的执行结果，可以得到如下结论。

① 元组（代表不可变容器对象）除了重新用构造函数构建一个新的、与原元组相同的对象外，其他办法 [type 中的 copy() 和 deepcopy()，以及切片] 每执行一次，都使原元组的引用计数器加 1，而 ID 保持与原元组的 ID 相同。这相当于为原元组对象进行了一次赋名操作，而没有生成新的同样的对象。只有用构造函数以原来的原元组为参数重构一次，才会生成新的对象。

② 列表（代表可变对象）的以上几种复制操作，包括 type 的 copy()、deepcopy()，切片和重构，每进行一次操作，都不会使原列表的引用计数器变化，而得到的所有 ID 都不相同，说明各自生成了自己的复制对象。不过，这些复制手段的复制结果还有所不同，留在 5.2.5 节再行讨论。

习题5.1

一、判断题

1. 元组与列表的不同仅在于一个是用圆括号作为边界符,另一个是用方括号作为边界符。(　　)
2. 创建只包含一个元素的元组时,必须在元素后面加一个逗号,例如 (3,)。(　　)
3. 列表是可变的,即使它作为元组的元素,也可以修改。(　　)
4. 表达式 list('[1,2,3]') 的值是 [1,2,3]。(　　)
5. 表达式 []==None 的值为 True。(　　)
6. 生成器推导式比列表推导式具有更高的效率。(　　)

二、选择题

1. 在后面的可选项中选择下列 Python 语句的执行结果。

   print(type({})) 的执行结果是_____。

   print(type([])) 的执行结果是_____。

   print(type(())) 的执行结果是_____。

   A．<class 'tuple'>　　　　　　　B．<class 'dict'>
   C．<class 'set'>　　　　　　　　D．<class 'list'>

2. 下面不能创建一个集合的语句是_____。

   A．s1=set()　　B．s2=set("abcd")　　C．s3=(1,2,3,4)　　D．s4=frozenset((3,2,1))

3. 下列代码执行时会报错的是_____。

   A．v1={}　　　B．v2={3:5}　　　C．v3={[1,2,3]:5}　　D．v4={(1,2,3):5}

4. 下列语句中,不能创建字典的语句是_____。

   A．dict1 = {}　　　　　　　　　B．dict2{1:3}
   C．dict3 = {[1,2]:'abc'}　　　　　D．dict4 = {(1,2):'abc'}

5. 下列叙述中错误的是_____。

   A．可以使用一对花括号（{…}）创建任何集合。
   B．可以使用一对花括号（{…}）创建任何字典。
   C．可以使用 set() 创建任何集合。
   D．可以使用 set() 创建任何字典。

6. 代码 a=[1,2,3,None,(),[],];print(len(a)) 执行后的输出结果为_____。

   A．1　　　　　B．43　　　　　C．0　　　　　D．6

三、代码分析题

1. 阅读下面的代码片段,给出各行的输出。

```
list = [ [ ] ] * 5; list          # output?
```

2. 执行下面的代码,会出现什么情况?

```
a = []
for i in range(10):
```

```
        a[i] = i * i
```
3. 分析下面的代码，给出输出结果。
```
def multipliers():
    return [lambda x:i * x for i in range(4)]
print([m2  for m in multipliers()])
```
4. 分析下面的代码，给出输出结果。
```
L = ['Hello','World','IBM','Apple']
print([s.lower() for s in L])
```

四、实践题

1. 编写代码，实现下列变换。
（1）将字符串 s="alex" 转换成列表。
（2）将字符串 s="alex" 转换成元组。
（3）将列表 li=["alex", "seven"] 转换成元组。
（4）将元组 tu=('Alex', "seven") 转换成列表。

2. 有如下列表，分别写出实现下面两个要求的代码。
```
lis = [5, 7, "S", ["wxy", 50, ["k1", ["aa", 3, "1"]], 89], "ab", "rst"]
```
（1）将列表 lis 中的 "aa" 变成大写 (用两种方式)。
（2）将列表中的数字 3 变成字符串 "100"(用两种方式)。

3. 只用一个输入语句，输入某年某月某日，判断这一天是这一年的第几天。

4. 将一个单词表映射为一个以单词长度为元素的整数列表，试用如下三种方法实现：
（1）for 循环。
（2）map()。
（3）列表推导式。

5. 有一个拥有 N 个元素的列表，用一个列表解析式生成一个新的列表，使元素的值为偶数且在原列表中索引为偶数。

6. 有列表 a=[1,2,3,4,5,6,7,8,9,10]，请用列表推导式求 a 中所有奇数并构造新列表。

5.2 序列对象操作

序列指的是一块可存放多个元素的连续内存空间，这些元素按一定顺序存储，可通过每个值所在位置的编号 (称为索引) 访问它们，并且元素间不排他。Python 序列主要包括元组、列表和字符串。这三种类型中元组和字符串是不可变类型，列表是可变类型。这一节主要介绍 Python 序列容器的共性操作。

5.2.1 序列索引

（1）序列索引的意义

在序列容器中，每个元素都隐含着其在序列中的位置信息。这个位置信息用其相对于首尾的偏移量表示。这个位置偏移量被称为索引 (index)，也称为序列号或下标。根据偏移量是相对于首元素还是尾元素，形成如图 5.2 所示的正向和反向两个索引体系：正向索引 (下标) 最左端为 0，向右按 1 递增；反向索引 (下标) 最右端为 -1，向左按 -1 递减。

图 5.2　序列的正向索引 (下标) 与反向索引 (下标)

这样，序列中的元素就可以由序列名 + 索引的形式指称了。例如，元组
```
tup = {'a','b','c','d'}
```
各元素可依次用 tup[0]、tup[1]、tup[2]、tup[3] 指称。对于嵌套的序列来说，指称最终元素所需的索引（下标）数，与嵌套层次一致。即指称 2 维序列的最终元素，需要 2 个索引；指称三维序列的最终元素，需要 3 个索引……。

代码 5.11　序列索引示例。

```
>>> seqn1 = ((1, 2, 3), (4, 5, 6), (7, 8, 9))
>>> seqn1[0], seqn1[1], seqn1[2]
((1, 2, 3), (4, 5, 6), (7, 8, 9))
>>> seqn1[0][0], seqn1[0][1], seqn1[0][2], seqn1[1][0], seqn1[1][1], seqn1[1][2]
(1, 2, 3, 4, 5, 6)
```

（2）由元素获取索引值

由元素获取索引值，就是由元素值获取其在序列中的位置值。其原型如下。

```
iterable.index (element )
```

代码 5.12　由元素值获取索引值示例。

```
>>> aList = ['abc','xyz','def','1mn', 123, 678]
>>> aList.index('def')
2
>>>
>>> aTup = ('abc','xyz','def','1mn', 123, 678)
>>> aTup.index('xyz')
1
>>>
>>> aStr = 'abcdefghijk'
>>> aStr.index('g')
6
>>>
>>> aSet = {1, 3, 5, 7, 8, 9, 6}
>>> aSet.index (5)
Traceback (most recent call last):
  File "<pyshell#11>", line 1, in <module>
    aSet.index (5)
AttributeError: 'set' object has no attribute 'index'
```

说明：

① 圆点 (.) 称为分量运算符，表明其后的对象是其前对象或模块的分量。也可以说其后的对象是其前对象自带的。这里的语法解释为一个序列对象用自带的方法 index 来返回一个元素的索引值。一个方法 (method) 实质上就是一个函数，一类对象的一个属性只能由该类的对象调用。index 就是列表类、元组类和字符串类的属性，只能由序列对象调用，不可由集合对象调用，因为集合对象没有 index 属性。

② 当被检测的元素值有重复时，返回该值第一次出现的位置索引值。

③ 当被测序列中不存在被测值的元素时，抛出异常。

（3）获取元素重复次数

序列容器的一个特点是非排他性。因此，在一个序列中，有可能出现一些重复元素。

```
iterable.count (element)
```

Python的内置函数可以用来获取一个序列元素重复出现的次数。其原型如下。

代码 5.13　获取一个序列元素的重复次数示例。

```
>>> str1 = 'nmeafaca'
>>> tup1 = 1, 2, 3
>>> set1 = {5, 7, 9, 3, 1}
>>>
>>> str1.count('a')
3
>>> tup1.count(2)
1
>>> set1.count(5)
Traceback (most recent call last):
  File "<pyshell#13>", line 1, in <module>
    set1.count(5)
AttributeError: 'set' object has no attribute 'count'
```

说明： 内置函数 count() 只可用于序列容器。集合元素具有排他性，不是序列，不可使用 count()。并且因为集合中不可能出现重复元素，测试一个元素的重复次数也没有意义。

5.2.2　序列切片与拆分

（1）序列切片

在序列中获取一个子序列就称为序列切片 (slice)。序列切片语法如下。

```
序列对象 [ 起始下标 ： 终止下标 ： 步长 ]
```

说明：

① 步长的默认值为 1，即不指定步长。这时将获取指定区间中的每个元素，但不包括终止下标指示的元素。

② 起始下标和终止下标省略或表示为 None，分别默认为起点和终点。

③ 起在左、终在右时，步长应为正；起在右、终在左时，步长应为负；否则切片为空。

代码 5.14　序列切片示例。

```
>>> list1 = ['ABCDE','Hello',"ok",'''Python''',123]
>>> list1[:]                # 起始、终止、步长都缺省
['ABCDE', 'Hello', 'ok', 'Python', 123]
>>> list1[None:]            # 起始为None,其他缺省
['ABCDE', 'Hello', 'ok', 'Python', 123]
>>> list1[::2]              # 起始、终止缺省,步长为2
['ABCDE', 'ok', 123]
>>> list1[1:3]              # 步长缺省,起始、终止分别为1,3
['Hello', 'ok']
>>> list1[-5:-2]            # 反向索引:起始在左,步长为正
['ABCDE', 'Hello', 'ok']
>>> list1[2:2]              # 起始与终止相同,取空
[]
>>>
>>> s1 = "ABCDEFGHIJK123"
>>> s1[-2:-10:2]            # 反向索引:起始在右,步长为正,将得空序列
''
>>> s1[-2:-11:-2]           # 反向索引:起始在右,步长为负
'2KIGE'
>>> s1[11:2:-2]             # 正向索引:起始在右,步长为负
'1JHFD'
```

（2）序列拆分

序列拆分就是把一个序列 (列表、元组或字典) 中的元素用多个变量赋名，如果引用操作符 (=) 的右侧有表达式，则要先执行表达式再执行对象赋名。

代码 5.15　序列拆分示例。

```
>>> aTup = ("zhang",'male', 20,"computer", 3, (70, 80, 90, 65, 95))
>>> name, sex, age, major, year, grade = aTup
>>> name
'zhang'
>>> sex
'male'
>>> age
20
>>> major
'computer'
>>> year
3
>>> grade
(70, 80, 90, 65, 95)
```

说明：

① 当变量数与元素数一致时，将为每个变量按顺序依次赋名给一个元素。

② 变量前加一个星号 (*) 表示要获取一个子序列兜底部分。

③ 为了获取仅关心的元素，可以用匿名变量 (_) 进行虚读。

代码 5.16　在序列中安排部分虚读示例。

```
>>> aTup = ("zhang",'male', 20,"computer", 3, (70, 80, 90, 65, 95))
>>> name, _, _, *learningStatus = aTup        # 嵌入虚读的匿名变量
>>> name
'zhang'
>>> learningStatus
['computer', 3, (70, 80, 90, 65, 95)]
```

5.2.3　序列连接与重复

用操作符 + 和 * 进行序列的简单连接和重复的用法前面已经介绍，这里不再赘述。但要注意如下两点：

① 列表是可变容器，当用扩展引用符 += 进行连接时，会以修改左值对象的方式进行连接；而元组和字符串是不可变容器，所有的连接操作都将创建一个新的容器。

② 拼接只能在同类型序列之间进行。

代码 5.17　用 + 对序列进行拼接操作示例。

```
>>> str1 = 'abc'
>>> list1 = [1, 2, 3]
>>> list2 = [4, 5, 6]
>>> list3 = ['a', 'b']
>>> str1 + list1
Traceback (most recent call last):
  File "<pyshell#33>", line 1, in <module>
    str1 + list1
TypeError: can only concatenate str (not "list") to str
>>> list1 + list2 + list3
[1, 2, 3, 4, 5, 6, 'a', 'b']
```

5.2.4　列表的个性化操作

在 3 种序列类型中，只有列表可以在原地进行元素的增、删、排序、反转，以及列表复

制、清空等操作。因为它是可变类型容器。对不可变容器进行的变化性操作都不能在当前容器中进行，需要建立新的对象。表 5.2 给出了列表个性化操作的主要方法。

表 5.2 列表个性化操作的主要方法（设 aList=[3,5,7,5]）

函数名	功能	参数示例	执行结果
aList.append(obj)	将对象obj追加到列表末尾	obj='a'	aList：[3,5,7,5,'a']
aList.clear()	清空列表aList		aList：[]
aList.copy()	复制列表aList	bList=aList.copy() id(aList) id(bList)	bList：[3,5,7,5] 2049061251528 2049061251016
aList.count(obj)	统计元素obj在列表中出现的次数	obj=5	2
aList.extend(seq)	把序列seq一次性追加到列表末尾	seq=['a',8,9]	aList：[3,5,7,5,'a',8,9]
aList.insert(index,obj)	将obj插入列表中index的位置	index=2,obj=8	aList：[3,5,8,7,5]
aList.pop(index)	移除index元素(默认尾元素)，返回其值	index=3	3,aList：[3,5,7]
aList.remove(obj)	移除列表中obj的第一个匹配项	obj=5	aList：[3,7,5]
aList.reverse()	列表中的元素进行原地反转		aList：[5,7,5,3]
aList.sort()	对原列表进行原地排序		aList：[3,5,5,7]

（1）向序列增添元素

向序列增添元素有如下三种方法：

① 用 append() 方法向列表尾部添加一个对象。

② 用 extend() 方法向列表尾部添加一个列表。

③ 用 insert() 方法将一个元素插入到指定位置。

代码 5.18   向列表尾部添加对象示例。

```
>>> aList = [3, 5, 9, 7];bList = ['a', 'b']
>>> aList.append(bList)
>>> aList
[3, 5, 9, 7, ['a', 'b']]
>>> aList.extend(bList)
>>> aList
[3, 5, 9, 7, ['a', 'b'], 'a', 'b']
>>> aList.insert(2, bList)
>>> aList
[3, 5, ['a', 'b'], 9, 7, ['a', 'b'], 'a', 'b']
```

（2）从列表中删除元素

从列表中删除元素，Python 有 del、remove、pop 三种操作。它们的区别在于：

① del 根据索引（元素所在位置）删除。

② remove 是删除首个符合条件的元素。

③ pop 返回的是弹出的那个数值。

代码 5.19 在列表中删除元素示例。

```
>>> aList = [3, 5, 7, 9, 8, 6, 2, 5, 7, 1]
>>> del aList[3]
>>> aList
[3, 5, 7, 8, 6, 2, 5, 7, 1]
>>>
>>> aList.remove(7)
>>> aList
[3, 5, 8, 6, 2, 5, 7, 1]
>>>
>>> aList.remove(10)
Traceback (most recent call last):
  File "<pyshell#28>", line 1, in <module>
    aList.remove(10)
ValueError: list.remove(x): x not in list
>>> aList.pop(3)
6
>>> aList
[3, 5, 8, 2, 5, 7, 1]
```

（3）列表排序与反转

sort() 是 Python 的一个内置方法，用于对列表元素排序。其语法为：

```
sort([key=None,reverse=False])
```

其中 reverse：True 反序 ;False 正序 (缺省值)。

代码 5.20 列表元素简单排序与反转示例。

```
>>> aList = [3, 5, 7, 9, 8, 6, 2, 5, 7, 1]
>>> aList.sort()
>>> aList
[1, 2, 3, 5, 5, 6, 7, 7, 8, 9]
>>>
>>> aList.reverse()
>>> aList
[9, 8, 7, 7, 6, 5, 5, 3, 2, 1]
```

代码 5.21 列表元素按键值的正、反排序示例。

```
>>> student_list = [('Zhang', 'A', 15),('Wang', 'C', 12),('Li', 'B', 16)]
>>> stud_list1 = stud_list2 = student_list
>>>
>>> stud_list1.sort(key =lambda student: student[0])              # 按姓名正序排序
>>> stud_list1
[('Li', 'B', 16), ('Wang', 'C', 12), ('Zhang', 'A', 15)]
>>>
>>> stud_list2.sort(key =lambda student: student[0],reverse = True)# 按姓名反序排序
>>> stud_list2
[('Zhang', 'A', 15), ('Wang', 'C', 12), ('Li', 'B', 16)]
```

（4）列表复制与清空

代码 5.22 列表复制与清空示例。

```
>>> aList.reverse()
>>> aList
[9, 8, 7, 7, 6, 5, 5, 3, 2, 1]
>>>
>>> aList = [9, 8, 7, 7, 6, 5, 5, 3, 2, 1]
>>>
>>> bList = aList.copy()
>>> bList
[9, 8, 7, 7, 6, 5, 5, 3, 2, 1]
>>>
>>> bList.clear()
>>> bList
[]
```

5.2.5 可变对象的浅复制与深复制

在 5.1.5 节中已经得出一个结论：不可变容器对象除重构之外，其他方法都不是真正意义上的复制。而对于可变容器对象来说，不仅重构可以生成新的同样的对象，切片以及 type 模块的 copy() 和 deepcopy() 也可以生成新的克隆对象。但是，这几种办法之间又有何区别呢？

区别是有的。关键在于被复制容器对象的结构：

① 被复制可变容器中，元素对象是否是一维的——不存在容器嵌套的情况。

② 在二维可变容器中，存在内嵌容器时，内嵌容器是否是可变容器。

基于这两点，将复制操作分为两大类：浅复制 (shallow copy) 和深复制 (deep copy)。通常认为切片重构和 copy.copy() 属于浅复制，copy.deepcopy() 和重构属于深复制。

下面通过一个示例来看看它们的不同。

代码 5.23　浅复制与深复制对于嵌套容器中的可变数据元素复制深度不同示例。

```
>>> import copy                                                 # 导入copy模块
>>> # 含有不可变容器元素的二维列表的复制情况
>>> olist1 = [1, 2, ('a','b','c'),'xyz']                        # 原列表1
>>> id(olist1[0]), id(olist1[1]), id(olist1[2]), id(olist1[3])  # 获取各一维元素ID
(1990242926832, 1990242926864, 1990278343360, 1990279164016)
>>> clist11 = copy.copy(olist1)                                 # 使用copy()
>>> id(clist11[0]), id(clist11[1]), id(clist11[2]), id(clist11[3]) # 获取各一维元素ID
(1990242926832, 1990242926864, 1990278343360, 1990279164016)
>>> clist12 = olist1[:]                                         # 切片复制
>>> id(clist12[0]), id(clist12[1]), id(clist12[2]), id(clist12[3]) # 获取各一维元素ID
(1990242926832, 1990242926864, 1990278343360, 1990279164016)
>>> clist13 = copy.deepcopy(olist1)                             # 使用deepcopy()
>>> id(clist13[0]), id(clist13[1]), id(clist13[2]), id(clist13[3]) # 获取各一维元素ID
(1990242926832, 1990242926864, 1990278343360, 1990279164016)
>>> clist14 = list([1, 2, ('a','b','c'),'xyz'])                 # 重构
>>> id(clist14[0]), id(clist14[1]), id(clist14[2]), id(clist14[3]) # 获取各一维元素ID
(1990242926832, 1990242926864, 1990279123328, 1990279164016)
>>>
>>> # 不含有不可变容器元素的二维列表的复制情况
>>> olist2 = [1, 2, ['a','b','c'],'xyz']                        # 原列表2
>>> id(olist2[0]), id(olist2[1]), id(olist2[2]), id(olist2[3])  # 获取各一维元素ID
(1990242926832, 1990242926864, 1990246687424, 1990279164016)
>>> clist21 = copy.copy(olist2)                                 # 使用copy()
>>> id(clist21[0]), id(clist21[1]), id(clist21[2]), id(clist21[3]) # 获取各一维元素ID
(1990242926832, 1990242926864, 1990246687424, 1990279164016)
>>> clist22 = olist2[:]                                         # 切片复制
>>> id(clist22[0]), id(clist22[1]), id(clist22[2]), id(clist22[3]) # 获取各一维元素ID
(1990242926832, 1990242926864, 1990246687424, 1990279164016)
>>> clist23 = copy.deepcopy(olist2)                             # 使用deepcopy()
>>> id(clist23[0]), id(clist23[1]), id(clist23[2]), id(clist23[3]) # 获取各一维元素ID
(1990242926832, 1990242926864, 1990251171136, 1990279164016)
>>> clist24 = list([1, 2, ['a','b','c'],'xyz'])                 # 重构
>>> id(clist24[0]), id(clist24[1]), id(clist24[2]), id(clist24[3]) # 获取各一维元素ID
(1990242926832, 1990242926864, 1990251126848, 1990279164016)
```

说明：

① 尽管 copy.copy() 和切片可以以被复制的可变容器对象为蓝本，生成 ID 不同的新容器对象，但其每个元素的 ID 都与被复制容器对象相同。也就是说，仅仅复制了一个表层。所以，这种复制称为浅复制。

② copy.deepcopy() 与 copy.copy() 和切片的情况有所不同，它在含有不可变容器对象的情况下，呈现浅复制；而在不含有不可变容器对象的情况下，呈现深复制。这时，在新的容器对象中，它的可变容器对象元素 ['a','b','c'] 的 ID 发生了改变。所以严格地讲，copy.deepcopy() 应该称为半深复制。

③ 对于重构型复制来说，它不管在什么条件下都是真正的复制。

习题5.2

一、选择题

1. 已知 x=[1,2] 和 y=[3,4]，那么 x + y 等于_____。
   A. 3　　　　B. 7　　　　C. [1,2,3,4]　　　　D. [4,6]

2. 代码
```
str1 = 'hello world'
str1[-2]
```
的输出为_____。
   A. 'r'　　　　B. 'ld'　　　　C. 'l'　　　　D. l

3. Python 语句 s='Python';print(s[1:5]) 的执行结果是_____。
   A. Pytho　　　　B. ytho　　　　C. ython　　　　D. Pyth

4. Python 语句 list1=[1,2,3]; list2=list1;list1[1]=5;print(list1) 的执行结果是_____。
   A. [1,2,3]　　　　B. [1,5,3]　　　　C. [5,2,3]　　　　D. [1,2,5]

5. Python 中列表切片操作非常方便，若 l=range(100)，以下选项中正确的切片方式是_____。
   A. l[-3]　　　　B. l[-2:13]　　　　C. l[::3]　　　　D. l[2-3]

6. 下面的代码
```
if __name__ =='__main__':
    x,y = x[y] = {},None
    y
    x
```
执行后的输出是_____。
   A. {}
　　　None
   B. {...}
　　　None
   C. {None: ({...}, None)}
   D. 出错信息

二、判断题

1. Python 字典和集合属于无序容器。(　　)
2. Python 中的 list、tup、str 类型统称为序列。(　　)
3. Python 中的 list、tup、str、dict、set 类型统称为序列。(　　)
4. 字符串属于 Python 有序序列，和列表、元组一样都支持双向索引。(　　)
5. 只能通过切片访问列表中的元素，不能使用切片修改列表中的元素。(　　)
6. 只能通过切片访问元组中的元素，不能使用切片修改元组中的元素。(　　)
7. 已知列表 x=[1,2,3,4]，那么表达式 x.find(5) 的值应为 -1。(　　)
8. 假设 x 是含有 5 个元素的列表，那么切片操作 x[10:] 是无法执行的，会抛出异常。(　　)

9. 只能对列表进行切片操作，不能对元组和字符串进行切片操作。（   ）

10. 对于列表而言，在尾部追加元素比在中间位置插入元素速度更快一些，尤其是对于包含大量元素的列表。（   ）

11. 假设有非空列表 x，那么 x.append(3)、x=x+[3] 与 x.insert(0,3) 在执行时间上基本没有太大区别。（   ）

12. 用 Python 列表方法 insert() 为列表插入元素时会改变列表中插入位置之后元素的索引。（   ）

13. 假设 x 为列表对象，那么 x.pop() 和 x.pop(-) 的作用是一样的。（   ）

14. 用 del 命令或者列表的 remove() 方法删除列表中的元素时会影响列表中部分元素的索引。（   ）

15. 若列表 x=[1,2,3]，则执行操作 x=3 之后，变量 x 引用的地址不变。（   ）

16. 已知 x 为非空列表，那么 x.sort(reverse=True) 和 x.reverse() 的作用是等价的。（   ）

三、代码分析题

1. 指出执行下面的代码后的输出结果。

```
class Index:
    data = [1,3,5,7,9]
    def __getitem__(self,index):
            print('getitem:',index)
            return self.data[index]

x = Index(); x[0]; x[2]; x[3]; x[-1]
```

2. 下面代码的输出是什么？并解释理由。

```
def multipliers():
    return [lambda x : i * x for i in range(4)]
print ([m(2) for m in multipliers()])
```

怎么修改 multipliers 的定义才能达到期望的效果？

3. 下面的代码是否能够正确运行？若不能请解释原因；若能，请分析其执行结果。

```
x = list(range(20))
for i in range(len(x)):
        del x[i]
```

4. 阅读下面的代码，分析其执行功能。

```
num = ["harden","lampard",3,34,45,56,76,87,78,45,3,3,3,87686,98,76]
print(num.count(3))
print(num.index(3))
for i in range(num.count(3)):
        ele_index = num.index(3)
        num[ele_index]="3a"
print(num)
```

四、实践题

1. 依次完成下列列表操作：

（1）创建一个名字为 names 的空列表，往里面添加元素 Lihua、Rain、Jack、Xiuxiu、Peiqi 和 Black。

（2）在 names 列表中 Black 前面插入一个 Blue。

（3）把 names 列表中 Xiuxiu 的名字改成中文。

（4）在 names 列表中 Rain 后面插入一个子列表 ["oldboy","oldgirl"]。

（5）返回 names 列表中 Peiqi 的索引值（下标）。

（6）创建新列表 [2,3,4,5,6,7,1,2,]，合并到 names 列表中。

（7）取出 names 列表中索引 3～6 的元素。

（8）取出 names 列表中最后 5 个元素。

（9）循环 names 列表，打印每个元素的索引值和元素，当索引值为偶数时，把对应的元素改成 -1。

2. 有元组：tu=('alex', 'eric', 'rain')，请编写代码，实现下列功能：

（1）计算元组长度，并输出。

（2）获取元组的第 2 个元素，并输出。

（3）获取元组的第 1～2 个元素，并输出。

（4）使用 for 输出元组中的元素。

（5）使用 for、len、range 输出元组的索引。

（6）使用 enumerate 输出元组元素和序号（序号从 10 开始）。

3. 试用一行代码实现 1～100 之和 [利用 sum() 函数求和]。

4. 用 extend 将两个列表 [1,5,7,9] 和 [2,2,6,8] 合并为一个 [1,2,2,5,6,7,8,9]，并分析其与 append 添加的不同。

5. 从排好序的列表里面，删除重复的元素，重复的数字最多只能出现两次，如 nums=[1,1,1,2,2,3] 要求返回 nums=[1,1,2,2,3]。

5.3 Python 字符串个性化操作与正则表达式

在 Python 中，字符串很特殊，也很矛盾。由于 Python 没有把字符作为一种内置的数据类型，所以人们有时也把字符串作为一种准标量类型。但是，Python 又为字符串定义了许多针对字符的操作，如索引、切片、遍历、拆分、连接，以及用 len()、sorted()、max()、min() 计算等，让它看起来又很像容器，特别是具有可迭代性和序列性。同时，它又是一种不可变类型。这些特殊性，再加上应用中的特殊性，使它需要有许多独特的操作。

Python 早先没有把字符串当作一种内置数据类型，而是以 string 模块的形式提供给用户使用。到了 Python 2.6 才开始内置 str 类，原先 string 模块中的函数被更加丰富的方法代替。这一节介绍字符串除容器共性和序列共性之外的、应用较多的一些特性。

5.3.1 字符串测试方法

字符串测试是判断字符串元素的特征，具体方法见表 5.3。

表 5.3 Python 字符串不划分区间的检查统计类操作方法

方法	功能
s.isalnum()	若s非空且所有字符都是字母或数字，则返回True，否则返回False
s.isalpha()	如果s至少有一个字符并且所有字符都是字母，则返回True，否则返回False
s.isdecimal()	如果s只包含十进制数字，则返回True，否则返回False
s.isdigit()	如果s只包含数字，则返回True，否则返回False
s.islower()	如果s中包含有区分大小写的字符，并且它们都是小写，则返回True，否则返回False
s.isnumeric()	若s中只包含数字字符，则返回True，否则返回False
s.isspace()	若s中只包含空格，则返回True，否则返回False
s.istitle()	若s是标题化的【见表5.6中的title()】，则返回True，否则返回False
s.isupper()	若s中包含有区分大小写的字符，并且它们都是大写，则返回True，否则返回False

这些方法都比较简单，就不举例说明了。

5.3.2 字符串搜索与定位方法

在字符串操作中，一种常见的需求是在一个较长字符串内指定的区间 [beg,end]（默认的搜索区间是整个字符串）中搜索一个特定子串，或要确定该子串的位置。为此 Python 提供了一些进行字符串的搜索与定位的方法，见表 5.4。

表 5.4 Python 字符串的搜索与定位方法

方法	功能
s.count(str, beg = 0, end = len(s))	返回区间内str出现的次数
s.endswith(obj, beg = 0, end = len(s))	在区间内检查字符串是否以obj结尾：若是，则返回True，否则返回False
s.find(str, beg = 0, end = len(s))	在区间内检查str是否包含在s中：若是，则返回开始的索引值，否则返回-1
s.index(str, beg = 0, end = len(s))	与find()方法一样，只不过如果str不在s中，就会报一个异常
s.rfind(str, beg = 0,end = len(s))	类似于find()函数，不过是从右边开始查找
s.rindex(str, beg = 0,end = len(s))	类似于index()，不过是从右边开始
s.startswith(obj, beg = 0,end = len(s))	在区间内检查字符串是否以obj开头：若是，则返回True，否则返回False

5.3.3 字符串拆分与连接方法

表 5.5 给出了对 Python 字符串进行拆分与连接的方法。

表 5.5 对 Python 字符串进行拆分与连接的方法

方法	功能
s.split(str="",num=s.count(str))	返回以str为分隔符将s分隔为num个子字符串组成的列表，num为str个数
s.splitlines()	返回在每个行终结处进行分隔产生的行列表，并剥离所有行终结符
s.partition(str)	返回第一个str分隔的三个字符串元组：(s_pre_str,str,s_post_str)；若s中不含str，则s_pre_str == s
s.rpartition(str)	类似于partition()，不过是从右边开始查找
sep.join(seq)	以sep作为分隔符，将seq中的所有字符串元素合并成一个新的字符串

代码 5.24 字符串拆分与连接示例。

```
>>> s1 = "red/yellow/blue/white/black"
>>> list1 = s1.split('/')               # 返回用每个'/'分隔子串的列表
>>> list1
['red', 'yellow', 'blue', 'white', 'black']
>>> s1.partition('/')                   # 返回用第一个'/'分隔为三个子串的元组
('red', '/', 'yellow/blue/white/black')
>>> s1.rpartition('/')                  # 返回用最后一个'/'分隔为三个子串的元组
('red/yellow/blue/white', '/', 'black')
>>> s2 = '''red
... yellow
... blue
... white
... black'''
>>> s2.splitlines()                     # 返回按行分隔的列表
['red', 'yellow', 'blue', 'white', 'black']
>>> '#'.join(list1)                     # 用#连接各子串
'red#yellow#blue#white#black'
```

5.3.4 字符串转换与修改方法

字符串是不可变（immutable）序列对象。字符串转换与修改实际上是基于一个字符串创建新字符串，并用指向原来字符串的变量指向它。

表 5.6 列出了 Python 字符串的主要一些转换与修改方法。

表 5.6 Python 字符串的主要转换与修改方法

方法	功能
s.capitalize()	把字符串s的第一个字符大写
s.center(width)	返回一个原字符串居中并使用空格填充至长度为width的新字符串
s.expandtabs(tabsize=8)	把字符串s中的tab符号转为空格,tab符号默认的空格数是8
s.ljust(width)	返回一个原字符串左对齐,并使用空格填充至长度为width的新字符串
s.lower()	将s中的所有大写字符转换为小写
s.lstrip()	删除s首部的空格
s.rstrip()	删除s末尾的空格
s.strip([obj])	删除s首尾的空格
s.maketrans(intab,outtab)	创建字符映射转换表。intab：需要转换的字符串；outtab：转换目标字符串
s.replace(str1,str2,num=s.count(str1))	把s中的str1替换成str2,若num指定,则替换不超过num次
s.rjust(width)	返回一个原字符串右对齐,并使用空格填充至长度为width的新字符串
s.swapcase()	翻转s中的大小写
s.title()	返回"标题化"的s,即所有单词都以大写开始,其余字母均为小写
s.translate(table,del="")	根据table给出的转换表转换s中的字符,del参数为要过滤掉的字符
s.upper()	将s中的小写字母转换为大写
s.zfill(width)	返回长度为width的字符串,原字符串s右对齐,前面填充0

代码 5.25 s.translate(table,del="") 应用示例。

```
>>> '#'.join(list1)                           # 用#连接各子串
'red#yellow#blue#white#black'
>>>
>>> if __name__ == '__main__':
...     m = {'a':'A','e':'E','i':'I'}
...     s = "this is string example....wow!!!"
...     transtab = str.maketrans(m)          # 构建转换表
...     print (s.translate(transtab))        # 进行转换
...
...
thIs Is strIng ExAmplE....wow!!!
```

说明： 方法 str.maketrans(m) 是用字典 m 构建一个转换表。除 translate() 方法外，其他方法的使用比较简单，这里就不举例说明了。

5.3.5 正则表达式与 re 模块

在数据处理中，常常需要在一段文本中寻找某些符合一定规则的文本。这样，就需要对所要寻找文本的模式进行描述。例如，中国固定电话号码要描述为：以 0 开头，后面跟着 2～3 个数字，然后是一个连字符 "-"，最后是 7 或 8 位数字的字符串。这样用人类自然语言描述的文本模式极不规范，还容易产生二义性，基本上无法用于计算机处理。正则表达式（regular expression，简写为 regexp、regex、re，复数为 regexps、regexes、regexen、res）又称为正则表示法、正规表示法，就是一种以表达式形式，规范而又简洁地描述文本模式的语言。它最早由神经生理学家 Warren McCulloch 和 Walter Pitts 提出，以作为描述神经网络模型的数学符号系统。1956 年，Stephen Kleene 在其论文《神经网事件的表示法》中将其命名为正则表达式。后来 Unix 之父 Ken Thompson 把这一成果应用于计算机领域。现在，在很多文本编辑器中正则表达式用来检索、替换符合某个模式的文本。

1) 正则表达式语法

正则表达式由普通字符和有特殊意义的字符组成。这些有特殊意义的字符称为元字符（meta characters）。或者说，元字符就是文本进行文本操作的操作符。元字符及其组合组成一些"规则字符串"，用来表达对字符串的某种过滤逻辑。下面是一些常用元字符。

（1）基本正则元符号

表 5.7 为一些基本的正则元符号字符。

表 5.7 基本的正则元符号字符

字符	说明	举例
[]	其中的内容任选其一	[1234],指1,2,3,4任选其一
()	表示一组内容，括号中可以使用"|"符号	(Python)表示要匹配的是字符串"Python"
|	逻辑或	a | b代表a或者b
^	在方括号中，表示"非"；不在方括号中，匹配开始	[^12],指除1或2的其他字符
-	范围（范围应从小到大）	[0-6a-fA-F]表示在0,1,2,3,4,5,6,a,b,c,d,e,f,A,B,C,D,E,F中匹配

（2）类型匹配元符号特殊字符

表 5.8 为一些用于指定匹配类型的元符号特殊字符。

表 5.8　用于指定匹配类型的元符号特殊字符

字符	说明	字符	说明
.	匹配终止符之外的任何字符	\n	匹配一个换行符
\w	匹配字母、数字及下划线，等价于[a-z A-Z 0-9]	\W	匹配非字母、数字及下划线，等价于[^a-z A-Z 0-9]
\s	匹配任意空白字符，等价于[\t\n\r\f]	\S	匹配任意非空字符，等价于[^\t\n\r\f]
\d	匹配任意数字，等价于[0-9]	\D	匹配任意非数字，等价于[^0-9]
\t	匹配一个制表符		

（3）边界匹配元符号字符

表 5.9 为一些用于边界匹配的元符号字符。

表 5.9　用于边界匹配的元符号字符

字符	说明	举例
^	匹配字符串的开头	^a匹配 "abc" 中的 "a"; "^b" 不匹配 "abc" 中的 "b"; ^\s*匹配 "abc" 中左边空格
$	匹配字符串的末尾	c$匹配'abc'中的'c',b$不匹配'abc'中的'b';'^123$'匹配'123'中的'123'; \s*$匹配"abc"中的左边空格
\A	匹配字符串的开始	略
\Z	匹配字符串的结束(不包括行终止符)	略
\z	匹配字符串的结束	略
\G	匹配最后匹配完成的位置	略
\b	匹配单词边界，即单词和空格间位置	'py\b'匹配"python" "happy", 但不能匹配 "py2""py3"
\B	匹配非单词边界	'py\B'能匹配 "py2" "py3",但不能匹配 "python" "happy"

（4）指定匹配次数元符号字符

表 5.10 为一些用于限定重复匹配次数的元符号字符。

表 5.10　用于限定重复匹配次数的元符号字符

字符	说明	字符	说明
*	前一字符重复0或多次	*?	重复任意次,但尽量少重复
+	前一字符重复1或多次	+?	重复1或多次,但尽量少重复
?	前一字符重复0或1次	??	重复0或1次,但最好是0次
{m}	前一字符重复m次	{m,n}	重复m～n次,但尽量少重复
{m,}	前一字符至少重复m次		

（5）常用的正则表达式示例

中华人民共和国手机号码：如 +86 15811111111、0086 15811111111、15811111111 可表示为 ^(\+86 | 008(6)?\s?\d{11}$。

中华人民共和国身份证号：15 位或 18 位，18 位最后一位有可能是 x(大小写均可)，可表示为 ^\d{15}(\d{2}[0-9xX])?$ 或 ^\d{17}[\d | X] | \d{15}$。

日期格式：如 2012-08-17 可表示为 ^\d{4}-\d{2}-\d{2}$ 或 ^\d{4}(-\d{2}){2}$。

E-mail 地址：^\w+@\w+(\.(com | cn | net))+$。

Internet URL：^https? : //\w+(? : \.[^\.]+)+(? : /.+)*$。

2）re 模块

re 模块是 Python 提供的正则表达式引擎接口。在这个模块中，定义了一些相关类和函数（方法），以便人们将正则表达式编译为正则表达式对象 (regular expression object) 供 Python 程序引用，进行模式匹配搜索或替换等操作。通常，在这些方法中，需要使用的一些参数如下。

pattern：模式或模式名。

string：要匹配的字符串或目标字符串。

flags：标志位，用于控制正则表达式的匹配方式。

count：替换个数。

maxsplit：最大分隔字符串数。

（1）re 模块中的查找、替换、分隔与编译方法

① re.findall()。re.findall() 在目标字符串中查找所有符合规则的字符串。如果匹配成功，则返回的结果是一个列表，其中存放的是符合规则的字符串；如果没有符合规则的字符串，则返回一个 None。原型如下。

findall(pattern, string, flags = 0)

代码 5.26　查找邮件账号。

```
>>> import re
>>> text = '<abc01@mail.com> <bcd02*mail.com> cde03@mail.com'   # 注意第3个无尖括号
>>> re.findall(r'(\w+@m....[a-z]{3})', text)
['abc01@mail.com', 'cde03@mail.com']
```

② re.compile()。re.compile() 可把正则表达式编译成一个正则对象，原型如下。

compile(pattern, flags = 0)

代码 5.27　编译字符串示例。

```
>>> import re
>>>
>>> k = re.compile('\w*o\w*')                    # 编译带o的字符串
>>> dir(k)                                       # 证明k是对象
['__class__', '__class_getitem__', '__copy__', '__deepcopy__', '__delattr__', '__dir__', '__doc__', '__eq__', '__format__', '__ge__', '__getattribute__', '__gt__', '__hash__', '__init__', '__init_subclass__', '__le__', '__lt__', '__module__', '__ne__', '__new__', '__reduce__', '__reduce_ex__', '__repr__', '__setattr__', '__sizeof__', '__str__', '__subclasshook__', 'findall', 'finditer', 'flags', 'fullmatch', 'groupindex', 'groups', 'match', 'pattern', 'scanner', 'search', 'split', 'sub', 'subn']
>>>
>>> text = "Hi, nice to meet you where are you from?"
>>> print(k.findall(text))                       # 显示所有包含o的字符串
['to', 'you', 'you', 'from']
>>> print(k.sub(lambda m: '[' + m.group(0) + ']', text))  # 将含o的单词用[]括起来
Hi, nice [to] meet [you] where are [you] [from]?
```

③ re.sub()。re.sub() 用于替换字符串的匹配项，原型如下。

原型：sub(pattern, repl, string, count = 0)

代码 5.28　将空白处替换成 *。

```
>>> import re
>>> text="Hi, nice to meet you where are you from?"
>>> re.sub(r'\s','*',text)
'Hi,*nice*to*meet*you*where*are*you*from?'
>>> re.sub(r'\s','*',text,(5))          # 替换至第5个
'Hi,*nice*to*meet*you*where are you from?'
```

④ re.split()。re.split() 用于分隔字符串，原型如下。

split(pattern, string, maxsplit = 0)

代码 5.29 分隔所有的字符串。

```
>>> import re
>>> text = "Hi, nice to meet you where are you from?"
>>> re.split(r"\s+", text)
['Hi,', 'nice', 'to', 'meet', 'you', 'where', 'are', 'you', 'from?']
>>> re.split(r"\s+", text, (5))           # 分隔前5个
['Hi,', 'nice', 'to', 'meet', 'you', 'where are you from?']
```

（2）re 模块中的匹配方法

re 模块中提供了两个匹配方法：re.match() 和 re.search()。前者只从字符串开始处匹配，而后者是匹配整个字符串。它们的共同点是原型中的参数相同，并且匹配成功都会返回一个 match 对象，匹配失败则返回 None。

```
re.match(pattern,string,flags=0)
re.search(pattern,string,flags=0)
```

它们返回的 match 对象，还可以进一步使用 match 对象的方法进行分组匹配（也称为子模式匹配），方法如下，其中 m 为指向一个 match 对象名。

代码 5.30 用 match() 方法匹配 "Hello"。

```
>>> import re
>>> text, k = "Hello,My name is kuang1,nice to meet you...", re.match("(H...)", text)
>>> if k:
...     print (k.group(0),'\n', k.group(1))
... else:
...     print ("Sorry,not match!")
...
Hi,
 Hi,
```

m.group([group1,…])：返回匹配到的一个或者多个子组。
m.groups([default])：返回一个包含所有子组的元组。
m.groupdict([default])：返回匹配到所有命名子组的字典。
m.start([group])：返回匹配的组的开始位置。
m.end([group])：返回匹配的组的结束位置。
m.span([group])：返回 (m.start(group),m.end(group))，即匹配组的位置范围。

代码 5.31 用 search() 方法匹配 "Zhang"。

```
>>> import re
>>> text ="Hello,My name is Zhang3,nice to meet you..."
>>> k =re.search(r'Z(han)g3', text)
>>> if k:
...     print (k.group(0),k.group(1))
... else:
...     print ("Sorry,not search!")
...
...
Zhang3 han
```

／ 习题5.3 ／

一、判断题

1. 对字符串进行编码以后，必须使用同样的或者兼容的编码格式进行解码才能还原本来的信息。（　　）

2．表达式 'a'+1 的值为 'b'。（　　）

3．正则表达式中的 search() 方法可用来在一个字符串中寻找模式，匹配成功则返回对象，匹配失败则返回空值 None。（　　）

4．正则表达式中的元字符 \D 用来匹配任意数字字符。（　　）

5．使用正则表达式对字符串进行拆分时，可以指定多个分隔符，而字符串对象的 split() 方法无法做到这一点。（　　）

6．已知 x='hello world.'.encode()，那么表达式 x.decode('gbk') 的值为 'hello world.'。（　　）

7．正则表达式模块 re 的 match() 方法是从字符串的开始匹配特定模式，而 search() 方法是在整个字符串中寻找模式，这两个方法如果匹配成功则返回 match 对象，匹配失败则返回空值 None。（　　）

8．正则表达式元字符 \s 用来匹配任意空白字符。（　　）

二、代码分析题

阅读下面的各代码，分析其输出结果。

1.
```
max('I love FishC.com')
```

2.
```
def fun(s,subs):
    r = []
    p = s.find(subs)
    while p != -1:
        r.append(p)
        p = s.find(subs,p + len('是不是'))
    return r

print(fun('abcabcdeabcdefg','abc'))
```

3.
```
import re
sum = 0;pattern = 'boy'
if re.match(pattern,'boy and girl'):
    sum += 1
if re.match(pattern,'girl and boy'):
    sum += 2
if re.search(pattern,'boy and girl'):
    sum += 3
if re.search(pattern,'girl and boy'):
    sum += 4
print (sum)
```

4.
```
import re
re.match("to"."Wang likes to swim too")
```

```
re.search("to"."Wang likes to swim too")
re.findall("to"."Wang likes to swim too")
```
5.
```
import re
m = re.search("to"."Wang likes to swim too")
print (m.group(),m.span())
```
6.
```
import re
text = '''Suppose my Phone No.is 0510-12345678,Wang's 0351-13572468,
Li's 010-19283746.'''
matchResult = re.findall(r'(\d{3,4})-(\d{7,8})',text)
for item in matchResult:
    print(item[0],item[1],sep = '-')
```

三、实践题

1. 输入一个字符串，然后输出一个在每个字符间添加了"*"的字符串。
2. 有如下列表
```
li = ["hello", 'seven', ["mon", ["h", "Kelly"], 'all'], 123, 446]
```
请编写代码，实现下列功能。
（1）输出 Kelly。
（2）使用索引找到 all 元素并将其修改为 ALL。
3. 处理一个字符串 (仅英文字符)，将里面的特殊符号转义为表情：
```
/s 转为 ^_^
/f 转为 @_@
/c 转为 T_T
```
4. 设计一个函数，可以将阿拉伯数字转成中文数字，例如，输入字符串"我爱 12 你好 34"，输出"我爱一二你好三四"。
5. 编写代码，用正则表达式提取另一个程序中的所有函数名。
6. 给定一个字符串，寻找没有字符串重复的最长子字符串。例如，给定 "abcabcbb"，找到的是 "abc"，长度为 3；给定 "bbbbb"，找到的是 "b"，长度为 1。

5.4 Python 字典的个性化特性

5.4.1 字典的特征

字典 (dictionary) 是 Python 的内置无序容器，它有许多特点，如：
① 以花括号 ({}) 作为边界符。
② 可以有 0 个或多个元素，元素间用逗号分隔，没有顺序关系。
③ 每个元素都是一个 key : value 的键 - 值对，键 - 值之间用冒号 (:) 连接。
④ 字典的键必须是可哈希的对象——不可变对象。键是字典中进行存储和搜索等操作

的依据,在一般情况下,通过哈希函数对键进行变换就可计算出对应值的存储位置,而不需要一个一个地寻找地址。因此,字典的键(key)必须具有唯一性和不可变性。在 Python 中,只有不可变对象(bool、int、float、complex、str、tuple、frozenset 等)是可哈希对象,可变对象通常是不可哈希对象。因此,只有不可变对象才能作字典的键。

5.4.2 字典操作符

表 5.11 列出了可作用于字典的主要操作符。

表 5.11 可作用于字典的主要操作符

操作符	功能
=	d2 = d1,为字典对象增添一个引用变量d2
is	d1 is d2,测试d1与d2是否指向同一字典对象
in,not in	测试一个键是否在字典中
[ ]	用于以键查值、以键改值、增添键-值对

代码 5.32 可作用于字典的主要操作符应用示例。

```
>>> stu_dict0 = {'name':'Zhang','major':'computer'}   # 原始字典
>>> len(stu_dict0)                                     # 计算字典长度
2
>>> for k in stu_dict0:                                # 字典遍历
...     print(f'键 = {k:10s}; 值 = { stu_dict0[k]}.')
...
键 = name      ; 值 = Zhang.
键 = major     ; 值 = computer.
>>> stu_dict1 = stu_dict0                              # 再赋名
>>> stu_dict1 == stu_dict0                             # 测试二者绑定的对象是否同值
True
>>> stu_dict1 is stu_dict0                             # 测试是否绑定在同一对象
True
>>> 'major' in stu_dict1                               # 测试键major是否存在
True
>>> 'gender' in stu_dict1                              # 测试键gender是否存在
False
>>> stu_dict1['genter'] = 'm'                          # 增添新键-值对
>>> stu_dict1                                          # 查看内容变化
{'name': 'Zhang', 'major': 'computer', 'genter': 'm'}
>>> len(stu_dict0)                                     # 再测字典长度
3
>>> stu_dict1['name']                                  # 以键查值
'Zhang'
>>> stu_dict1['name'] = 'Wang'                         # 以键改值
>>> stu_dict1                                          # 查看内容变化
{'name': 'Wang', 'major': 'computer', 'genter': 'm'}
>>> del stu_dict1['major']                             # 删除字典元素
>>> stu_dict1                                          # 查看内容变化
{'name': 'Wang', 'genter': 'm'}
>>> del stu_dict1                                      # 删除字典对象
>>> stu_dict1                                          # 查看内容变化
Traceback (most recent call last):
  File "<pyshell#23>", line 1, in <module>
    stu_dict1
NameError: name 'stu_dict1' is not defined. Did you mean: 'stu_dict0'?
```

5.4.3 字典常用操作方法

除了构造方法 dict() 外,Python 还为字典定义了一些其他方法,见表 5.12。

表 5.12　Python 字典中定义的内置方法

方法	功能
dict1.clear()	删除字典内的所有元素
dict1.copy()	返回一个dict1的副本
dict1.fromkeys(seq,val=None)	创建一个新字典,以序列seq中的元素为键,val为字典所有键对应的初始值
dict1.get(key[, d=None])	key在,返回key的值;key不在,返回d值或无返回
dict1.has_key(key)	如果键在字典dict1里,则返回True,否则返回False
dict1.items()	返回dict1中可遍历的(键, 值)组成的序列
dict1.keys()	以列表返回一个字典所有的键
dict1.pop(key[,d])	若key在dict1中,则删除key对应的键-值对;否则返回d,若无d,则出错
dict1.popitem()	在dict1中随机删除一个元素,返回该元素组成的元组;若dict1为空,则出错
dict1.setdefault(key, d=None)	若key已在dict1中,则返回对应值,d无效;否则添加key：d键-值对,返回值d
dict1.update(dict2)	把字典dict2的元素追加到dict1中
dict1.values()	返回一个以字典dict1中所有值组成的列表

代码 5.33　字典方法应用示例。

```
>>> stu_dict0 = {'name':'Zhang','sex':'m','age':18,'major':'computer'}  # 原始字典
>>>
>>> stu_dict1 = stu_dict0.copy()                # 字典复制
>>> stu_dict1                                   # 查看副本内容
{'name': 'Zhang', 'sex': 'm', 'age': 18, 'major': 'computer'}
>>> stu_dict2 = stu_dict0.fromkeys(stu_dict0)   # 由原始字典创建一空值字典
>>> stu_dict2                                   # 查看空值字典内容
{'name': None, 'sex': None, 'age': None, 'major': None}
>>>
>>> list_key = stu_dict0.keys()                 # 获取原始字典的键列表
>>> list_key                                    # 查看键列表内容
dict_keys(['name', 'sex', 'age', 'major'])
>>> list_value =stu_dict0.values()              # 获取原始字典的值列表
>>> list_value                                  # 查看值列表内容
dict_values(['Zhang', 'm', 18, 'computer'])
>>> stu_dict3 = stu_dict0.fromkeys(list_key,88) # 由键列表创建一个值全88字典
>>> stu_dict3                                   # 查看值全88字典内容
{'name': 88, 'sex': 88, 'age': 88, 'major': 88}
>>> del_item_tup = stu_dict0.popitem()          # 在原始字典中随机删除
>>> del_item_tup                                # 查看删除的键元组
('major', 'computer')
>>> stu_dict0                                   # 查看随机删除元素后的原始字典内容
{'name': 'Zhang', 'sex': 'm', 'age': 18}
>>> stu_dict0.pop('xyz','失败')                 # 删除指定键xyz
'失败'
>>> stu_dict0.pop('age','失败')                 # 删除指定键age
18
>>>
>>> stu_dict0.setdefault('city','wuxi')         # 添加元素
'wuxi'
>>> stu_dict0                                   # 查看添加元素后的原始字典内容
{'name': 'Zhang', 'sex': 'm', 'city': 'wuxi'}
>>> stu_dict0.update(stu_dict1)                 # 字典连接
>>> stu_dict0                                   # 查看连接字典后的原始字典内容
{'name': 'Zhang', 'sex': 'm', 'city': 'wuxi', 'age': 18, 'major': 'computer'}
```

习题5.4

一、选择题

1. 下列说法中，错误的是_____。

A．除字典类型外，所有标准对象均可用于布尔测试

B．空字符串的布尔值是 False

C．空列表对象的布尔值是 False

D．值为 0 的任何数字对象的布尔值都是 False

2．下列各组数据类型中，都可以作字典键的一组数据类型是_____。

A．int、float 和 list
B．str、bool 和 tuple
C．dict、int 和 bool
D．set、str 和 int

3．以下不能用于创建字典的赋名语句是_____。

A．dict1 = {}
B．dict2 = {5 : 6}
C．dict3 = {[1,2,3] :'abc'}
D．dict3 = {(1,2,3) :'abc'}

4．关于 Python 字典，以下选项中描述错误的是_____。

A．Python 语言通过字典实现映射

B．如果想保持一个集合中元素的顺序，可以使用字典类型

C．字典中对某个键 - 值的修改可以通过字典的访问和赋值实现

D．Python 字典是包含 0 个或多个键 - 值对的集合，没有长度限制，可以根据键索引值的内容

5．已有字典 dic，获取其键集合的操作是_____。

A．dic.items()
B．dic.values()
C．dic.keys()
D．dic.get()

二、判断题

1．字典的键必须是不可变的。（　　）

2．Python 字典中的键不允许重复。（　　）

3．已知 x ={1:1,2:2}，那么语句 x[3] = 3 无法正常执行。（　　）

4．Python 内置字典是无序的，如果需要一个可以记住元素插入顺序的字典，可以使用 collections.OrderedDict。（　　）

三、实践题

1．有字典 dic1={"k1":"v1","k2":"v2","k3":"v3"}，用程序依次实现以下操作。

（1）遍历字典 dic1 中所有的 key。

（2）遍历字典 dic1 中所有的 value。

（3）循环遍历字典 dic1 中所有的 key 和 value。

（4）添加一个键 - 值对 "k4":"v4"，输出添加后的字典 dic1。

（5）删除字典 dic1 中的键 - 值对 "k1":"v1"，并输出删除后的字典 dic1。

（6）获取字典 dic1 中 "k2" 对应的值。

2．有字典 dic={"k1":"v1","k2":"v2","k3":[11,22,33]}，请编写代码，实现下列功能。

（1）循环输出所有的 key。

（2）循环输出所有的 value。

（3）循环输出所有的 key 和 value。

（4）在字典中添加一个键 - 值对 "k4":"v4"，输出添加后的字典。
（5）修改字典中 "k1" 对应的值为 "alex"，输出修改后的字典。
（6）在 k3 对应的值中追加一个元素 44，输出修改后的字典。
（7）在 k3 对应的值的第 1 个位置插入一个元素 18，输出修改后的字典。

3．对下面的字典，试根据键从小到大对其排序。

dict = {"name":"zs","age":18,"city":" 深圳 ","tel":"13626226627"}

4．有一个列表嵌套字典如下，试分别根据年龄和姓名进行排序。

foo = [{"name":"zs","age":19},{"name":"ll","age":54}, {"name":"wa","age":17}, {"name":"df","age":23}]

5.5 Python 集合的个性化特性

集合 (set) 是以大括号作为边界符的一种 Python 内置容器。它具有数学意义上集合的所有概念。作为容器，它的基本特点是元素无序、互异，并且其元素必须是可哈希的，这意味着只有不可变对象才可以作集合元素。

在 Python 中，集合可分为可变集合 (set) 和不可变集合 (frozenset) 两种类型。可变集合的元素可以添加、删除和修改，并且是不可哈希的；而不可变集合的元素不能进行添加、删除和修改，并且是可哈希的。

5.5.1 集合及其对象创建

代码 5.34　集合对象创建示例。

```
>>> s1 = {1, 3, 2, 5}           # 用字面量创建set对象
>>> s1
{1, 2, 3, 5}
>>> s2 = {}                     # 空花括号不是空集合
>>> type(s2)
<class 'dict'>
>>> s3 = set()                  # 创建空集合对象
>>> type(s3)
<class 'set'>
>>> s4 = set(1, 3, 2, 5)        # set()只接收容器参数
Traceback (most recent call last):
  File "<pyshell#7>", line 1, in <module>
    s4 = set(1, 3, 2, 5)        # set()只接收容器参数
TypeError: set expected at most 1 argument, got 4
>>> s5 = set("Python")          # set()接收字符串参数
>>> s5
{'n', 'y', 't', 'o', 'P', 'h'}
>>> s6 = set([1, 3, 5, 2])      # set()接收列表参数
>>> s6
{1, 2, 3, 5}
>>> s7 = set((1, 3, 5, 2))      # set()接收元组参数
>>> s7
{1, 2, 3, 5}
```

说明：

① 可以用字面量集合创建集合对象，但是不能用这个方法创建空集合。因为空的花括号被 Python 定义为空字典。

② 可以用 set() 方法将可迭代的字符串、元组和列表参数转换为集合，但是不能直接用数字类型作参数。

③ set() 方法接收的是可迭代对象，即对可迭代对象要以迭代方式转换。于是，它将一个字符串迭代成了一个字符序列，并且不按顺序存放到集合中。此外，它不能用数字类型作参数。

5.5.2 集合属性获取与测试

集合属性获取与测试是一些不修改集合的操作，适合 set，也适合 frozenset。

（1）集合属性获取函数

这里的集合属性指元素个数、最大元素、最小元素和元素之和（不含非数字元素的集合）。这就是 4 个内置函数 len()、max()、min() 和 sum()。

（2）集合测试与判断

对集合的测试与判断，可以利用表 5.13 中的操作符进行。

表 5.13 集合适用操作符

操作符	数学符号	功能	操作符	数学符号	功能
in、not in	∈、∉	判断对象是/不是集合的成员	<=	⊆	子集判断
==、!=	=、≠	判断两集合是否相等/不等	>	⊃	严格超集判断
<	⊂	严格子集判断	>=	⊇	超集判断

代码 5.35 集合属性获取及测试、判断示例。

```
>>> set1 = {'a','c','e','b'}
>>>
>>> 'c' in set1                    # 成员判断
True
>>> set1 < {'a','c','e','b'}       # 严格子集判断
False
>>> set1 <= {'a','c','e','b'}      # 子集判断
True
>>> set1 >= {'a','c','e'}          # 超集判断
True
```

5.5.3 Python 集合运算

Python 集合运算对应数学中的求交集、求并集、求差集和求对称差集计算。图 5.3 形象地说明两个集合之间的交、并、差和对称差之间的关系。

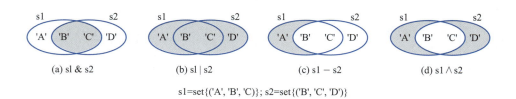

图 5.3 两个集合之间的交、并、差和对称差示意

在 Python 中，这些计算操作可以通过表 5.14 中的操作符进行。这些操作符也有对应的复合赋名操作符。执行这些操作，将会建立新的对象。

表 5.14 集合运算操作符

操作符	对应数学符号	功能	复合赋名操作符
&	∩	获取交集	&=
|	∪	获取并集	|=
-	-或\	相对补集或差补	-=
^	△	对称差分	^=

它们形式上是改变了 s1，但是实际上是新建了 s1 所指向的集合对象。

代码 5.36 集合的复合赋名操作示例。

```
>>> s1= frozenset({1,2,3,4,5})
>>> s1
frozenset({1, 2, 3, 4, 5})
>>> id(s1)
2310800823840
>>>
>>> s2 = {'a','b','c'}
>>> id(s2)
2310800822720
>>>
>>> s1 &= s2
>>> s1
frozenset()
>>> id(s1)
2310800821376
```

5.5.4 可变集合及其操作

表 5.15 为仅适合于可变集合的一些方法。它们将对原集合进行改变。

表 5.15 仅可用于可变集合的主要操作方法

set专用方法	功能
s1.add(obj)	在s1中添加对象obj
s1.clear()	清空s1
s1.discard(obj)	若obj在s1中，将其删除
s1.pop()	s1非空，则随机移出一个元素；否则导致KeyError
s1.remove(obj)	若s1有obj,则移出；无，导致KeyError
s1.update(s2)	将s1修改为与s2之并集
s1.intersection_update (s2)	将s1修改为与s2之交集
s1.difference_update (s2)	将s1修改为与s2之差集
s1.symmetric_difference_update (s2)	将s1修改为与s2之对称差集

代码 5.37 修改可变集合示例。

```
>>> s1, s2 = {1, 2, 3, 4, 5}, {3, 4, 5, 6, 7}
>>>
>>> s1.pop()
1
>>> s1
{2, 3, 4, 5}
>>> s1.discard(3)
>>> s1
{2, 4, 5}
>>> s1.update(s2)
>>> s1
{2, 3, 4, 5, 6, 7}
>>> s1.intersection_update(s2)
>>> s1
{3, 4, 5, 6, 7}
>>> s1.difference_update(s2)
>>> s1
set()
>>> s1.symmetric_difference_update(s2)
>>> s1
{5, 4, 3, 6, 7}
```

/ 习题5.5 /

一、选择题

1. 下列各组数据类型中，都可以作集合元素的一组数据类型是_____。
   A．int、float 和 list   B．str、bool 和 tuple
   C．dict、int 和 bool   D．set、str 和 int

2. 集合 s1={2,3,4,5} 和 s2={4,5,6,7} 执行操作 s3=s1;s1.update(s2) 后，s1、s2、s3 指向的对象分别是_____。
   A．{2,3,4,5,6,7}、{2,3,4,5,6,7}、{2,3,4,5,6,7}
   B．{2,3,4,5,6,7}、{4,5,6,7}、{2,3,4,5,6,7}
   C．{2,3,4,5,6,7}、{4,5,6,7}、{2,3,4,5}
   D．{2,3,4,5}、{2,3,4,5,6,7}、{2,3,4,5}

3. 对于集合 s = {1,2,3}，下列操作中会引发异常的是_____。
   A．s.discard(5)   B．s | set([4,5])
   C．s.add([4,5])   D．s.update([4,5])

二、判断题

1. Python 集合不支持使用下标访问其中的元素。（   ）
2. Python 集合可以包含相同的元素。（   ）
3. Python 集合中的元素可以是元组。（   ）
4. Python 集合中的元素可以是列表。（   ）
5. 运算符"-"可以用于集合的差集运算。（   ）
6. 表达式 {1,3,2}>{1,2,3} 的值为 True。（   ）
7. 对于集合 s1 和 s2，若已知表达式 s1<s2 的值为 False，则表达式 s1>s2 一定为 True。（   ）

8. Python 内置的集合 set 中元素顺序是按元素的哈希值进行存储的，并不是按先后顺序。（   ）

9. 无法删除集合中指定位置的元素，只能删除特定值的元素。（   ）

10. 删除列表中重复元素最简单的方法是将其转换为集合后再重新转换为列表。（   ）

三、代码分析题

```
tu = ("alex", [11, 22, {"k1": 'v1', "k2": ["age", "name"], "k3": (11,22,33)}, 44])
```

请回答下列问题：

（1）tu 变量中的第一个元素 alex 是否可被修改？

（2）tu 变量中的 "k2" 对应的值是什么类型？是否可以被修改？如果可以，请在其中添加一个元素"Seven"。

（3）tu 变量中的 "k3" 对应的值是什么类型？是否可以被修改？如果可以，请在其中添加一个元素"Seven"。

四、实践题

1. 有如下值集合 [11,22,33,44,55,66,77,88,99,90]，将所有大于 66 的值保存至字典的第一个 key 中，将小于 66 的值保存至第二个 key 中。

2. 给出 0～1000 中的任一个整数值，就会返回代表该值的符合语法规则的英文形式，如输入 89，返回 eight-nine。

5.6* Python 文件操作

5.6.1 Python 文件分类

文件（file）对象是一种建立在外部介质上，实现数据持久化并且可以被命名的数据大容器。按照存储内容，Python 文件被分为程序文件（也称代码文件）和数据文件两大类。

Python 数据文件是存储于外存中的数据对象容器。这类数据文件通常有两种分类方法。

（1）按访问特点分类

按照访问特点，数据文件可分为顺序访问（读写）文件和随机访问（读写）文件。简单地说，顺序访问就是对于文件的访问，必须从头开始按顺序访问，直到找到需要访问的记录。而随机访问则可以直接跳到需要访问的记录处。这种情况与文件中数据的结构和存储器的性质有关。例如早期的磁带存储器只适合进行顺序访问，而磁盘存储器和固态盘既可顺序访问，又可随机访问文件中的任何一个记录。

（2）按编码特点分类

按照编码形式，数据文件可分为文本文件（text file）和二进制文件（binary file）。

① 文本文件。文本文件以字符为单位进行编码存储。具体的编码格式可以是 ASCII、

UTF-8、GBK 等。按照用途，文本文件又可以分为纯文本文件（txt 文件）、HTML 文件和 XML 文件等。文本文件以"txt"为扩展名，文本编辑器可以识别出这些编码格式，并将编码值转换成字符展示出来。

② 二进制文件。二进制文件以字节为单位进行存储，即二进制文件是字节串组成的文件，如音频、图像、视频等数据。二进制文件以"dat"为扩展名，文本编辑器无法识别它们的编码格式，在文本编辑器中打开时看到的是一堆乱码。

5.6.2 文件管理与目录操作

除了进行文件内容的操作，Python 还提供了对文件级和目录级进行管理的手段。在 Python 中有关文件及其目录的管理型操作函数主要包含在一些专用模块中，表 5.16 为可用于文件和目录管理操作的内置函数 / 模块。

表 5.16 Python 中可用于文件和目录管理操作的内置函数 / 模块

函数/模块名称	功能描述	函数/模块名称	功能描述
open()函数	文件读取或写入	tarfile模块	文件归档压缩
fileinput模块	读取一个或多个文件的所有行	zipfile模块	文件压缩
os模块	提供程序访问操作系统底层的接口	tempfile模块	创建临时文件和目录
sys模块	操控Python的运行时环境	os.path模块	文件路径操作

下面举例对其中常用情况进行介绍。

（1）路径获取

① 获取模块的路径列表：sys.path。

② 当前 Python 解释器路径获取：sys.executable。

③ 返回文件路径：os.path.dirname。

代码 5.38 获取当前 Python 解释器路径示例。

```
>>> import sys
>>> from os.path import dirname
>>>
>>> py_directory = dirname(sys.executable)
>>> print(f'Python安装路径为：{py_directory}')
Python安装路径为：C:\Users\ASUS\AppData\Local\Programs\Python\Python310
```

（2）文件操作

① 文件重命名：os.rename（'currentFileName','newFileName'）。

② 删除文件操作：os.remove（'aFileName'）。

代码 5.39 文件操作示例。

```
>>> import os
>>>
>>> os.rename("E:/Python36/test1.txt", "D:/Python36/test2.txt")   # 文件改名
>>> os.remove("E:/Python36/test1.txt")                             # 文件删除
```

（3）文件目录操作

① 创建新目录：os.mkdir('newDir')。

② 显示当前工作目录：os.getcwd( )。

③ 设置当前工作目录：os.chdir ('dirName')。
④ 删除目录：os.rmdir ('directoryName')。
⑤ 查看目录内容：os.listdir ('dirName')。

代码 5.40 目录操作示例。

```
>>> import os                          # 导入os
>>>
>>> os.chdir('D:\\myPythonTest')       # 设置当前工作目录（文件夹）
>>> os.listdir('.')                    # 查看当前工作目录内容
['test1.txt']
>>>
>>> if os.path.exists('myDir'):        # 测试当前工作目录中有无欲创建目录
...     print('"myDir"目录已经存在')
... else:
...     os.mkdir('myDir')
...     print('"myDir"目录建立成功')
...
...
"myDir"目录建立成功
>>> os.listdir('.')                    # 查看当前工作目录内容
['myDir', 'test1.txt']
>>>
>>> if os.path.exists('myDir'):        # 测试当前工作目录中有无欲删除目录
...     if os.listdir('myDir'):        # 测试欲删除目录是否为空
...         print('目录"myDir"存在但不空，无法删除！')
...     else:
...         os.rmdir('myDir')
...         print('目录"myDir"存在且空，删除成功！')
... else:
...     print('目录"myDir"不存在，无法删除！')
...
...
目录"myDir"存在且空，删除成功！
>>> os.listdir('.')                    # 查看当前工作目录内容
['test1.txt']
```

5.6.3 数据文件操作

1）文件对象的打开

进行文件操作，必须要先打开文件，才能获得文件的使用权。在 Python 中，最常用的文件打开方式是使用 Python 的内置函数 open()。它执行后创建一个文件对象和三个标准 I/O 对象，并返回一个文件描述符 (句柄)。其语法格式如下：

```
open(filename[, mode[, buffering[, encoding[, errors[, newline[, closefd=True]]]]]])…
```

这些参数用来初始化文件属性，下面进一步介绍这些参数的意义。

（1）文件名 filename

filename 是要打开的文件名，是 open() 函数中唯一不可或缺的参数。通常，上述 filename 包含了文件存储路径在内的完整文件名。只有被打开的文件位于当前工作路径下时，才可以忽略路径部分。为把文件建立在特定位置，可以使用 os 模块中的 os.mkdir() 函数。通常，创建一个文件夹，需要如下代码。

```
import os
os.mkdir(('D:\myPythonTest'))
```

如果在给定路径或当前路径下找不到指定的文件名，将会触发 IOError。

（2）文件的打开模式

mode 是文件打开时需要指定的打开模式，通过打开模式向系统请求下列资源。

① 指定打开的文件是哪种类型，以便系统进行相应的编码配置。

a．文本文件（以 't' 表示）。

b．二进制文件（以 'b' 表示）。

② 打开后进行哪种类型的操作。

a．读操作（以 'r' 或缺省表示）。

b．写操作（以 'w' 表示覆盖式从头写，以 'a' 表示在文件尾部追加式写）。

c．读写操作（以 '+' 表示）。

③ 系统为其配备相应的缓冲区，建立相应的标准 I/O 对象，并初始化文件指针位置是在文件头（'r' 或缺省、'w'）还是在文件尾（'a'）。

上面的三个方面就构成了文件的打开模式。把它们总结一下，就得到表 5.17 所示的关于 Python 文件打开模式的简洁描述。

表 5.17 Python 文件打开模式

文件打开模式		操作说明
文本文件	二进制文件	
r	rb	以只读方式打开,是默认模式,必须保证文件存在
rU或Ua		以读方式打开文本文件,同时支持文件含特殊字符(如换行符)
w	wb	以写方式新建一个文件,若已存在,则自动清空
a	ab	以追加模式打开：若文件存在,则从EOF开始写;若文件不存在,则创建新文件写
r+	rb+	以读写模式打开
w+	wb+	以读写模式新建一个文件
a+	ab+	以读写模式打开

（3）文件缓冲区

buffering 用来指定文件缓冲区：

0：代表 buffer 关闭（只适用于二进制模式）。

1：代表 line buffer（只适用于文本模式）。

>1：表示初始化的 buffer 大小。

若不提供该参数或者该参数给定负值，则按照如下系统默认缓冲机制进行。

① 二进制文件使用固定大小缓冲区。缓冲区大小由 io.DEFAULT_BUFFER_SIZE 指定，一般为 4096B 或 8192B。

② 对文本文件，若 isatty() 返回 True，则使用行缓冲区；其他与二进制文件相同。

（4）传入参数 closefd

True：传入的 file 参数为文件的文件名（默认值）。

False：传入的 file 参数只能是文件描述符。

Ps：文件描述符，一个非负整数。

注意： 使用 open 打开文件后一定要记得关闭文件对象。

（5）其他

encoding：返回数据的编码（一般为 UTF-8 或 GBK）。

newline：区分换行符（只对文本模式有效，可取值 None、'\n'、'\r'、' '、'\r\n'）。

strict：字符编码出现问题时会报错。

ignore：字符编码出现问题时程序会忽略，继续执行下面的代码。

2）文件关闭

文件处理完毕，就要进行关闭，交回文件使用权，以保证文件安全。Python 文件关闭方法格式如下。

`filename.close()`

3）文本文件读写

表 5.18 为文本文件的常用内置方法。在文件对象方法中，最关键的两类方法是文件对象的关闭方法 close() 和文件对象的读写方法。

表 5.18 文本文件的常用内置方法（f 表示文件对象）

文件对象的方法		操作
读	f.read([size=-1])	从文件读size个字节(Python 2.0）或字符(Python 3.0);size缺省或负,读剩余内容
	f.readline([size=-1])	从文件中读取并返回一行(含行结束符),若size有定义,返回size个字符
	f.readlines([size])	读出所有行组成的list,size为读取内容的总长
写	f.write(str)	将字符串str写入文件
	f.writelines(seq)	向文件写入可迭代字符串序列seq,不添加换行符
文件指针	f.tell()	获得文件指针当前位置(以文件的开头为原点)
	f.seek(offset[, where])	从where(0：文件开始;1：当前位置;2：文件末尾)将文件指针偏移offset字节
其他	f.flush()	把缓冲区的内容写入硬盘,刷新输出缓存
	f.close()	刷新输出缓存,关闭文件,否则会占用系统的可打开文件句柄数
	f.truncate([size])	截取文件,只保留size字节
	f.isatty()	文件是否为一个终端设备文件(UNIX系统中)：是则返回True;否则返回False
	f.fileno()	获得文件描述符——一个数字

4）文本文件操作示例

代码 5.41 文本文件操作示例。

```
>>> import os                                          # 导入os模块
>>> os.mkdir('D:\my_py_Folder')                        # 创建一个文件夹
>>>
>>> f = open(r'D:\\my_py_Folder\test1.txt','w')        # 以写方式打开文件f
>>> f.write('Python\n')                                # 写入一行
7
>>> f.close()                                          # 关闭文件f
>>>
>>> f = open(r'D:\\my_py_Folder\test1.txt','r')        # 以读方式打开文件f
>>> f.read()                                           # 读出已有内容
'Python\n'
>>> f.write('how are you?\n')                          # 企图在读模式下写,导致异常
Traceback (most recent call last):
  File "<pyshell#10>", line 1, in <module>
    f.write('how are you?\n')                          # 企图在读模式下写,导致异常
io.UnsupportedOperation: not writable
>>> f.close()                                          # 关闭文件f
>>>
>>> f = open(r'D:\\my_py_Folder\test1.txt','a')        # 为追加打开文件f
>>> f.write('how are you?\n')                          # 在追加模式下写
13
>>> f.close()                                          # 关闭文件f
>>>
>>> f = open(r'D:\\my_py_folder\test1.txt')            # 以默认(读)方式打开文件f
>>> f.read(20)                                         # 读出20个字符
'Python\nhow are you?\n'
>>> f.close()                                          # 关闭文件f
```

说明：

① 在字符串前面添加符号 r，表示使用原始字符串。

② 不按照打开模式操作，会导致 io.UnsupportedOperation 错误。

③ 一个文件在关闭后再对其进行操作会产生 ValueError。

习题5.6

一、选择题

1. 函数 open() 的作用不包括_____。
   A．读写对象是二进制文件或文本文件
   B．读写模式是只读、读写、添加或修改
   C．建立程序与文件之间的通道
   D．是顺序读写，还是随机读写

2. 为进行写入，打开文本文件 file1.txt 的正确语句是_____。
   A．f1=open('file1.txt','a')　　　　B．f1=open('file1','w')
   C．f1=open('file1','r+')　　　　　D．f1=open('file1.txt','w+')

3. 下列不是文件对象写方法的是_____。
   A．write()　　B．writeline()　　C．writelines()　　D．writefile()

4. 文件是顺序读写还是随机读写，与_____无关。
   A．函数 open()　B．方法 seek()　C．方法 next()　D．方法 fell()

5. 以下文件打开方式中，两种打开效果相同的是_____。
   A．open(filename,'r')　　　　　　B．open(filename,"w+")
   C．open(filename,"rb")　　　　　D．open(filename,"w")

二、判断题

1. 在 open() 函数的打开方式中：有"+"，表示文件对象创建后，将进行随机读写；无"+"，表示文件对象创建后，将进行顺序读写。（　　）

2. 用 read() 方法可以设定一次要读出的字节数量。设计这个数量的合适原则：一次尽可能多读；如果可能，最好全读；如一次不能读完，则可按缓冲区大小读取。（　　）

3. Python 标准库 os 中的方法 exists() 可以用来测试给定路径的文件是否存在。（　　）

4. Python 标准库 os 中的方法 listdir() 返回包含指定路径中所有文件和文件夹名称的列表。（　　）

三、程序设计题

1. 建立一个存储人名的文件，输入时不管大小写，但在文件中的每个名字都以首字母大写、其余字母小写的格式存放。

2. 有两个文件 a.txt 和 b.txt，先将两个文件中的内容按照字母表顺序排序，然后创建一个文件 c.txt，存储为 a.txt 与 b.txt 按照字母表顺序合并后的内容。

3. 写一个比较两个文件的程序：如果两个文件完全相同，则输出"文件 XXXX 与文件 YYYY 完全相同"；否则给出两个文件第一个不同处的行号、列号和字符。

4. 编写 Python 代码，可以进入任何一个目录中搜索其中包含哪些文件。

第 6 章
Python 开发举例

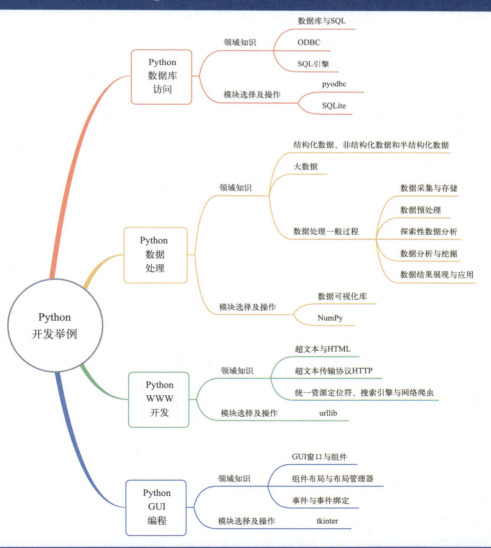

Python 第三方库

用 pip 安装 Python 库模块

Python 之所以广受青睐，是因为它有多个优良品质，其中最重要的有两点：一是它基于不变性原则的果断"去变量赋值"机制，以及在此基础上的集命令式编程、函数式编程和面向对象编程于一体的泛型编程模式，使程序员可以博采众长，根据问题的性质自由发挥；另一个则是它提供了所有脚本语言中最丰富、最庞大、应用方便的三层次编程支撑生态，来扩展内核的功能。这三层结构的编程支撑生态分别是：内置的函数和方法、标准库和扩展库。这些标准库和扩展库所包含的应用模块几乎覆盖到了计算机所有的应用领域。因此，学习 Python 编程，一方面要学习并掌握其内核的基本语法知识，另一方面要学习其库模块的用法，扩展自己的应用开发能力。

实际上，Python 基于库模块的应用开发并不复杂，关键就是三点：

一是要熟悉应用领域。没有专业领域的基础和一定程度的熟悉，是无法把需求说得清楚、理解得深刻的，也就无法开发出高质量的软件来。要知道，熟悉 Python 要比熟悉专业领域容易得多。因此，专业领域的人进行自己专业领域的开发，或者与计算机专业人士合作最为合适。

二是要能找到合适的库模块，并进行安装。

三是熟悉所选模块的用法，然后导入并进行相关操作。

6.1 Python 数据库访问

在全球进入数字经济新时代的大背景下，数据已成为继土地、劳动、资本和技术之后的又一关键生产要素。它作为资源要素的"放大器"、科技融合创新的"黏合剂"、新服务新制造新业态的"催化剂"，驱动着新质生产力的快速发展。

数据的要素作用的充分发挥，离不开计算机，而计算机对于数据的处理，是按照一定的结构形式进行的。数据库（data base）就是一种独立于程序设计语言的数据结构形式。这一节介绍 Python 程序连接数据库的基本方法。

6.1.1 数据库与 SQL

（1）数据库技术的特点

20 世纪 50 年代，计算机在科学计算方面表现出巨大的优势，激发了人们将其应用于数据的存储、截取、查询、计算等方面的热情。随着文件系统的成熟，数据库技术在 60 年代被开发出来。数据库技术的出现，不仅使管理领域驶入了现代化的轨道，而且为科学技术的发展打开了一扇新的大门。数据仓库与数据挖掘、人工智能的发展，以及人类社会迈入了数字经济时代等这样的翻天覆地的变革，都与之相关。

数据库技术是从文件系统发展而来的。与文件系统相比，它的主要优势是数据的独立性高。数据库的设计遵循两级独立性原则。

第一级独立性是数据的逻辑结构相对于应用程序独立。数据库中的数据都是模型化的。常用的模型有层次模型、网络模型和关系模型。其中最常用的是关系模型。数据按照这些模型建立逻辑结构完全与应用程序无关。这样做的好处是它能适合更多的应用，冗余度低，扩充方便。

第二级独立性是物理独立性，即逻辑结构的数据，如何存放到辅助存储器中，不需要在设计逻辑结构时考虑，它由专门的数据库管理系统（data base management system，DBMS）进行管理。DBMS 可以保障数据库中数据的安全性、数据的完整性，还可以对数据库进行并发控制，使多个用户可以同时访问数据库中的数据。

（2）关系数据库

现在应用极为广泛的是以数据关系模型为基础的关系数据库技术。关系模型是有着"关系数据库之父"之称的 IBM 公司研究员 Edgar Frank Codd(1923—2003 年) 于 1970 年提出的，它用二维表来表示存储实体及其之间的联系，每一张二维表都称为一个关系，描述了一个实体集。表中每一行在关系中称为元组（记录），每一列在关系中称为属性（字段）。表中每张二维表都有一个名称，也即为该关系的关系名。表 6.1 为一个学生数据的关系模型。

表 6.1 学生数据的关系模型

学号	姓名	性别	出生日期	专业	所在学院
20123040158	张伞	女	2006-1-10	网络工程	信息工程学院
20123030101	王武	男	2005-12-26	国际经济与贸易	经济管理学院
20123010102	李斯	男	2006-6-18	德语	外国语学院
20123020103	程柳	女	2007-2-16	媒体传播	文化传播学院

（3）结构化查询语言 SQL

为了方便关系数据库的操作，1974 年，由 Boyce 和 Chamberlin 提出了一种介于关系代数与关系演算之间的结构化查询语言 (structured query language, SQL)。这是一个通用的、功能极强的关系数据库语言。它包含如下六个部分。

① 数据查询语言 (data query language, DQL)：用以从表中获得数据，确定数据怎样在应用程序中给出，使用最多的保留字是 SELECT，此外还有 WHERE、ORDER BY、GROUP BY 和 HAVING。

② 数据操作语言 (data manipulation language, DML)：也称为动作查询语言，其语句包括动词 INSERT、UPDATE 和 DELETE，分别用于添加、修改和删除表中的行。

③ 事务处理语言 (transaction process language, TPL)：其语句包括 BEGIN TRANSACTION、COMMIT 和 ROLLBACK，用于确保被 DML 语句影响的表的所有行及时得到更新。

④ 数据控制语言 (data control language, DCL)：用于确定单个用户和用户组对数据库对象的访问，或控制对表单个列的访问。

⑤ 数据定义语言 (data definition language, DDL)：其语句包括动词 CREATE 和 DROP，用于在数据库中创建新表或删除表等。

⑥ 指针控制语言 (cursor control language, CCL)：其语句包括 DECLARE CURSOR、FETCH INTO 和 UPDATE WHERE CURRENT，通过控制游标实现表的操作。

1986 年 10 月，美国国家标准学会对 SQL 进行规范后，将其作为关系数据库管理系统的标准语言 (ANSI X3.135-1986)，1987 年在国际标准化组织的支持下成为国际标准。

目前，SQL 已经成为最重要的关系数据库操作语言，并且其影响已经超出数据库领域，得到其他领域的重视和采用。例如，人工智能领域的数据检索，第四代软件开发工具中嵌入 SQL 语言，等等。

需要说明的是，尽管 SQL 成为国际标准，但各种实际应用的数据库系统在其实践过程中都对 SQL 规范做了某些编改和扩充。所以，实际上不同数据库系统之间的 SQL 不能完全相互通用。据统计，目前已有超过 100 种的 SQL 数据库产品遍布于从微机到大型机的各类计算机中，其中包括 DB2、SQL/DS、Oracle、Ingres、Sybase、SQL Server、DBASE Ⅳ、Paradox、Microsoft Office Access 等。

6.1.2 应用程序通过 ODBC 操作数据库

任何数据库都有自己的访问渠道。对于关系数据库来说，其访问渠道是 SQL，一般高级语言程序是不能直接访问数据库的。为了访问数据库，必须有一个桥梁。这种作为应用程序访问数据库的通用模块称为 ODBC(open database connectivity，开放式数据库连接) 模块。

1）ODBC 及其常用程序组成

ODBC 是微软公司与 Sybase、Digital 于 1991 年 11 月共同提出的一组有关数据库连接的规范，目的在于使各种程序能以统一的方式处理所有的数据库访问，并于 1992 年 2 月推出了可用版本。ODBC 提供了一组对数据库访问的标准 API(应用程序编程接口)，利用 ODBC API，应用程序可以传送 SQL 语句给数据库管理系统 (data base management system，DBMS)。

从用户的角度，ODBC 的核心部件是 ODBC API、ODBC 驱动程序 (driver) 和 ODBC 驱动程序管理器 (driver manager)。ODBC 驱动程序是 ODBC 和数据库之间的接口。通过这种接口，可以把用户提交到 ODBC 的请求，转换为对数据源的操作，并接收数据源的操作结果。ODBC API 以一组函数的形式供应用程序调用。当应用程序调用一个 ODBC API 函数时，driver manager 就会把命令传递给适当的驱动程序。然后，驱动程序将命令传递给特定的后端数据库服务器，并用可理解的语言或代码对数据源进行操作，最后将结果或结果集通过 ODBC 传递给客户端。

不同的数据库有不同的驱动程序，例如有 ODBC 驱动、SQL Server 驱动、MySQL 驱动等。因此，想要 Python 应用程序连接一个数据库，首先要下载合适的数据库驱动程序。表 6.2 为常用数据库的 ODBC 驱动程序名。

表 6.2　常用数据库的 ODBC 驱动程序名

数据库	ODBC驱动程序名
Oracle	oracle.jdbc.driver.OracleDriver
DB2	com.ibm.db2.jdbc.app.DB2Driver
SQL Server	com.microsoft.jdbc.sqlserver.SQLServerDriver
SQL Server2000	sun.jdbc.odbc.JdbcOdbcDriver
SQL Server2005	com.microsoft.sqlserver.jdbc.SQLServerDrive
Sybase	com.sybase.jdbc.SybDriver
Informix	com.informix.jdbc.IfxDriver
MySQL	org.gjt.mm.mysql.Driver
PostgreSQL	org.postgresql.Driver
SQLDB	org.hsqldb.jdbcDriver

2）Python 使用 ODBC 的工作过程

Python 使用 ODBC 的基本工作过程如图 6.1 所示。

（1）加载 ODBC 驱动程序

每个 ODBC 驱动都是一个独立的可执行程序，它一般被保存在外存中。加载就是将其调入内存，以便随时执行。

（2）连接数据源

连接数据源即建立 ODBC 驱动与特定数据源(库)之间的连接。由于数据源必须授权访问，因此连接数据源需要数据源定位信息和访问者的身份信息。这些信息用字符串表示，称为连接字符串，内容一般有数据源类型、数据源名称、服务器 IP 地址、用户 ID、用户密码等，并且可以分为数据源名(data source name, DSN)和 DSN-LESS(非 DSN)两种方式。

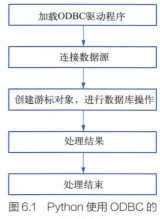

图 6.1 Python 使用 ODBC 的基本过程

DSN 方式就是采用数据源的连接字符串。在 Windows 系统中，这个数据源名可以在"控制面板"里面的"ODBC Data Sources"中进行设置，如"Test"，则对应的连接字符串为："DSN=Test;UID=Admin;PWD=XXXX;"。

DSN-LESS 是非数据源方式的连接方法，使用方法为："Driver={Microsoft Access Driver (*.mdb)}; Dbq=\somepath\mydb.mdb;Uid=Admin;Pwd= XXXX;"。

访问不同的数据源(驱动程序)需要提供的连接字符串有所不同。表 6.3 为常用数据源对应的连接字符串。

表 6.3 常用数据源对应的连接字符串

数据源类型	连接字符串
SQL Server(远程)	"Driver={SQL Server};Server=130.120.110.001;Address=130.120.110.001, 1052;Network= dbmssocn;Database = pubs;Uid=sa;Pwd=asdasd;" 注：Address 参数必须为 IP 地址、端口号和数据源名
SQL Server(本地)	"Driver={SQL Server};Database=数据库名;Server=数据库服务器名(localhost);UID=用户名(sa);PWD=用户口令;" 注：数据库服务器名(local)表示本地数据库
Oracle	"Driver={microsoft odbc for oracle};server=oracleserver.world;uid=admin;pwd=pass;"
Access	"Driver={microsoft access driver(*.mdb)};dbq=*.mdb;uid=admin;pwd=pass;"
SQLite	"Driver={SQLite3 ODBC Driver};Database=D：\SQLite*.db"
MySQL(Connector/Net)	"Server=myServerAddress;Database=myDataBase;Uid=myUsername;Pwd=myPassword;"

（3）创建游标对象，进行数据库操作

在数据库中，游标(cursor)是一个十分重要的处理数据的方法。用 SQL 语言从数据库中检索数据后，结果放在内存的一块区域中，且结果往往是一个含有多个记录的集合。游标提供了在结果集中一次以单行或者多行向前或向后浏览数据的能力，使用户可以在 SQL Server 内逐行地访问这些记录，并按照用户自己的意愿来显示和处理这些记录。所以游标总是与一条 SQL 选择语句相关联。在 Python 中，游标一般由 connection 的 cursor() 方法创建，也称打开游标。在当前连接中对游标所指位置由 ODBC 驱动传递 SQL，进行数据库的数据操作。

（4）处理结果

把 ODBC 返回的结果数据转换为 Python 程序可以使用的格式。

（5）处理结束

依次关闭结果资源、语句资源和连接资源。

6.1.3 pyodbc

pyodbc 是 ODBC 的一个 Python 标准模块，它允许任何平台上的 Python 具有使用 ODBC API 的能力。这意味着，pyodbc 是 Python 语言与 ODBC 的一条桥梁。下面介绍 Python 应用程序使用 pyodbc 进行数据库操作的过程及其参考代码。

1）导入 pyodbc

```
import pyodbc
```

2）创建数据库连接对象 (connection)

```
# 创建数据库连接对象：Windows 系统，非 DSN 方式，使用微软 SQL Server 数据库驱动
cnxn = pyodbc.connect('DRIVER = {SQL Server}; SERVER = localhost; PORT = 1433; DATABASE = testdb; UID = me; PWD = pass')

# 创建数据库连接对象：Linux 系统，非 DSN 方式，使用 FreeTDS 驱动
cnxn = pyodbc.connect('DRIVER = {FreeTDS}; SERVER = localhost;PORT = 1433; DATABASE = testdb; UID = me; PWD = pass; TDS_Version = 7.0')

# 创建数据库连接对象：使用 DSN 方式
cnxn = pyodbc.connect('DSN = test;PWD=password')
```

3）用 connection 的方法创建一个游标对象 (cursor)

```
cursor =cnxn.cursor()
```

常用的游标对象方法

4）用 cursor 的有关方法进行数据库的访问

（1）使用 cursor.execute() 方法

```
cursor.fetchone                   # 用于返回一个单行 (row) 对象
cursor.execute("select user_id, user_name from users")
row =cursor.fetchone()
if row:
    print(row)
```

（2）使用 cursor.fetchone() 方法生成类似元组 (tuples) 的 row 对象

```
cursor.execute("select user_id, user_name from users")
row =cursor.fetchone()
print('name : ',row[1])           # 使用列索引号来访问数据
print('name : ',row.user_name)    # 或者直接使用列名来访问数据
```

（3）若所有行都已被检索，则用 fetchone() 返回 None

```
while 1:
    row = cursor.fetchone()
    if not row :
        break
    print('id : ', row.user_id)
```

（4）使用 cursor.fetchall() 方法一次性将所有数据查询到本地，然后再遍历

```
cursor.execute("select user_id, user_name from users")
rows = cursor.fetchall()
for row in rows:
    print(row.user_id, row.user_name)
```

```
# 由于cursor.execute()总是返回游标(cursor),所以也可以简写成
for row in cursor.execute("select user_id, user_name from users"):
    print(row.user_id, row.user_name)
```
(5) 插入数据:使用相同的函数——传入 Insert SQL 和相关占位参数执行插入数据
```
cursor.execute("insert into products(id, name) values ('pyodbc', 'awesome library')")
cnxn.commit()

cursor.execute("insert into products(id, name) values (?, ?)", 'pyodbc', 'awesome library')
cnxn.commit()
```

6.1.4 用 SQLite 引擎操作数据库

1) SQLite 及其特点

SQLite 是一种开源的、嵌入式轻量级数据库引擎,它的主要特点如下:

① 支持各种主流操作系统,包括 Windows、Linux、UNIX 等,能与多种程序设计语言(包括 Python)紧密结合。

② SQLite 称为轻量级数据库引擎。其特点是在编程语言内直接调用 API 实现,不需要安装和配置服务器,具有内存消耗少、延迟时间短、整体结构简单的特点。

③ SQLite 不进行数据类型检查。如表 6.4 所示,SQLite 与 Python 具有直接对应的数据类型,还可以使用适配器将更多的 Python 类型对象存储到 SQLite 数据库,甚至可以使用转换器将 SQLite 数据转换为 Python 中合适的数据类型对象。

表 6.4 SQLite 与 Python 直接对应的数据类型

SQLite数据类型	NULL	INTEGER	REAL	TEXT	BLOB
与Python直接对应的数据类型	None	int	float	str	bytes

注意: 由于定义为 INTEGER PRIMARY KEY 的字段只能存储 64 位整数,当向这种字段保存除整数以外的数据时,将会产生错误。

④ SQLite 实现了多数 SQL-92 标准,包括事务、触发器和多种复杂查询。

2) Python 程序连接与操作 SQLite 数据库的步骤

Python 的数据库模块一般都有统一的接口标准,所以数据库操作都有统一的模式,基本上包括如下步骤。

(1) 导入 sqlite3 模块

Python 自带的标准模块 sqlite3 包含了以下常量、函数和对象:

```
sqlite3.version              # 常量,版本号
sqlite3.connect(database)    # 函数,连接数据库,返回 connect 对象
sqlite3.connect              # 对象,连接数据库对象
sqlite3.cursor               # 对象,游标对象
sqlite3.row                  # 对象,行对象
```

因此，要使用 SQLite，必须先用如下命令导入 sqlite3：

```
import sqlite3
```

（2）实例化 connection 对象，并操作数据库

sqlite3 的 connect()用连接字符串(核心内容是数据库文件名)作参数，来实例化(创建)一个 connection 对象。这意味着，当数据库文件不存在的时候，就只会自动创建这个数据库文件名；如果已经存在这个数据库文件，则打开这个文件。语法如下：

```
conn = sqlite3.connect(连接字符串)
```

应用示例如下：

```
conn = sqlite3.connect("d:\\test.db")
```

这个数据库创建在外存。有时，也需要在内存创建一个临时数据库，语法如下：

```
conn = sqlite3.connect(':memory:')
```

数据库连接对象一经创建，数据库文件即被打开，就可以使用这个对象调用有关方法实现相应的操作，主要方法如表 6.5 所示。

表 6.5　connection 对象的主要方法（由 sqlite.conn. 调用）

方法名	说明
execute(SQL语句[,参数])	执行一条SQL语句
executemany(SQL语句[,参数序列])	对每个参数，执行一次SQL语句
executescript(SQL脚本)	执行SQL脚本
commit()	事务提交
rollback()	撤销当前事务，事务回滚到上次调用connect()处的状态
cursor()	实例化一个游标对象
close()	关闭一个数据库连接

代码 6.1　SQLite 数据库创建与 SQL 语句传送。

```
>>> #导入sqlite3
>>> import sqlite3
>>>
>>> #创建数据库
>>> conn = sqlite3.connect(r"D:\code0516.db")
>>> conn.execute("create table region(id primary key, name, age)")
<sqlite3.Cursor object at 0x000002382CF12940>
>>>
>>> # 定义一个数据区块
>>> regions = [('2017001', '张三', 20), ('2017002', '李四', 19), ('2017003', '王五', 21)]
>>> # 插入一行数据
>>> conn.execute("insert into region(id, name, age)values('2017004', '陈六', 22)")
<sqlite3.Cursor object at 0x000002382CF128C0>
>>> # 以?作为占位符的插入
>>> conn.execute("insert into region(id, name, age)values(?, ?, ?)", ('2017005', '郭七', 23))
<sqlite3.Cursor object at 0x000002382CF12940>
>>> # 插入多行数据
>>> conn.executemany("insert into region(id, name, age)values(?, ?, ?)", regions)
<sqlite3.Cursor object at 0x000002382CF128C0>
>>> # 修改用id指定的一行数据
>>> conn.execute("update region set name = ? where id = ?", ('赵七', '2017005'))
<sqlite3.Cursor object at 0x000002382CF12940>
>>> # 删除用id指定的一行数据
>>> n = conn.execute("delete from region where id = ?", ('2017004', ))
>>> # 删除了 1 行记录
>>> print('删除了', n.rowcount, '行记录')
删除了 1 行记录
>>> # 提交
>>> conn.commit()
>>>
>>> # 关闭数据库
>>> conn.close()
>>>
```

（3）创建 cursor 对象并执行 SQL 语句

SQLite 游标对象，由 connection 对象使用它的 cursor() 方法创建。创建示例如下：

```
cu = conn.cursor()
```

游标对象创建后，就可以由这个游标对象调用其有关方法进行数据库的读写等操作了，表 6.6 列出了游标对象的主要方法。

表 6.6　游标对象的主要方法（由 sqlite.cu. 调用）

方法名	说明
execute(SQL 语句[,参数])	执行一条SQL语句
executemany(SQL语句[,参数序列])	对每个参数,执行一次SQL语句
executescript(SQL脚本)	执行SQL脚本
close()	关闭游标
fetchone()	从结果集中取一条记录,返回一个行(Row)对象
fetchmany()	从结果集中取多条记录,返回一个行(Row)对象列表
fetchall()	从结果集中取出剩余行记录,返回一个行(Row)对象列表
scroll()	游标滚动

说明： 从表 6.5 和表 6.6 可以发现，两张表中都定义有 execute()、executemany() 和 executescript()。也就是说，向 DBMS 传递 SQL 语句的操作，可以由 connection 对象承担，也可以由 cursor 对象承担。这时，两个对象的调用等效。因为实际上，使用 connection 对象调用这三个方法执行 SQL 语句时，系统会创建一个临时的 cursor 对象。

cursor 对象的主要职责是从结果集中取出记录，有三个方法——fetchone()、fetchmany() 和 fetchall()，可以返回 Row 对象或 Row 对象列表。

代码 6.2　SQLite 数据库查询。

```
>>> #导入sqlite3
>>> import sqlite3
>>>
>>> #连接数据库
>>> conn = sqlite3.connect(r"D:\code0516.db")
>>>
>>> #创建一个游标对象
>>> cur = conn.execute("select id,name from region")
>>>
>>> # 迭代式查询指定列
>>> for row in cur:
...     print(row)
...
('2017005', '赵七')
('2017001', '张三')
('2017002', '李四')
('2017003', '王五')
>>>
>>> #关闭游标对象
>>> cur.close()
>>>
>>> #关闭数据库
>>> conn.close()
>>>
```

习题6.1

一、填空题

1. 数据库系统主要由计算机系统、数据库、_____、数据库应用系统及相关人员组成。
2. 根据数据结构的不同进行划分，常用的数据模型主要有_____、_____、_____。
3. 数据库的_____形成了其两级独立性：_____之间的相互独立以及_____之间的相互独立。
4. DBMS 中必须保证事物的 ACID 属性为_____、_____和_____。

二、简答题

1. 什么是 DBMS？
2. 常用的数据模型有哪几种？
3. 什么是关系模型中的元组？
4. 数据库的三级模式结构分别是哪三级？
5. DBMS 包含哪些功能？
6. 收集关于 Python 连接数据库的形式。

三、代码设计题

1. 设计一个 SQLite 数据库，包含学生信息表、课程信息表和成绩信息表。请写出各个表的数据结构的 SQL 语句，以"CREATE TABLE"开头。
2. 设计一个用 SQLite 存储通讯录的程序。

6.2 Python 数据处理

社会的发展和进步，使人们日益深刻地认识到数据是人类社会的最重要的资源。这种认识最先从管理科学中发现，并扩散到几乎所有的领域。其奠基人非西方管理决策学派的创始人赫伯特·亚历山大·西蒙（Herbert Alexander Simon，1916—2001 年）莫属。他不仅是一位著名的经济学家，在行政管理、心理学、计算机等领域也有极高造诣；不仅是 1978 年诺贝尔经济学奖得主，还是 1975 年图灵奖得主。

6.2.1 数据处理相关概念

1）结构化数据、非结构化数据与半结构化数据

西蒙深刻地剖析了决策过程，并根据一个组织的决策活动是否反复地出现，把决策分为程序化决策和非程序化决策，并从表 6.7 所示的 7 个特征进行判别。

表 6.7　程序化决策和非程序化决策的 7 个特征

特征	程序化决策	非程序化决策
问题类型	结构化的	开放的
管理层级	低级别	高级别
发生频率	重复性的、常规的	不同寻常的、崭新的
相关信息	易于获得的	模糊的或不完整的
目标	清晰的、具体的	模糊的
用来寻找解决方案的时间限制	短暂的	相对较长的
解决方案依赖于	程序、规定和政策	判断和创造力

西蒙认为，一般说来，程序化决策涉及面比较窄、结构比较确定、有确定的章法可循，容易在计算机中实现，也称结构化决策。非程序化决策涉及面广、结构不太确定、变化因素较多、无固定模式可循，在计算机中实现比较困难，也称非结构化决策。这一理论为计算机在管理中应用以及计算机数据处理指明了方向。

20 世纪 60 年代，数据库技术，特别是关系数据库技术的出现，成为计算机数据处理技术的一大跨越。在探索计算机数据处理技术的过程中，人们提出了结构化数据（structured data）、半结构化数据（semi-structured data）和非结构化数据（unstructured data）的概念。

（1）结构化数据

结构化数据是具有固定结构的数据，或者说数据的属性结构可以统一描述，形成清晰的逻辑关系。这样，数据本身就可以不携带结构信息，使数据与结构信息相分离。关系数据库所存储与管理的就是结构化数据，或者简单地说，能不能用关系数据库存储与管理，是判断是否为结构化数据的依据。

（2）非结构化数据

顾名思义，非结构化数据就是没有固定结构的数据，常见的各种文档、图片、视频/音频等都属于非结构化数据。对于这类数据，一般以二进制的形式进行整体存储。人们在面对非结构化数据时，常常是没有控制权的，能做的只是接收与发送它们。像是文本数据、视频数据、音频数据等都是这样。图像是独立像素用特定的方式组合起来的，只不过组合的方式是千变万化的。完全的非结构化数据就是如此。

（3）半结构化数据

半结构化数据是结构化数据的一种形式。它虽然不符合关系数据库或其他数据表的形式关联起来的数据模型结构，但是还是具备可理解的逻辑流程和格式。它将数据的结构信息和数据内容混在一起，使用相关标记，进行结构逻辑关系描述。因此，也被称为自描述的结构，常见的有 XML、JSON、HTML 和 CSV 文件等。由于在半结构化数据中，同一类实体可以有不同的属性，常形成组合在一起的逻辑，所以也称多结构性数据。

2）大数据

（1）大数据时代与感性认识

数据是信息描述和记录的载体。从远古时代起，人类就开始从数据中挖掘信息、提取知识，并在实践中不断扩大可以获取信息、提取知识的数据范围，不断改进自己从数据中挖掘信息的技术，不断提高挖掘信息的效率。数据与知识之间存在多种关系，但主要形式有两种：确定性和统计性。例如，圆的周长与直径之间的关系就是确定性关系，而中医药与疾病治疗之间的关系就是统计性关系。统计性知识的确立是通过大量数据积累发现的，即使确定性知识的发现也常常因参数隐藏、数据量不够、数据不准、计算周期过长，需要不断观测、重复获取。何况还有许多数据存在被传错、被篡改情况。

随着数字经济时代的到来，人类获取数据、挖掘信息、发现知识的效率大大提高。一方面，计算机的高速计算能力，可以把过去需要几个月、几年、几十年甚至上百年的观察、计算、实验验证、数据处理过程，用模型归纳、仿真模拟的形式，通过迭代计算、分布式计算、并行计算的方式在极短时间内展示在人们面前。另一方面，计算机网络连接了几乎全世界所有的计算机，特别是 Web 技术的广泛应用，给人们提供了快捷、便利的交流手段，使数据在交互中急剧增长。国际数据公司（IDC）2024 年 5 月发布了一份关于全球数据圈未来五年发展的预测报告。该报告全面衡量了每年创建、捕获、复制和消耗的数据量，涵盖消费者、企业、不同区域、数据类型、数据存储位置（核心、边缘、端侧）以及云和非云环境等多个维度。报告预测，全球数据量将在 2024 年达到 159.2ZB（Zettabyte，即十万亿亿字节），并在接下来的几年内持续增长，预计到 2028 年将增至 384.6ZB，年复合增长率高达 24.4%。

面对爆炸式增长的数据，有人将之视为洪水泛滥，显得惊慌失措。因为，巨大的数据量，虽然可以使人们在极短的时间内获得过去需要几个月、几年、几十年、几百年，甚至上千年积累的数据，但其中包含了大量的无用数据，泥沙俱下，增加了处理的难度，而且价值密度低。以视频为例，在连续不间断监控过程中，可能有用的数据仅仅有一两秒。但是也有人认为，虽然泥沙浑浊，但也是一展身手、沙里淘金的机会。不过，一个新的时代已经到来，人们称之为"大数据"（big data）时代。

与任何新概念的出现一样，科学家总是企图给它一个可以经得起推敲的、公认的解释，技术专家则期望给它一个技术实现的轮廓，而企业家总是希望给它一个有关市场价值的说明。不同的认识角度、不同的知识领域、不同的目的和期望，使人们对于同一件事物，可以得到有差异甚至大相径庭的结论。对于大数据的定义也是众说纷纭。下面略举几例。

① 大数据 = 海量数据 + 复杂类型的数据。

② 大数据 = A + B + C：big analytic（大分析）+ big bandwidth（大带宽）+ big content（大内容）。

③ 大数据 = 3V：variety（多样性）、volume（体量大）和 velocity（速度快）。

④ 大数据 = 4V：3V + value（价值密度低）。

⑤ 大数据 = 4V + 1C: volume + variety + velocity + vitality（活力强）+ complexity（复杂性高）。

（2）大数据的基本特征

迄今为止人们已经在以下三个方面对大数据的特征取得了比较一致的认识。

① 数据体量巨大。在 20 多年间，需要处理的数据从 TB 级别，跃升到 PB 甚至 EB、ZB 级别。这么巨大的数据量，往往不能一次调入内存计算，需要开发新的外存算法，或者需要多台计算机协同计算——云计算。

② 数据类型繁多。随着计算机应用领域的扩大，需要处理的数据越来越多样化。在 20 世纪 90 年代，计算机处理的数据基本上是结构化数据。而迄今，非结构化数据大量涌现。由于传统的 SQL 数据库只适合处理结构化数据。为此就要开发非 SQL 数据库技术。

③ 价值密度低。大量数据的涌现，使得无关数据、无用数据、虚假数据充斥其中，使数据呈现不完整（缺少感兴趣的属性）、不一致（有矛盾或重复数据）、有噪声（数据中存

在着错误或异常——偏离期望值的数据）、有遗漏的"肮脏"状态，大大降低了数据的价值密度，也给计算增加了难度，需要把大量精力花费在数据的"清洗"等预处理上。

（3）大数据算法思想

算法是关于问题求解思路的描述，是程序的灵魂。大数据的大体量、大内容、多类型、高速度、低价值特征决定了它的处理难度，也迫使人们探索不同的求解思路，因而产生了如下一些算法思想：

① 由于大数据难以全部放入内存中计算，为此考虑基于少量数据的数据处理算法——空间亚线性算法和外存算法。

② 由于单机计算能力的限制，必须采用并行处理算法——并行算法。

③ 由于大数据处理时要访问全部数据，时间会很长，为此开发出访问部分数据的算法——时间亚线性算法。

④ 由于计算机能力不足或者知识不足，需要得到外部的技术支援。

6.2.2 数据处理的一般过程

通常，数据处理包括如下过程。

1）**数据采集与存储**

需要确定收集数据的方法和工具，这可以包括实验、调查问卷或观察等方法。收集到的数据可以是定量数据（如数字）或定性数据（如描述性文字）。

在数据收集完成后，需要将数据录入电子表格或数据库中。确保数据录入的准确性和完整性非常重要，以避免出现错误或遗漏数据。

2）**数据预处理**

一般说来，直接采集得到的数据比较"脏"，质量不高。为此要对数据进行预处理，主要包括以下内容。

Python 数据预处理的 10 个方法

① 数据清洗：除去噪声和无关数据。

② 数据集成：将多个数据源中的数据结合起来存放在一个一致的数据存储中。

③ 数据变换：把原始数据转换成适合数据挖掘的形式。

④ 数据归约：主要方法包括数据立方体聚集、维度归约、数据压缩、数值归约、离散化和概念分层等。

3）**探索性数据分析**

探索性数据分析（exploratory data analysis，简称 EDA），是指对已有的数据（特别是调查或观察得来的原始数据）在尽量少的先验假定下进行探索，通常包括如下一些内容。

（1）数据汇总处理

数据汇总处理主要是查看不同数据源的数据结构、数据属性、数据记录方式。根据需求去分析不同数据源中共同可用的数据。分析数据差异、结构差异、字段类型差异；根据分析的结构共同性，选取索引指标，写脚本批量更改需要修改的数据结构，合并数据。

（2）数据总览

数据总览旨在对最终合并好的数据有一个前瞻性、大体性的认识，了解数据的大致分布、索引和列的数据类型和占用内存大小，并对数值型数据生成描述性统计汇总（包括数据的计数和百分位数、分类型数据中每个类的数量）等。

（3）缺失值分析

在各种数据中，属性值缺失的情况经常发生。因此，在大多数情况下，信息系统是不完备的，或者说存在某种程度的不完备。数据或多或少都会存在缺失值。进行缺失值分析包括完全随机缺失（MCAR）和非随机缺失（MNAR）判定，并统计个数，分析原因，制定对策。

（4）异常值分析

数据值异常就是数据质量差。对于发现的异常值，需要用平均值修正、中位数修补，也有的可以删除，有的可以不处理。

（5）数据特征分析

通过计算数据的基本统计量（如均值、中位数、标准差等），绘制可视化图表（如直方图、散点图、箱线图等）以及探索数据之间的相关性。

4）数据分析与数据挖掘

数据分析（data analysis）是指采用适当的分析方法，对收集来的大量数据进行研究，从中提取有用信息，发现事物规律，得到问题结论的过程。在实践中，人们已经总结出了多种数据分析方法，也还会发现新的数据分析方法。通常，数据分析方法的选择取决于数据类型、分析目的、分析的性质和技术条件及所涉及领域。

（1）数据类型

数据可分为定量数据和定类数据。定量数据具有数字大小的比较意义，如满意度调查中的数字越大代表满意度越高；而定类数据中的数字无比较意义，如性别编码（1代表男，2代表女）。此外，数据还可分为结构化数据与非结构化数据，通常统计分析、回归分析、时间序列分析等适用于结构化数据，而文本挖掘、图像识别等方法则适用于非结构化数据。

（2）数据分析的目的和性质

不同的分析目的需要采用不同的分析方法。这还要看数据分析目的是如何确定的。

有人将数据分析目的分为分类、预测和寻找关联规则。这样，为了预测，可以采用时间序列分析或回归分析；如果目的是发现数据之间的关联规则，可以采用关联规则挖掘方法；若目的是对数据进行分类，则可以采用聚类分析方法。

9种最常用的数据分析方法

有些人将数据分析划分为描述性统计分析、探索性数据分析以及验证性数据分析。描述性统计分析是通过描述性研究（descriptive study），将获取到的数据纳入到已有知识的框架，运用制表、分类、图形以及计算概括性数据来描述数据特征。探索性数据分析侧重于在数据之中发现新的特征，是为形成值得假设的检验而对数据进行分析。验证性数据分析则侧重于已有假设的证实或证伪。通常，数据分析包括了现状分析、原因分析、预测分析（定量），以及用户兴趣分析、网络行为分析、情感语义分析等。目前主要的结果描述工具有：关联图、系统图、矩阵图、亲和图（KJ）、计划评审技术、过程决策程序图（process decision program chart，PDPC）、矩阵数据图等。

如果想要从大量的、不完全的、有噪声的、模糊的、随机的实际应用数据中，提取隐含在其中的、人们事先不知道的、但又是潜在有用的信息、知识、模式与规律，就称为数据挖掘（data mining），又称资料探勘、数据采矿。数据挖掘涉及的技术方法很多，包括决策树、神经网络、关联规则、聚类分析以及机器学习等。

（3）技术条件和所涉领域

不同的数据分析方法需要不同的领域知识和技术支持，包括软件工具和计算资源。例如，进行大规模数据挖掘分析需要强大的计算资源和相应的数据挖掘工具，而文本挖掘分析则需要自然语言处理工具。

5）数据结果展现与应用

数据结果应当根据应用目的，以合适的形式展现。主要的形式有以下几种：

① 报表展现：包括数据报表、矩阵、图形和自定义格式的报表。

② 图形化展现：提供曲线图、饼图、堆积图、鱼骨分析图等，宏观地展现模型数据的分布情况和发展趋势。

③ 关键业绩指标（key performance indicators，KPI）展现：提供表格式、走势图式或自定义式绩效查看方式。

④ 查询展现：按照查询条件和查询内容，以表格形式汇总查询结果。

6.2.3 数据可视化与相关 Python 库

数据（data）是对于客观存在与变化的抽象。在数字经济背景下，数据打破了传统生产要素的质态，逐步成为驱动生产力跃迁的核心要素。

数据作为新质生产力的优质生产要素，其关键作用在于消除不确定性。这个过程分为两个基本阶段：传播和分析理解。前者与数据的发送、传递和接收的水平相关；后者与知识体系和辅助工具相关。它们也都与数据的形态相关。研究表明，人类从外界获取的信息中 80% 来自视觉，并且人的视觉具有从大小、明暗、颜色、动静等维度上接收数据信息的能力。数据可视化（data visualization）用文字、图、表、视频等多种形式表现数据，可以改善接收单一维度数据引起的视觉疲劳，提高接收兴趣和效率。此外，数据可视化也是对数据进行分析建模的形式，可以将信息传递和理解分析混合为视觉传达，让人们获得不同视角的模型，降低对数据的理解难度，提高数据分析的效率。

数据可视化漫谈

数据可视化是 Python 的优势之一。它提供了大量优质的数据可视化库。这些库各有特色，可以满足不同的数据可视化需求。以下是一些常见的 Python 数据可视化库，它们也可以称为 Python 数据的图形分析库。

（1）Matplotlib

Matplotlib 是第一个 Python 可视化程序库，开发者是 John D. Hunter。它提供了丰富的绘图功能，包括折线图、散点图、柱状图、饼图等，具有良好的定制性和灵活性，可以满足各种绘图需求，是一个广泛使用的绘图库，也是 Python 可视化程序库的泰斗。有许多别的程序库都是建立在它的基础上或者直接调用它。图 6.2 为几张 Matplotlib 例图。

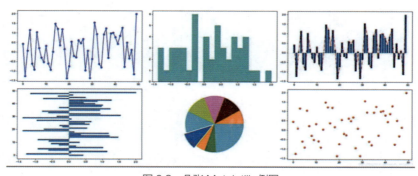

图 6.2　几张 Matplotlib 例图

（2）seaborn

seaborn 是 Michael Waskom 开发的一个基于 Matplotlib 的高级绘图库。它提供了更加美观和统计导向的绘图样式。它支持多种统计图表，如箱线图、热力图、分布图等，并且具有内置的颜色主题和样式设置。图 6.3 为几张 seaborn 例图。

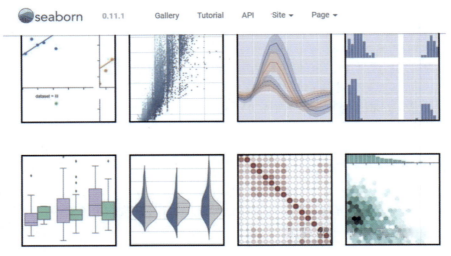

图 6.3　几张 seaborn 例图

（3）Plotly

Plotly 是一个数据可视化 Python 库，可绘制如线图、散点图、条形图、地图、箱线图、热力图等各种图表类型，具有交互性，它还可以直接在 web 上创建、分享和发布交互式图形，特别适合需要展示动态数据或在线交互的应用。图 6.4 为几张 Plotly 例图。

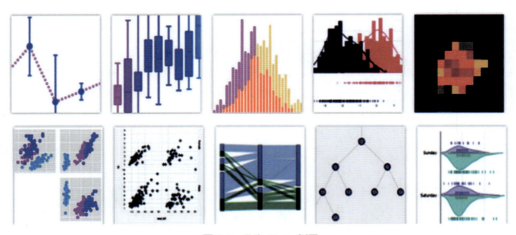

图 6.4　几张 Plotly 例图

（4）Chaco

Chaco 是很优秀的 2D 绘图库，可以方便地制作动态交互式的图表。图 6.5 为几张 Chaco 5.0.0 例图。

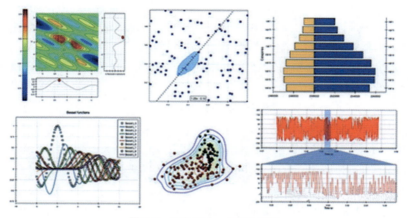

图 6.5 几张 Chaco 5.0.0 例图

（5）Scikit-Plot

Scikit-Plot 是由 Reiichiro Nakano 创建的用在机器学习中的可视化工具，能快速简洁地画出用 Matplotlib 要写很多行语句才能画出的图。图 6.6 为两张 Scikit-Plot 例图。

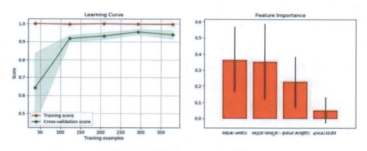

图 6.6 两张 Scikit-Plot 例图

6.2.4 Python 数据分析与 NumPy

NumPy（numerical Python）是 Python 的一个开源的数据分析和科学计算库。它支持大量的维度数组与矩阵运算，针对数组运算提供了大量的数学函数库；并且由于其底层是用 C 语言实现的，所以速度比较快，被广泛应用于数据处理、数值计算和机器学习等领域。

NumPy 是 Python 进行数据分析和科学计算的基础库，提供对大型多维数组和矩阵的支持，以及对这些数组进行操作的高级数学函数集合。这一节举几个简单的例子，让读者体验一下其风采。不过还得先声明，使用 NumPy，需要先安装，并要导入。

1）数组创建

NumPy 的主要数据结构是 ndarray（N-dimensional array，N 维数组，简称数组），用于存储同一类型的数据元素的集合。即 NumPy 的数据分析都是基于数组进行的。所以使用 NumPy 首先要创建数组。下面是几种 NumPy 数组的语法格式。

（1）创建通用数组对象

array(p_object, dtype = None, copy = True, order ='K',subok = False, ndmin = 0) p_object：数组或嵌套的数列。

dtype：可选关键词参数，指定数组元素的数据类型，默认值 numpy.float64。

copy：是否需要复制。

order：创建数组的内存布局，'C' 为行序列的 C 风格，'F' 为列序列的 Fortran 风格，'A' 为任意（默认）。

subok：默认返回一个与基类类型一致的数组。

ndmin：生成数组的最小维度。

（2）创建一个等差序列的一维数组对象

arange([start,]stop[, step,], dtype = None)

start：序列起始值，默认值为 0。

stop：序列结束值，但数组通常不含此值。

step：序列元素步长，默认值为 1。

dtype：指定生成数组的数据类型。默认值为 None，生成数组的数据类型为 float。

（3）用指定区间内均匀分布的数据创建数组对象

linspace(start, stop, num = 5, endpoint = True, base = 10.0, dtype = None)

start：序列起始值，默认值为 0。

stop：序列结束值，但数组中不含此值。

step：序列元素步长，默认值为 1。

num：等距样本点数，默认值为 50。

dtype：指定生成数组的数据类型。默认值为 None，生成数组的数据类型为 float。

endpoint：指定生成的数组中是否包含终止点。

base：指定对数刻度上的基数，默认为 10.0。

代码 6.3 创建 ndarray 示例。

```
>>> import numpy as np
>>>
>>> # array()函数用法示例
>>> arr1 = np.array([[1, 2, 3], [4, 5, 6], [7, 8, 9]])
>>> print(arr1)
[[1 2 3]
 [4 5 6]
 [7 8 9]]
>>> arr2 = np.array([1.0, 2.0, 3.0], dtype=np.float32)
>>> print(arr2)
[1. 2. 3.]
>>> arr3 = np.array(range(1, 6))
>>> print(arr3)
[1 2 3 4 5]
>>> # arange()函数用法示例
>>> arr4 = np.arange(1, 6)
>>> print(arr4)
[1 2 3 4 5]
>>> # linspace()函数用法示例
>>> arr5 = np.linspace(0, 1, 5)
>>> print(arr5)
[0.   0.25 0.5  0.75 1.  ]
>>> # zeros()函数用法示例
>>> arr6 = np.zeros((3, 3))
>>> print(arr6)
[[0. 0. 0.]
 [0. 0. 0.]
 [0. 0. 0.]]
```

2）数组操作

这里将 NumPy 的索引、切片、排序、拼接和分裂作为数组操作的内容讨论。

（1）NumPy 数组元素排序

在 NumPy 中，可以使用 np.sort() 函数对数组进行排序。在默认情况下，np.sort() 会按照升序对数组进行排序。如果需要进行降序排序，可以设置 kind 参数为 'mergesort' 以外的值（如 'quicksort'），或者设置 order 参数为 'F'（对于列主导的排序）。

代码 6.4 使用 np.sort() 对 NumPy 数组排序示例。

```
>>> import numpy as np
>>>
>>> # 对一维数组排序
>>> arr1 = np.array([3, 7, 4, 1, 9, 2, 6, 8, 0, 5])
>>> print(f'对arr1升序排序:{np.sort(arr1)}')
对arr1升序排序:[0 1 2 3 4 5 6 7 8 9]
>>> print(f'对arr1降序排序:{np.sort(arr1)[::-1]}')
对arr1降序排序:[9 8 7 6 5 4 3 2 1 0]
>>>
>>> # 对二维数组排序
>>> arr2 = np.array([[1, 8], [9, 5], [3, 6]])
>>> print(f'对arr2升序排序:\n{np.sort(arr2)[::,::]}')
对arr2升序排序:
[[1 8]
 [5 9]
 [3 6]]
>>> print(f'对arr2降序排序:\n{np.sort(arr2)[::,::-1]}')
对arr2降序排序:
[[8 1]
 [9 5]
 [6 3]]
```

说明：

① 数组排序针对的是可比较元素。对于二维数组来说，只可对各一维成员中的元素进行。

② 除了 np.sort，NumPy 还提供有 np.argsort、就地排序的 ndarray.sort 方法。此外还有元素查找函数 np.partition 等，这里不再介绍。

（2）NumPy 数组的索引与切片

索引（index）和切片（slice）是通过整数编号访问 NumPy 数组元素的两种基本形式。通常，索引用于访问数组的单个元素，切片用于访问数组的子集。实际上，切片相当于索引的扩张。所以有人把切片也看成一种特殊的索引，称其为切片索引。在进行 NumPy 数组索引和切片操作时，常使用如表 6.8 所示的符号。

表 6.8 NumPy 数组索引和切片操作时常用的符号

符号	说明	符号	说明
[i]	获取第 i 个元素	[i:j]	获取从索引 i 到 j（不包括 j）的切片
[:n]	获取前 n 个元素的切片	[n:]	获取从 n 开始到数组末尾的切片
[:]	获取整个数组的副本	[i, j]	取二维数组中第 i 行 j 列的元素
[i, :]	获取二维数组中第 i 行的切片	[:, j]	获取二维数组中第 j 列的切片
[i:j, m:n]	获取子数组，从 i 到 j 行以及从 m 到 n 列的交集中的元素		

代码 6.5 NumPy 数组的索引与切片。

```
>>> import numpy as np
>>>
>>> # 创建一个二维数组
>>> arr = np.array([[1, 2, 3], [4, 5, 6], [7, 8, 9]])
>>>
>>> # 索引和切片的使用
>>> print(arr[1])                # 获取第二行的切片
[4 5 6]
>>> print(arr[:, 1])             # 获取第二列的切片
[2 5 8]
>>> print(arr[1, 2])             # 获取第二行第三个元素
6
>>> print(arr[1:3, 1:3])         # 获取第二行第二列到第三行第三列的切片
[[5 6]
 [8 9]]
```

注意：

① NumPy 索引是从 0 开始的。

② 切片是原数组的视图，修改切片会影响原数组。如需复制，可使用 .copy() 方法。

（3）NumPy 数组的拼接与分裂

数组拼接是将不同的数组按照一定的顺序组合成一个新的数组。根据数组的维度和拼接方向，NumPy 提供了几种不同的函数来实现数组的拼接，主要包括 np.concatenate、np.vstack（垂直栈）、np.hstack（水平栈）和 np.dstack（深度栈）等。

数组分裂是将一个数组分割成多个较小数组的过程。NumPy 提供了几个函数来执行不同形式的数组分裂，包括 np.split、np.hsplit、np.vsplit 和 np.array_split 等。这些函数允许你按照指定的索引或轴将数组分割成多个子数组。

代码 6.6 NumPy 数组拼接/分裂示例。

```
>>> import numpy as np
>>>
>>> # 创建两个形状相同的数组
>>> arr1 = np.array([[1, 2], [3, 4]])
>>> arr2 = np.array([[5, 6], [7, 8]])
>>>
>>> # 数组连接示例
>>> horizontal_concat = np.hstack((arr1, arr2))
>>> print("水平方向拼接:\n", horizontal_concat)
水平方向拼接:
 [[1 2 5 6]
 [3 4 7 8]]
>>> vertical_concat = np.vstack((arr1, arr2))
>>> print("垂直方向拼接:\n", vertical_concat)
垂直方向拼接:
 [[1 2]
 [3 4]
 [5 6]
 [7 8]]
>>>
>>> # 数组为两个子数组示例
>>> arr_split_h = np.hsplit(horizontal_concat, 2)
>>> print("水平分裂后的两个数组:\n", arr_split_h)
水平分裂后的两个数组:
 [array([[1, 2],
       [3, 4]]), array([[5, 6],
       [7, 8]])]
>>> arr_split_v = np.vsplit(vertical_concat, 2)
>>> print("垂直分裂后的两个数组:\n", arr_split_v)
垂直分裂后的两个数组:
 [array([[1, 2],
       [3, 4]]), array([[5, 6],
       [7, 8]])]
```

注意：

① 拼接的数组在非拼接轴上的维度必须相同。

② 使用 np.split 时，如果指定的是分割成的均等分的数量，则数组的大小必须能被该数量整除，否则会报错。如果需要分割成不等长的子数组，应使用 np.array_split。

（4）数组重塑

在 NumPy 中，数组重塑也称形状，其函数的格式为：

reshaped_arr= arr.reshape(newshape, order = 'C')

newshape：整数或整数元组，表示新的维数。如果为整数，则返回的数组是一维的，长度等于该整数。如果为元组，则元组中的每个整数表示对应维度的大小。

order：可选名字参数，指定读取数组元素时的顺序。可以是 'C'（按行）、'F'（按列）、'A'（原顺序）、'K'（元素在内存中的出现顺序）。默认值为 'C'。

代码 6.7 NumPy 数组形状修改操作示例。

```
>>> import numpy as np
>>>
>>> arr = np.arange(6)
>>> print(arr)
[0 1 2 3 4 5]
>>>
>>> # 使用reshape()将数组arr进行重塑
>>> reshaped_arr2 = arr.reshape(2, 3)
>>> print(reshaped_arr2)
[[0 1 2]
 [3 4 5]]
>>>
>>> reshaped_arr3 = arr.reshape(3, 2)
>>> print(reshaped_arr3)
[[0 1]
 [2 3]
 [4 5]]
>>>
>>> reshaped_arr6 = arr.reshape(6, 1)
>>> print(reshaped_arr6)
[[0]
 [1]
 [2]
 [3]
 [4]
 [5]]
```

3）数组通用运算

NumPy 是一个集科学计算和数据分析为一体的 Python 库，可以提供丰富的计算资源。就基础计算而言，其所列门类已经十分齐全。由于非常容易理解，下面仅简单予以介绍。也不给出太多示例。

（1）算术运算

NumPy 允许对数组执行各种算术运算，这些运算可以是数组与数组之间的，也可以是数组与标量之间的。

加法（+ 或 np.add）：数组元素相加。

减法（- 或 np.subtract）：从第一个数组中减去第二个数组的元素。

乘法（* 或 np.multiply）：数组元素相乘。

除法（/ 或 np.divide）：第一个数组元素除以第二个数组的元素。

平方根（np.sqrt）：数组每个元素的平方根。

幂运算（** 或 np.power）：第一个数组元素的第二个数组元素次幂。

（2）比较运算

NumPy 支持所有常见的比较运算符，比如 <（小于）、>（大于）、<=（小于等于）、>=（大于等于）、\==（等于）和 !=（不等于）。这些运算符被应用于数组时，会逐元素地进行比较，返回一个同形状的布尔数组。

（3）逻辑运算

NumPy 提供了逻辑操作函数，如逻辑与（np.logical_and）、逻辑或（np.logical_or）、逻辑非（np.logical_not）等。

（4）对数运算

NumPy 提供了一系列的对数函数，使得对数组中的每个元素进行对数运算变得非常简单和高效。这些对数函数包括计算自然对数、底数为 10 的对数、底数为 2 的对数等。对数运算在数据分析、科学计算、工程等领域中非常常见，特别是在处理指数增长或衰减的数据时。NumPy 中的主要对数函数如下：

np.log(x)：计算数组中各元素的自然对数（底数是 e）。

np.log10(x)：计算数组中各元素的以 10 为底的对数。

np.log2(x)：计算数组中各元素的以 2 为底的对数。

np.log1p(x)：计算 1+x 的自然对数，对于小值 x，提高计算精度。

np.expm1(x)：计算 exp(x) - 1，对应于 np.log1p，提高小值 x 的计算精度。

（5）三角函数

常用的 NumPy 三角函数如下：

np.sin(x)：正弦函数。

np.cos(x)：余弦函数。

np.tan(x)：正切函数。

np.arcsin(x)：反正弦函数。

np.arccos(x)：反余弦函数。

np.arctan(x)：反正切函数。

np.arctan2(y, x)：两个参数的反正切函数，返回给定的 Y/X 的反正切值。

np.radians(deg)：角度转换为弧度。

np.degrees(rad)：弧度转换为角度。

np.hypot(x, y)：计算直角三角形的斜边长度。

4）广播计算

NumPy 的广播（broadcasting）计算是指在多维数组上进行的一种高效计算方式。它可以将计算任务分发到每个维度上，并且可以在计算过程中进行数据共享和同步，从而提高计算效率和精度。在 NumPy 中，广播计算严格地遵循如下一组简单的规则。

① 如果两个数组的维数不相同，形状中较短的数组会在其左边补 1，直到两者的维数相同。

② 两个数组在某个维度上的大小不匹配，但其中一个数组在该维度上的大小为 1，则该数组会沿着维度为 1 的维度扩展，以匹配另一个数组的形状。

③ 如果两个数组的形状在任何一个维度上都不匹配并且没有任何一个维度等于 1，那么会引发异常。

代码 6.8 广播计算规则应用示例。

```
>>> import numpy as np
>>>
>>> # 构造一组大小不同的数组
>>> a = np.array([2, 1, 0])                   # 大小为3
>>> b = np.array([[1, 2, 3], [4, 5, 6], [7, 8, 9]])   # 大小为(3,3)
>>> c = 6                                     # 大小为1
>>> d = np.array([3, 5])                      # 大小为2
>>>
>>> # 广播计算规则测试示例
>>> print(a + b)                              # 符合规则 ①
[[3 3 3]
 [6 6 6]
 [9 9 9]]
>>> print(a + c)                              # 符合规则 ②
[8 7 6]
>>> print(a + d)                              # 符合规则 ③
Traceback (most recent call last):
  File "<pyshell#17>", line 1, in <module>
    print(a + d)                              # 符合规则 ③
ValueError: operands could not be broadcast together with shapes (3,) (2,)
```

说明： a + b 的计算过程如下。

① 两个数组的初始维度：a 的大小为 3，b 的大小为（3,3），符合规则①。

② 在 b 的左边补 1，大小成（1,3），数组成为 [[2,1,0]]。

③ 复制 b 行，成为 [[2,1,0],[2,1,0],[2,1,0]]。

④ 将两个（3,3）的数组相加，成 [[2,1,0],[2,1,0],[2,1,0]] + [[1,2,3],[4,5,6],[7,8,9]]。

5）数据统计分析

NumPy 提供了一系列的统计函数来进行数据分析，一般多用于数据的探索性数据分析。这些函数大致有如下一些。

```
sum_val = np.sum(arr)              # 求和
mean_val = np.mean(arr)            # 求平均值
std_val = np.std(arr)              # 求标准差
max_val = np.max(arr)              # 求最大值
min_val = np.min(arr)              # 求最小值
max_index = np.argmax(arr)         # 求最大值的索引位置
min_index = np.argmin(arr)         # 求最小值的索引位置
median_val = np.median(arr)        # 求中位数
variance_val = np.var(arr)         # 求方差
std_val = np.std(arr)              # 求标准差
```

说明：

① 中位数（median）是将数据集按顺序排列后位于中间的值。如果数据集的数量是偶数，中位数则是中间两个数的平均值。它是一种衡量数据中心位置的指标，对异常值不敏感。

② 平均值（mean）是所有数据加总后除以数据的数量。它是描述数据集平均水平的一个指标，但对异常值敏感。

③ 方差（variance）是数据点与数据平均值之间的差异程度。方差越大，表示数据分布越分散。

④ 标准差（standard deviation）是方差的平方根，也用于衡量数据的分散程度。与方差相比，标准差与原始数据在同一量纲，更容易理解。

代码 6.9 部分统计数据计算示例。

```
>>> import numpy as np
>>>
>>> arr = np.array([11, 12, 13, 14, 15, 16, 17, 18])   # 构造一个数组
>>> print(f"Median: {np.median(arr)}")                  # 计算中位数
Median: 14.5
>>> print(f"Mean: {np.mean(arr)}")                      # 计算平均值
Mean: 14.5
>>> print(f"Variance: {np.var(arr)}")                   # 计算方差
Variance: 5.25
>>> print(f"Standard Deviation: {np.std(arr)}")         # 计算标准差
Standard Deviation: 2.29128784747792
```

6）数据的概率密度分析

概率密度（probability density）指事件随机发生的概率，在数值上等于一段区间（事件的取值范围）的概率除以该段区间的长度。数据的概率密度分析主要是通过分析数据的概率密度函数（PDF）来理解数据分布的特征和规律。通过概率密度分析，可以了解数据的分布类型（如正态分布、均匀分布等），评估数据的集中程度和离散程度，发现数据中的异常值或极端情况，为数据驱动的决策提供依据，如在机器学习、图像处理等领域中的应用。

（1）NumPy 中的基础概率函数

数据的概率密度分析是概率计算的一部分。为支持概率计算，NumPy 的 random 模块中提供了多种用于生成随机数的函数，其中较为常用的有：

np.random.random 和 np.random.rand：生成指定形状的 0 到 1 之间的随机数。

np.random.randint：生成指定数值范围内的随机整数。

np.random.randn：生成服从均值为 0，标准差为 1 的标准正态分布的随机数。

np.random.normal：生成指定均值和标准差的正态分布随机数。

np.random.uniform：生成均匀分布随机数。

np.random.seed：设置随机数生成的种子，用于复现随机过程。

np.random.shuffle：打乱数组元素的顺序。

np.random.choice：从给定数组中按照指定概率随机选择元素。

np.random.permutation：对数组进行随机排列。

代码 6.10 随机数数组生成示例。

```
>>> import numpy as np                                  # 导入模块并命名为 np
>>> import matplotlib.pyplot as plt                     # 导入绘图模块并命名为plt
>>>
>>> a_randint = np.random.randint(1, 9, 6)  # 6个[1,9)间随机整数组成的一维数组
>>> print("6个随机整数组成的一维数组：\n", a_randint)
6个随机整数组成的一维数组：
 [5 7 1 8 7 5]
>>>
>>> b_randint = np.random.randint(10, 20, (5, 3))  # [10,20)间随机整数组成5行3列二维数组
>>> print("[10,20)间随机整数组成的二维数组：\n", b_randint)
[10,20)间随机整数组成的二维数组：
 [[16 15 12]
 [10 10 14]
 [18 11 14]
 [16 18 16]
 [16 17 13]]
>>>
>>> c_rand = np.random.rand(6)                          # 6个[0,1)间的随机数组成一维数组
>>> print("6个[0,1)随机数组成的一维数组：\n", c_rand)
6个[0,1)随机数组成的一维数组：
 [0.4528642  0.43658565 0.62668093 0.33118653 0.42479083 0.21955554]
>>>
>>> d_randn = np.random.randn(10)                       # 10个标准正态分布随机数组成一维数组
KeyboardInterrupt
>>> print("10个标准正态分布随机数组成一维数组：\n", d_randn)
10个标准正态分布随机数组成一维数组：
 [-0.49504134 -1.33063792 -0.11678264  1.35758373  0.84325159  1.56463382
  1.13394705  0.55643908  0.73988121 -1.80619211]
>>> plt.hist(d_randn, bins = 10)                        # 绘制直方图
(array([1., 1., 0., 1., 0., 1., 0., 3., 1., 2.]), array([-1.80619211, -1.46910951,
       -1.13202692, -0.79494433, -0.45786174,
       -0.12077914,  0.21630345,  0.55338604,  0.89046863,  1.22755122,
        1.56463382]), <BarContainer object of 10 artists>)
>>> plt.show()                                          # 显示图片
```

显示直方图如图 6.7 所示。

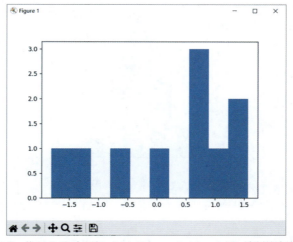

图 6.7　代码 6.10 中语句 plt.hist(d_randn,bins = 10) 绘制的直方图

讨论：

直方图的形状与两个因素有关：一个是 np.random.randn() 产生的数据量；一个是 plt.hist() 函数中的 bins 参数。图 6.8 是将数据量提高到 10000，其他没有变化形成的直方图。

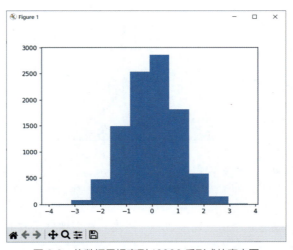

图 6.8　将数据量提高到 10000 后形成的直方图

图 6.9 是将数据量提高为 10000，并将 plt.hist() 函数中的 bins 参数——作图时的分组数提高到 100 后形成的直方图。

直方图的美观性还与 plt.hist() 函数的下列参数有关：

alpha：指定直方图的透明度。

edgecolor：指定直方图的边缘颜色。

color：直方图的颜色。

histtype：直方图的类型，可以是 'bar'（默认）、'step' 或 'stepfilled'。

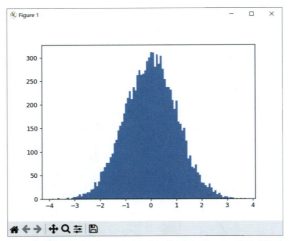

图 6.9 将数据量提高到 10000、分组数提高到 100 后形成的直方图

图 6.10 是函数 plt.hist(d_randn,bins = 30,color = 'skyblue',edgecolor = 'red') 形成的直方图。

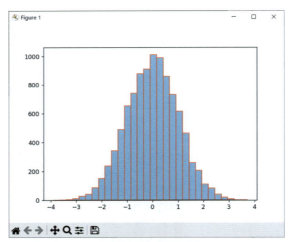

图 6.10 函数 plt.hist(d_randn,bins = 30,color = 'skyblue',edgecolor = 'red') 形成的直方图

实际上，plt.hist() 还远远不止上述参数。有兴趣的读者请查看有关资料。
（2）NumPy 中的其他概率分布函数

np.random.binomial(n, p[, size])：产生二项分布的随机数。
np.random.poisson([lam, size])：产生泊松分布的随机数。
np.random.uniform([low, high, size])：产生均匀分布的随机数。
np.random.exponential([scale, size])：产生指数分布的随机数。
np.random.chisquare(df[, size])：产生卡方分布的随机数。
np.random.f(dfnum, dfden[, size])：产生 F 分布的随机数。
np.random.gamma(shape[, scale, size])：产生伽马分布的随机数。
关于这些概率分布的函数，亦请查阅有关资料。

习题6.2

一、选择题

1. 以下说法中错误的是_____。
   A．大数据是一种思维方式
   B．大数据不仅仅是数据的体量大
   C．大数据会带来机器智能
   D．大数据的英语是 large data
2. 下列计算机存储容量单位换算公式中，正确的是_____。
   A．1KB = 1024 B　　　　　　　B．1KB = 1000 B
   C．1GB = 1000 KB　　　　　　D．1GB = 1024 KB

二、判断题

1. 数据挖掘的主要任务是从数据中发现潜在规则，以更好地完成描述数据、预测数据等任务。（　　）
2. 噪声和伪像是数据错误这一相同表述的两种叫法。（　　）
3. 分类和回归都可用于预测，分类的输出是离散的类别值，而回归的输出是连续数值。（　　）

三、实践题

1. 在网上收集 3 个完整的数据管理项目，对其进行评价。
2. 收集学校食堂各种菜（口味、材料、价格等）和学生购买（学生性别、年级、专业）等数据进行分析处理。
3. 收集学生专业、高考成绩、性别、课外活动内容、学习成绩、交友、家庭环境（家长职业、年龄）等数据，预测一下将来哪些同学会考研、哪些同学会直接就业等。
4. 列举身边的大数据项目。

6.3　Python WWW 访问

美国著名的信息专家、《数字化生存》的作者 Negroponte 教授认为，1989 年是 Internet 历史上划时代的分水岭。这一年英国计算机科学家 Tim Berners-Lee 成功开发出世界上第一台 Web 服务器和第一个 Web 客户机，并用 HTTP 进行了通信。这项以 WWW 浏览的方式赋予了 Internet 靓丽的青春。

WWW 是 World Wide Web 的缩写，从字面上看可以翻译为"世界级的巨大网"或"全球网"，中国将之命名为"万维网"，有时也简称为 Web 或 W3。它的重要意义在于连接了全球几乎所有的信息资源，向人类展示了一个虚拟的世界，并能使人们在任何一台连接在网上的终端都能进行获取。

6.3.1 超文本与 HTML

（1）超文本

超文本文件（hypertext）就是指具有超链接功能的文件。它可以使人从当前的网络阅读位置跳跃到其他相关的位置，丰富了信息来源。这个概念由美国学者 Ted Nelson 提出，将之称为 the original hypertext project——hypertext（中文将之译为超文本），并于 1960 年开始研究这个想法的实现项目：Xanadu。图 6.11 所示为他画的超文本草图。

图 6.11　Ted Nelson 的超文本草图

（2）浏览器/服务器架构

浏览器/服务器（browser/server，B/S）架构是 C/S 架构的延伸，是随着 WWW 兴起而出现的网络工作模式。由于在 WWW 系统中到所有超链接的数据资源中搜寻需要的数据，需要有充足的软硬件和数据资源，这非一般客户力所能及；所以，需要由服务器专门承担数据搜寻。这样，客户机上只安装一个浏览器即可，从而形成了 B/S 架构。

（3）超文本标记语言 HTML

在 B/S 架构中，浏览器端的主要工作有两项：一是向服务器发送数据需求；二是把服务器端发送来的数据以合适的格式展现给用户。这就需要一种语言进行描述。目前最常使用的是超文本标记语言（hypertext markup language，HTML）及富文本格式（rich text format，RTF）。其关键是将超文本规范为页面（分头和体）、表单、标题、注释、图片、表格等元素，并使用一些标签（tag）对每个元素的显示位置和格式进行标记（markup）。

代码 6.11　一段 HTML 文档示例。

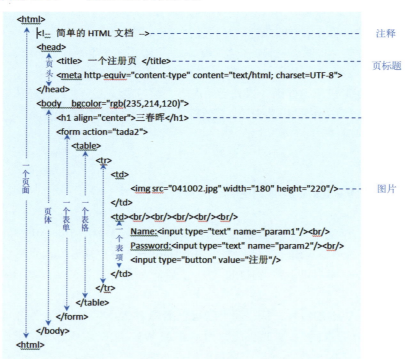

说明： 多数 HTML 标记要成对使用在有关信息块的两端，部分标记可以单个使用。加

有 HTML 标记的 HTML 文档，在服务器端被当作文件存放，称为网页（web page）文件，扩展名为 html、htm、asp、aspx、php、jsp 等。客户端需要某个页面时，就向服务器端发请求。这个页面文件传到客户端后，浏览器就对该 HTML 文件进行解释并显示出来。图 6.12 为代码 6.11 在客户端解释后显示的情况。

图 6.12　代码 6.11 客户端显示

6.3.2　超文本传输协议 HTTP

（1）HTTP 及其特点

要实现 Web 服务器与 Web 浏览器之间的会话和信息传递，需要一种规则和约定——超文本传输协议（hypertext transfer protocol，HTTP）。

HTTP 建立在 TCP 可靠的端到端连接之上，如图 6.13 所示。它支持客户端（浏览器）与服务器间的通信，可以相互传送数据。一个服务器可以为分布在世界各地的许多客户服务。

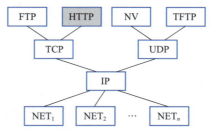

图 6.13　HTTP 在 TCP/IP、协议栈中的位置

HTTP 的主要特点如下：

① 基于 TCP，面向连接传输，端口号为 80。
② 允许传输任意类型的数据对象。
③ 支持客户端/服务器模式。
④ 支持基本认证和安全认证。
⑤ HTTP 是无状态协议。无状态是指协议对于事务处理没有记忆能力。
⑥ 从 HTTP 1.1 起开始采用持续连接，使一个连接可以传送多个对象。

⑦ 协议简单，使得 HTTP 服务器的程序规模小，因而通信速度很快。

注意： 在实际工作中，某些网站使用 cookie 功能来挖掘客户喜好。当用户（user）访问某个使用 cookie 的网站时，该网站就会为 user 产生一个唯一的识别码并以此作为索引在服务器的后端数据库中产生一个项目，内容包括这个服务器的主机名和 set-cookie 后面给出的识别码。当用户继续浏览这个网站时，每发送一个 HTTP 请求报文，其浏览器就会从其 cookie 文件中取出这个网站的识别码并放到 HTTP 请求报文的 cookie 首部行中。

（2）HTTP 请求方法

根据 HTTP 标准，现在 HTTP 请求可以使用表 6.9 所示的八种请求方法。其中，HTTP 1.0 定义了 GET、HEAD 和 POST 三种请求方法，HTTP 1.1 又新增了其余五种请求方法。其中最常用的是 GET 和 POST。

表 6.9　HTTP 1.1 的八种请求方法

序号	方法	描述
1	GET	向服务器发出索取数据的请求，并返回实体主体
2	HEAD	类似于 GET 请求，只不过返回的响应中没有具体的内容用于获取报头
3	POST	向指定资源提交数据进行处理请求（如提交表单或者上传文件）。数据被包含在请求体中。POST 请求可能导致新资源的建立和/或已有资源的修改
4	PUT	从客户端向服务器传送的数据取代指定文档的内容
5	DELETE	请求服务器删除指定的页面
6	CONNECT	HTTP 1.1 中预留给能够将连接改为管道方式的代理服务器
7	OPTIONS	允许客户端查看服务器的性能
8	TRACE	回显服务器收到的请求，主要用于测试或诊断

（3）HTTP 状态码

服务器执行 HTTP，就是对浏览器端的请求进行响应。作为面向连接的交互，该响应使用三位数字的五组状态码简洁地告诉浏览器端相应的状态。五组状态码的格式如下：

1xx：一般不用。

2xx：表示基本 OK。具体又细分为多种。

3xx：表示多种情况。

4xx：表示响应不成功。

5xx：表示服务器错误。

（4）HTTPS

HTTPS（secure hypertext transfer protocol，安全超文本传输协议）是 HTTP 的安全版。它基于 HTTP，在客户计算机和服务器之间使用安全套接字层（SSL）进行信息交换。

6.3.3　统一资源定位符

Tim Berners-Lee 对万维网的贡献不仅在于他成功开发了世界上第一个以 B/S 架构运行的系统，更在于他发明了统一资源定位符（uniform resource locator，URL），为 Internet 上的信息资源的位置和访问方法提供了一种简洁的表示。

1）URL 组成

URL 由 schema 和 path 两部分组成。

（1）schema（模式/协议）

schema 用以告诉浏览器所要处理（传输）的资源以什么模式存在，以什么协议访问。目前可以指定的协议（模式）有下列一些：

http——超文本传输协议资源；

https——用安全套接字层传送的超文本传输协议；

ftp——文件传输协议；

mailto——电子邮件地址；

ldap——轻型目录访问协议搜索；

file——当地电脑或网上分享的文件；

news——Usenet 新闻组；

gopher——Gopher 协议；

telnet——Telnet 协议。

（2）path（路径）

path 部分具体结构形式随连接模式而异，一般包含有主机全名、端口号、类型和文件名、目录号等。

2）URL 语法格式

URL 的两部分之间用"://"分隔。Path 部分的具体结构形式随连接模式而异，下面介绍两种 URL 格式。

（1）HTTP URL 语法格式

http:// 主机全名 [：端口号]/ 文件路径和文件名。

由于 HTTP 的端口号默认为 80，因而可以不指明。

（2）FTP URL 语法格式

ftp://[用户名 [：口令]@] 主机全名 / 路径 / 文件名。

其中，默认的用户名为 anonymous，用它可以匿名传输文件。如果账户要求口令，口令应在 URL 中编写或在连接完成后登录时输入。

6.3.4 搜索引擎

（1）搜索引擎的概念

搜索引擎（search engine）指一种根据一定的策略，自动从 Internet 上采集信息，自动搜集信息，并经过一定的整理，为用户提供检索服务的技术，也是对提供这类服务的网站的称呼。

从整体上看，搜索引擎的核心工作可视为三个部分：

① 抓取网页。蜘蛛在互联网上爬行和抓取网页信息，并存入原始网页数据库；

② 对原始网页数据库中的信息进行提取和组织，并建立索引库；

③ 根据用户输入的关键词，快速找到相关文档，并对找到的结果进行排序，将查询结果返回给用户。

（2）搜索引擎的类型

从提供的服务内容看，搜索引擎大致分为如下几类。

① 全文搜索引擎。全文搜索引擎可以从网络中提取以网页文字为主的网站信息，建立

起数据库，并能提供与用户查询条件相匹配的记录，按一定的排列顺序返回结果。

② 元搜索引擎。元搜索引擎（META search engine）接受用户查询请求后，同时在多个搜索引擎上搜索，并将结果返回给用户。

③ 目录搜索引擎。目录搜索引擎主要通过搜集和整理网络资源，根据搜索到网页的内容，将其网址分配到相关分类主题目录的不同层次的类目之下，形成像图书馆目录一样的分类树形结构索引。目录索引无须输入任何文字，只要根据网站提供的主题分类目录，层层点击进入，便可查到所需的网络信息资源。

④ 垂直搜索引擎。垂直搜索引擎专注于特定的搜索领域和搜索需求。

6.3.5 网络爬虫

（1）网络爬虫的概念

搜索引擎的核心工作就是获取网页中的有关数据。完成这项工作的主要角色称为网络爬虫（web crawler），也称网络蜘蛛（web spider）。它们实际上是一种用于自动获取网页数据的程序。

网络蜘蛛是通过网页的链接地址来寻找网页。从网站某一个页面（通常是首页）开始，读取网页的内容，找到在网页中的其它链接地址，然后通过这些链接地址寻找下一个网页，这样一直循环下去，直到把这个网站所有的网页都抓取完为止。如果把整个互联网当成一个网站，那么网络蜘蛛就可以用这个原理把互联网上所有的网页都抓取下来。因此，网络爬虫要具备两大机能：按一定的算法爬行和抓取网页内容。

需要注意的是，在网络上爬取数据若涉及别人的隐私、造成网络运行故障等是会引发法律责任问题的，必须小心谨慎。

（2）网络爬虫活动框架

一般说来，网络爬虫需要有调度器、URL 管理器、下载器、网页解析器、应用程序（爬取的有价值数据）来构成爬虫活动框架。

① 下载器（downloader）。下载器通过传入一个 URL 地址来获取网页中的数据，并将网页数据转换成字符串传送给网页解析器。

② 网页解析器（web parser）。网页解析器将一个网页字符串进行解析，可以按照用户要求提取出其中有用的信息。

③ URL 管理器。通过内存、数据库或缓存数据库实现对待爬取的 URL 地址和已爬取的 URL 地址的存储与管理，防止重复抓取 URL 和循环抓取 URL。

④ 调度器（scheduler）。主要负责调度 URL 管理器、下载器、网页解析器之间的协调工作。它有一个引擎（Scrapy engine）用来处理整个系统的数据流，触发事务。

⑤ 应用程序。从网页中提取的有用数据组成的一个应用。

（3）网络爬虫工作流程

一个粗略的网络爬虫的工作流程如图 6.14 所示。

① 调度器从 URL 管理器的欲爬取 URL 队列中取出一个 URL。

② 调度器的引擎把 URL 封装成一个请求（Request）传给下载器。

③ 下载器把资源下载下来，并封装成应答包（Response）送网页解析器解析。

④ 解析出的有用数据送调度器。

⑤ 用户有请求时，调度器按用户请求发送有用数据给用户。

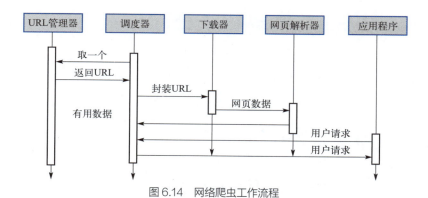

图 6.14 网络爬虫工作流程

6.3.6 用 urllib 模块库访问网页

（1）urllib 模块概述

Web 是 Internet 的一个最重要的、相当广泛的应用，它涉及较多的技术。为支持 Web 开发，Python 提供了很多模块，如 html（HTML 支持）、xml（XML 处理模块）、cgi（CGI 支持）、urllib（URL 处理模块库）、urllib.parse（解析 URL）、http（HTTP 模块库）、http.client（HTTP 客户端）等。

Python 3 标准模块库中与 Web 有关的模块

urllib 是其中一个功能非常强大的模块。它提供了丰富的功能来处理网络请求和响应，包括发送 HTTP 请求、解析 URL、处理异常等。为实现这些功能，它设计了 5 个子模块。

① urllib.parse：解析 URL，可以将一个 URL 字符串分解为 IP 地址、网络地址和路径等成分，或重新组合它们，以及通过 base URL 转换 relative URL 到 absolute URL 的统一接口。

② urllib.request：提供了多种函数和类，用于发送 HTTP 请求（包括 GET 和 POST 请求，以及其他类型的请求），开发者可以根据需要选择合适的请求方法。

③ urllib.response：定义响应处理的有关接口，如 read()、readline()、info()、geturl() 等，响应实例定义的方法可以在 urllib.request 中调用。

④ urllib.error：提供了一系列的异常类，用于捕获和处理这些异常情况。

⑤ urllib.robotparser：解析 robots.txt（爬虫）文件，确保爬虫遵守网站的访问规则，避免违反网站的使用条款。

（2）urllib.parse 模块及其 URL 解析

URL 解析主要由 urllib.parse 模块承担，可以支持 URL 的拆分与合并以及从相对地址到绝对地址的转换。urllib.parse 模块的主要方法见表 6.10。

表 6.10 urllib.parse 模块的主要方法

方法	用法说明
urllib.parse.urlencode(query, doseq = False, safe = '', encoding = None, errors = None)	将URL附上要提交的数据
urlunparse(tuple)	用元组（scheme, netloc, path, parameters, query, fragment）组成URL
urllib.parse.urlparse(urlstring [, default_scheme [, allow_fragments]])	拆分URL为scheme、netloc、path、parameters、query、fragment
urllib.parse.urljoin(base, url[, allow_fragments] = True)	基地址base与URL中的相对地址组成绝对URL

参数说明：

query：查询 URL。

doseq：是否是序列。

safe：安全级别。

encoding：编码。

errors：出错处理。

values：需要发送到 URL 的数据对象。

scheme：URL 体系，即协议。

netloc：服务器的网络标志，包括验证信息、服务器地址和端口号。

path：文件路径。

parameters：特别参数，例如 fragment（片段）、base（URL 基）和 allow_fragments（是否允许碎片）。

代码 6.12 基于 URL 对图 6.15 所示网页进行访问的一组 Python 代码。

图 6.15 江南大学的一个文件——物联网工程学院新闻网

```
>>> from urllib import parse
>>>
>>> # URL解析
>>> url = 'http://iot.jiangnan.edu.cn/info/1051/2304.htm'
>>> parse.urlparse(url)
ParseResult(scheme='http', netloc='iot.jiangnan.edu.cn', path='/info/1051/2304.htm', params='', query='', fragment='')
>>>
>>> # URL反解析
>>> urlTuple = ('http', 'iot.jiangnan.edu.cn', '/info/1051/2304.htm', '', '', '')
>>> unparsedURL = parse.urlunparse(urlTuple)
>>> unparsedURL
'http://iot.jiangnan.edu.cn/info/1051/2304.htm'
>>>
>>> # URL连接
>>> url1 = 'http://www.jiangnan.edu.cn/'
>>> url2 = '/info/1051/2304.htm'
>>> newUrl = parse.urljoin(url1, url2)
>>> newUrl
'http://www.jiangnan.edu.cn/info/1051/2304.htm'
```

（3）urllib.request 模块及其应用

urllib.request 是 Python 的标准库，用于打开、读取和写入 URLs。表 6.11 为 urllib.request

模块的主要属性和方法。

表 6.11 urllib.request 模块的主要属性和方法

属性/方法	用法说明
urllib.request.urlopen(url,data = None[, timeout = socket.GLOBAL_DEFAULT_TIMEOUT], cafile = None, capath = None, context = None)	打开URL数据源，创建（返回）HTTP.client.HTTPresponse对象
urllib.request.Request(url, data = None, headers = {}, origin_req_host = None, unverifiable = False, method = None)	Request类的构造方法
urllib.request.full.url	Request对象的URL
urllib.request.host	主机地址和端口号
urllib.request.data	传送给服务器添加的数据
urllib.request.add_data(data)	传送给服务器添加一个数据
urllib.request.add_header(key, val)	传送给服务器添加一个header

参数说明：

url：URL 字符串。

data：可选参数，向服务器传送的数据对象，须为 UTF-8。

headers：字典，向服务器传送，通常用一组值替换掉原 User-Agent 头的一组值。

timeout：设置超时，以阻塞操作，默认为 socket.GLOBAL_DEFAULT_ TIMEOUT。

context：描述各种 SSL 选项的对象。

origin_req_host：原始请求的主机名或 IP 地址。

unverifiable：请求是否无法核实。

cafile、capath：指定一组被 HTTPS 请求信任的 CA 证书。cafile 指向一个包含 CA 证书的文件包，capath 指向一个散列的证书文件的目录。

method：表明一个默认的方法，method 类本身的属性。

代码 6.13 使用 urlopen 函数和 Request 类分别获取一个 URL 对象示例。

```
>>> from urllib import request
>>>
>>> url = 'https://www.baidu.com/'        # 百度UR
>>>
>>> # 用request.urlopen()函数获取url对应的网站对象
>>> reqs = request.urlopen(url)
>>> print(reqs)
<http.client.HTTPResponse object at 0x000001FCE2D9FA30>
>>>
>>> # 用request.Request类派生url对应的网站对象
>>> reqs1 = request.Request(url)
>>> print(reqs1)
<urllib.request.Request object at 0x000001FCE2D9E0B0>
```

说明：

① 用 urlopen 函数和 Request 类分别获取同一个 URL 的网站对象，得到的却不是同一个对象。

② 两次操作都只获得了有关网站对象的信息，却没有获得网站的内容信息。因为两个操作的结果就是网站对象。要获得网站内容，还需要进行读取操作，并进行字符转换。下面是在上述代码最后加上一个读取和转换后的情形。

```
>>> rest = reqs.read().decode('utf-8')
>>> print(rest)
<html>
<head>
        <script>
                location.replace(location.href.replace("https://","http://"));
        </script>
</head>
<body>
        <noscript><meta http-equiv="refresh" content="0;url=http://www.baidu.com/"></noscript>
</body>
</html>
```

习题6.3

一、选择题

1. 下列关于超文本的说法中，正确的是_____。
   A．超文本就是文本与非文本的组合
   B．超文本就是多媒体文本
   C．超文本就是具有相互链接信息的文字
   D．以上说法都不对

2. 下列关于 HTTP 与 HTTPS 的说法中，不正确的是_____。
   A．HTTP 连接简单，HTTPS 安全
   B．HTTP 传送明文，HTTPS 传送密文
   C．HTTP 有状态，HTTPS 无状态
   D．HTTP 的端口号为 80，HTTPS 的端口号为 443

3. 下列关于 HTTP 状态码的说法中，正确的是_____。
   A．HTTP 状态码是 3 位数字码　　B．HTTP 状态码是 4 位数字码
   C．HTTP 状态码是 3 位字符码　　D．HTTP 状态码是 4 位字符码

4. 下列关于 GET 方法和 POST 方法的说法中，不正确的是_____。
   A．GET 是将数据作为 URL 的一部分提交，POST 是将数据与 URL 分开独立提交
   B．GET 方法是一种数据安全提交，POST 方法是一种不太安全的数据提交
   C．GET 方法对提交的数据长度有限制，POST 方法没有
   D．GET 方法适合敏感数据提交，POST 方法适合非敏感数据提交

二、实践题

1. 编写一个同学之间相互聊天的程序。
2. 编写代码，读取本校网页上的一篇报道。
3. 编写代码，从 Python 登录自己的邮箱。
4. 用 Python 编写一个小 FTP 客户端程序，实现 FTP 上传、下载、删除、更名等。
5. 两人合作用 Python 编写一个简单的半双工聊天程序。半双工指仅创建一个连接，双方都可以发送，但不可同时发送。

6.4 Python GUI 编程

图形用户界面（graphical user interface，GUI）是指采用图形方式显示的计算机操作用户界面。第一个图形用户界面形成于 20 世纪 70 年代，开发者是美国施乐公司的研究人员。从此以后，Windows、MAC OS 等操作系统陆续出现，界面设计不断完善，操作系统的不断更新变化也将图形用户界面设计带进新的时代。用户通过窗口、按键、菜单等图形元素的简单点击、拖曳，就可以方便地与电子设备的控制程序进行交互，实现了字符界面向图形界面的转变，开启了新的纪元。

Python 具有丰富的 GUI 开发资源，如 pyGtk、PyQt、wxPython、Jython、IronPython 等。但广泛应用、适合初学者的是 tkinter。它简单、实用，是 Python 标准库之一。

GUI 通常由窗口、控件和事件处理器组成。窗口是程序的主界面，可以包含多个控件，例如按钮、文本框、标签等。控件是用户与程序交互的组件，用户可以通过控件来输入信息、执行操作等。事件处理器用于捕获用户的操作，例如点击按钮、输入文本等，然后执行相应的操作或更新界面。

6.4.1 GUI 窗口及其原理

1）窗口与组件

（1）窗口

窗口也称容器（container）或框架（frame），是摆放图形组件的一个区域。对于复杂的大型应用系统，往往会根据用户操作的需求设置多个窗口，并要设置一个用于控制全局的窗口作为主窗口，也称根（root）窗口或顶层窗口。主窗口是系统运行时最先创建的窗口。每个 GUI 都需要一个并且仅允许设置一个主窗口。其他窗口都称为子窗口。

窗口主要由标题栏、菜单栏、工具栏、状态栏、客户区组成。

① 标题栏：位于窗口最顶部，用于展示窗口标题；同时包含了对其进行最小化、最大化（或还原）以及关闭操作的按钮。

② 菜单栏：紧接在标题栏下方，包含了可以用来打开不同的菜单项以及执行各种命令的功能按钮。

③ 工具栏：呈现在菜单栏的下面，放置了一些常用操作（保存、打印、复制、粘贴、撤销、回退等）的图标。

④ 状态栏：位于窗口底部，用于显示与当前活动文档或应用程序相关的状态信息（如文档的页数、字数、编辑状态等）。

⑤ 客户区（工作区）：它是窗口的主要部分，因为所有的文章、图片以及其他内容都在此区域中呈现。

（2）组件

组件（widgets）也称小组件、小部件，是用户同程序交互并把程序状态以视觉反馈的形式提供给用户的可控图形界面元素，通常有菜单、标签、按钮、图标、画布、工具条、滚动条、文本框、对话框、列表框、消息框等形式。它们都是可以控制的。不同的组件在人机交互时具有不同的交互形式和功能。通常每个组件都是一个类。应用时，这些类要通过属性进行初始化，得到需要的组件对象。图 6.16 为几种常用组件组成的用户窗口。

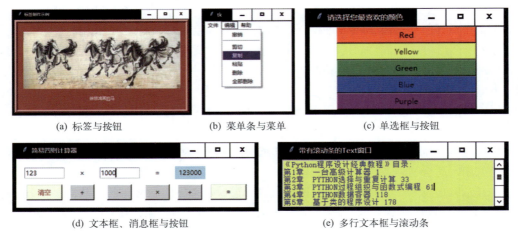

(a) 标签与按钮　　　　(b) 菜单条与菜单　　　　(c) 单选框与按钮

(d) 文本框、消息框与按钮　　　　(e) 多行文本框与滚动条

图 6.16　常用组件形成的用户窗口

2）组件布局与布局管理器

布局管理就是指控制窗口（容器，用面向对象术语常称为父组件）中各个组件（用面向对象术语称为子组件）的位置设置。

如图 6.17 所示，在 tkinter 中它们被定义为 Pack、Grid、Place 和 Base Widget 四个类，形成四种不同风格的组件布局。

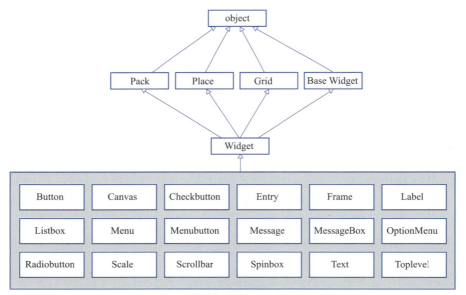

图 6.17　tkinter 中的组件类与布局管理器类的关系

由图 6.17 可以看出，tkinter 的各个组件类的共同父类是 Widget 类，而 Pack、Grid 和

Place 又是 Widget 的父类。所以得出如下结论：每个组件实例对象，都继承了三个布局管理器的基因，另外，可以用 Widget 的实例 widget 代表所有的组件实例对象。

3）事件与事件绑定

（1）事件与事件序列

组件及其布局构成了 GUI 的窗体。而这个窗体中发生的事件及其处理，才使得这个窗口及其组件发挥作用。在一个图形用户界面中，组件通过事件触发形成相应的命令。而事件是用户通过键盘、鼠标组件等操作形成，如移动鼠标、按下鼠标键、单击或双击鼠标一个按钮、用鼠标拖动滚动条、在文本框内输入文字、选择一个菜单项、关闭一个窗口、从键盘上键入一个命令……。这些每一个针对组件的操作，都会产生一个事件（event）。

（2）事件绑定

一般说来，当人在窗口中进行操作，触发事件后，计算机程序就要做出相应的反应。这些对事件的反应是通过函数或者组件的实例方法进行，称为事件处理函数（方法），通常用"eventhandler"标称。需要注意，事件函数通常只有一个必需参数 event，就像类的实例方法中的 self 参数、类方法中的 cls 参数一样。

事件绑定就是建立起事件类型（<event>）、事件处理函数/方法（eventhandler）与组件实例（widget）或组件类（Widget）、GUI 程序之间的联系。

6.4.2 tkinter 简介

20 世纪 80 年代，美国计算机科学家奥斯德奥特（John K. Ousterhout）为进行快速原型开发、测试和调试程序，并使其可轻易地嵌入到其他语言程序中，创建了一个脚本语言工具命令语言（tool command language，TCL）。1988 年，Ousterhout 开始为 TCL 开发一个图形工具箱（tool kit，Tk），将其称为 TCL/Tk，第一个版本于 1991 年问世。Tk 的出现大大简化了创建图形界面的过程，开发者们可以通过调用 Tk 提供的函数和类库，轻松地创建交互式的、富有视觉效果的图形化界面。随着时间的推移，Tk 发展成了一个独立的工具包，并被移植到许多其他编程语言中使用。

Python 问世后不久，为向用户提供图形界面工具，先是将 _tkinter 模块作为 TCL/Tk 在 Python 中的接口来使用。后来进一步将 TCL/Tk 的 Python 接口封装为一个标准库模块 Tkinter。到了 Python 3.x 后，将 Tkinter 更改为 tkinter。所以现在用户使用 import tkinter，就可以导入这个具有丰富组件和布局管理器的模块并快速创建图形用户界面应用程序。在 tkinter 中，定义有一个 Tk 类，可以用来创建图形用户界面 (GUI) 应用程序的主窗口对象。

1）tkinter 中的组件资源

（1）顶级窗口 Toplevel

Toplevel 只含有两个容器组件类：

① Tk，提供一个对话框作为主窗口。

② Toplevel，提供一个单独的对话框作为弹出的新窗口（子窗口）。

（2）基本组件

表 6.12 是已有的 tkinter 基本组件类简要说明。这是应用最多的组件，也会在应用中扩展。

表 6.12　tkinter 的基本组件类简要说明

控件类名	名称	用途
Button	按钮	用于捕捉用户的单击操作,执行一个命令或操作
Canvas	画布	提供线条、基本图形元素或文本,创建图形编辑器
Checkbutton	选择按钮	用于在程序中提供多项选择框
Entry	文本条	用来接收并显示用户输入的一行文字
Frame	框架、窗口、容器	在屏幕上显示一个矩形区域,多用来作为容器
Label	标签	在图形界面显示一些文字或图形信息,但用户不可对这些文字进行编辑
Listbox	列表框	选项列表,供用户从中选择一项或多项,分别称为单选列表和多选列表
Menu	菜单条	显示菜单栏
Menubutton	菜单按钮	用来包含菜单的组件（有下拉式、层叠式等）
Message	消息条	用来显示多行文本,与Label比较类似
MessageBox	消息框	类似于标签,但可以显示多行文本
OptionMenu	可选菜单	允许用户在菜单中选择值
Radiobutton	单选框	多中选一,并单选按钮状态
Scale	进度滑块	用线性"滑块"控制范围,可设定起始值和结束值并显示当前位置的精确值
Scrollbar	滚动条	与Text、Listbox、Canvas等配合,拖动鼠标(默认垂直方向)改变数值
Spinbox	高级输入组件	Entry组件的升级版,可以选择不同的输入范围值
Text	多行文本框	用来接收并显示用户输入的多行文字
Toplevel	悬浮窗口	作为一个单独的、最上面的窗口显示

其中，Frame 是最关键的组件。由于框架是摆放其他组件的组件，所以它的设计是图形用户界面设计的重要一关，其他组件的可管理性、易操作性、事件处理的方便性、程序代码的组织和给用户的第一印象，很大程度上由 Frame 的设计和组织决定。一般说来，简单的图形用户界面只需要一个框架，而复杂的图形用户界面就需要两个或两个以上的框架并形成层次结构。

在实际应用的 GUI 中，使用的组件都是有关组件类的实例对象。由组件类创建其实例组件对象，需要提供有关组件类的实例属性作为参数。表 6.13 为 tkinter 组件的主要共有实例属性。由图 6.18 可知，这些组件类的共有实例属性应当都是继承自它们的共同父类 Widget。除此之外，每个组件还应当有自己的独特属性，后面遇到时再补充介绍。

表 6.13　tkinter 组件的主要共有实例属性

选项(别名)	说明	值类型	典型值	无此属性组件
background(bg)	当组件显示时,给出的正常颜色	color	'gray25','#ff4400'	
borderwidth(bd)	组件外围3D边界的宽度	pixel	3	
cursor	指定组件使用的鼠标光标	cursor	gumby	
font	指定组件内部文本的字体	font	'Helvetica',('Verdana', 8)	Canvas Frame, ScrollbarToplevel
foreground(fg)	指定组件的前景色	color	'black','#ff2244'	
highlightbackground	指定经无输入焦点组件加亮区颜色	color	'gray30'	Menu
highlightcolor	指定经无输入焦点组件周围区加亮颜色	color	'royalblue'	Menu
highlightthickness	指定有输入焦点组件周围加亮区域宽度	pixel	2.1m	Menu

续表

选项(别名)	说明	值类型	典型值	无此属性组件
relief	指定组件3D效果	constant	RAISED,GROOVE,SUNKEN,FLAT, RIDGE, SOLID	
takefocus	窗口在键盘遍历时是否接收焦点	boolean	1 YES	
width	设置组件宽度,即组件字体的平均字符数	integer	32	Menu

2）tkinter 中的三种布局管理器

（1）Pack

Pack 是基于组件间相互位置的布局管理器。每个组件都继承有基类中的 pack() 方法以确定自己的定位。pack() 方法的格式如下，其参数说明见表 6.14。

```
widget.pack(**options)
```

表 6.14　pack() 方法的参数

参数名	含义	取值说明
side	组件位置顺序	LEFT(左右)｜TOP(上下，默认)｜RIGHT（右左）｜BOTTOM（下上）
fill	充满窗口方式	X（横向）｜Y（纵向）｜BOTH（横纵双向）｜NONE（不充满）
expand	组件扩展范围	YES（或1,展开到整个空白区域）｜NO（或0,不展开,默认值）
ipadx、ipady	组件文本与边界的间距	x水平，y垂直；值，默认是0,单位像素：c(cm),m(mm),i(inch),p(像素)
padx、pady	邻近组件的间距或组件与窗体边界的间距	
anchor	按照方位设置组件位置	N（上）｜E（右）｜S（下）｜W（左）｜NW（左上）｜NE（右上）｜SW（左下）｜SE（右下）｜CENTER（中,默认）

图 6.18 就是一种 anchor = CENTER、side = LEFT、fill= NONE 的 Pack 布局。

（2）Grid

Grid 是基于网格的布局管理器，它把一个容器划分为由若干个行、列分隔的网格（单元格，cell），然后根据行号和列号，将子组件添加于网格之中。每个单元 (cell) 都可以放置一个子组件。图 6.19 就是一种 Grid 布局。

图 6.18　一种 Pack 组件布局

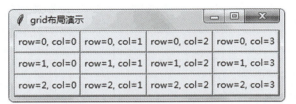

图 6.19　一种 Grid 组件布局

Grid 布局管理器用 grid () 方法向容器中添加子组件。grid() 方法的格式如下，参数说明如表 6.15 所示。

```
widget.grid(**options)
```

表 6.15　grid() 方法的参数

参数名	含义	取值说明
row、column	组件位置：row为行号,column为列号	0开始的正整数
rowspan、columnspan	跨度：行跨度，列跨度	正整数
sticky	设置组件在网格中的对齐方式	N、E、S、W、NW、NE、SW、SE、CENTER
ipadx、ipady、padx、pady	组件内、外部间距，同pack该属性含义	同pack该属性用法

注意：网格没有固定大小，网格大小取决于最大的组件大小。

（3）Place

Place 是基于坐标位置的布局管理器，是最简单最灵活的一种布局。组件可以调用 place() 方法向窗口中添加自己。place() 方法的格式如下，参数说明如表 6.16 所示。

```
widget.place(**options)
```

表 6.16　place() 方法的参数说明选项举例

参数名	含义	取值说明
x、y	绝对坐标	从0开始的正整数,默认值为0；单位：像素
relx、rely	相对于父容器的x、y坐标	相对位置,0～1之间浮点数,0.0表示左边缘（或上边缘），1.0表示右边缘（或下边缘）
anchor	对齐方式，同pack布局	默认值为NW,同pack布局
width、height	组件的宽度、高度	非负整数,单位：像素
relwidth、relheight	相对于父容器的宽度、高度	0～1之间浮点数,与relx（rely）取值相似

说明：上述 3 种布局管理器设置时，还可以用方法 propagate(boolean) 设置容器的几何大小是否由子组件决定：参数为 True（默认值），表示相关；反之则无关。

3）tkinter 事件序列

在 tkinter 中，事件用事件序列（event sequences，也称事件代码）描述。事件序列是放置于一对尖括号之内的三段字符串，其格式为：

```
<[modifier-]…type[-detail]>
```

其中，modifier 为事件前缀，type 为事件类型，detail 为事件细节。

（1）事件前缀 modifier

表 6.17 为主要事件前缀。

表 6.17　tkinter 主要事件前缀

事件前缀	说明
Alt	当Alt键按下时，触发事件
Any	当任何按键按下时触发事件，如<Any-KeyPress>表示有键按下时触发事件
Control	当Ctrl键按下时触发事件
Double	两个事件被连续触发，例如<Double-Button-1>表示双击鼠标左键时触发事件
Lock	当Caps Lock（大写锁定）键按下时触发事件
Shift	当Shift键按下时，触发事件
Triple	类似于Double，三个事件被连续触发

（2）事件类型 type

下面是三类主要的 GUI 事件。

① 鼠标事件类型，见表 6.18。

表 6.18　鼠标事件类型

事件类型	说明
\<Button-1\> | \<ButtonPress-1\>	按下鼠标键（1-左，2-中，3-右）
\<Double-Button-1\>	双击鼠标键（1-左，2-中，3-右）
\<Triple-Button-1\>	三击鼠标键（1-左，2-中，3-右）
\<B1-Motion\>	释放鼠标键（1-左，2-中，3-右）
\<ButtonRelease-1\>	按住键（1-左，2-中，3-右）移动鼠标
\<Enter\>	鼠标进入组件区域
\<Leave\>	鼠标离开组件区域
\<MouseWheel\>	滚动鼠标滚轮

② 键盘事件类型，见表 6.19。

表 6.19　键盘事件类型

事件类型	说明
\<Key\> | \<KeyPress\>	按下任何键
\<KeyPress-A\>	其他键雷同
\<Shift+A\>	按下组合键Shift+A：可将Alt、Shift、Control和其他键组合
\<Control-KeyPress-r\>	按下Ctrl+r

③ 窗体事件类型，见表 6.20。

表 6.20　窗体事件类型

事件类型	说明
Activate	当组件状态由不可用（未激活）变为可用（激活）时触发
Deactivate	当组件状态由可用（激活）变为不可用（未激活）时触发
Configure	组件大小发生变化时触发
Destroy	组件销毁时触发
FocusIn	组件获取焦点时触发（针对于Entry和Text有效）
Map	组件由隐藏变为显示时触发
Unmap	组件由显示变为隐藏时触发
Property	窗口属性发生变化时触发

（3）事件细节 detail

事件细节（event detail）是关于事件的额外信息，例如鼠标的位置、按下的键码等。

4）事件类和事件实例对象

Python 一切皆对象，事件也是对象，其模型就是事件类 Event。通常用 event 代表一个事件实例。表 6.21 为 Event 的实例属性列表。当需要将事件实例作为参数传递时，就会包含这些属性。

表 6.21　Event 类的实例属性

属性名	说明
widget	发生事件的组件名
x,y	相对于窗口的左上角，当前鼠标的坐标位置
x_root,y_root	相对于屏幕的左上角，当前鼠标的坐标位置
char	用来显示与所按键相对应的字符
keysym	按键名，如Control_L和Control_R表示左边和右边的Ctrl按键
keycode	按键码，一个按键的数字编号，比如Delete按键码是107
num	编号1/2/3，对应于鼠标的左、中、右3个键
width,height	组件修改后的尺寸，对应 <Configure>事件
type	事件类型

5）事件绑定

在程序运行中，一旦有事件发生就需要进行有针对性的事件处理（event handler）。而为了让界面程序进行自动处理，就需要将事件与担负处理者（handler）绑定起来，即将事件对象（event）传递给相应的 handler（函数）。

根据不同的要求，可以采用表 6.22 所列 3 种绑定方式中的一种。

表 6.22　tkinter 的 3 种事件绑定

事件绑定类型	语法格式	特点
实例绑定	widget.bind("<event>", eventhandler,add='')	只对一个实例
类绑定	widget.bind_class("Widget", "<event>", eventhandler,add='')	同类实例共享
应用绑定	widget.bind_all("<event>", eventhandler,add='')	窗口组件共享

说明：

① bind()、bind_class() 和 bind_all() 分别为组件实例绑定、类绑定和应用绑定所使用的绑定方法。

② add：可选参数，默认为''，表示本次绑定的函数将替换与此事件关联的其他所有绑定函数；'+'表示将函数添加到绑定到此事件类型的函数队列。

6）事件循环

在 Tk 类中，有一个 mainloop() 方法，从 GUI 的初始界面构建后，它就肩负起了下列工作：

① 监听事件：主事件循环会等待用户的输入或窗口管理器发送的事件（如点击、键盘按键、鼠标移动、窗口关闭请求等）。

② 处理事件：一旦有事件发生，主事件循环就会调用与该事件相关联的事件处理程序（回调函数），以响应事件。

③ 更新窗口：在事件处理程序执行后，主事件循环会更新窗口的显示，以反映应用程序的状态变化。

④ 继续循环：完成当前事件处理后，事件循环不会结束，而是继续回到第一步，等待下一个事件的到来，如此循环往复，直到主窗口被显式地关闭或因特定条件退出循环。

这个过程就称为事件循环（event loop）。由于这个循环是由主窗口控制的，所以也称为主事件循环。这个方法是 Tk 类的一个方法，是由 Tk 的实例对象调用的，因而也被称为 Tk 事件循环。

6.4.3 tkinter GUI 程序的基本结构

根据前文的讨论可知，构建一个 GUI 需要完成下列 5 项工作。
（1）导入 tkinter 模块
参考语句如下：

```
import tkinter                      # 简单地导入
import tkinter as tk                # 导入并起别名
from tkinter import Tk, Button      # 只导入需要的类或函数
```

（2）创建主窗口对象
① 用 Tk 类创建一个主窗口——父组件。参考语句如下：

```
root = Tk()                         # 创建主窗口
```

如果是个简单的系统，可以在创建主窗口的同时，将事件处理程序（设为 handler）绑定。例如：

```
root = Tk(command = handler)
```

在实际应用中，也常将主窗口命名为 tk、master、window 等。
② 设置主窗口的标题和大小。

```
root.title(" 标题 ")                # 设置主窗口标题
root['width'] = 350                 # 设置主窗口的宽度
root['height'] = 100                # 设置主窗口的高度
```

也可以调用 geometry() 方法设置主窗口的大小和位置，语句格式如下：

```
root. geometry('w×h±x±y')
```

其中，w 为宽度设置值；h 为高度设置值；x 为主窗口左右边分别距屏幕左右边的距离，+ 为左，- 为右；y 为主窗口上下边分别距屏幕上下边的距离，+ 为上，- 为下。

（3）创建需要的组件实例对象并将它们置入窗口
这一部分与具体的组件有关，将在后续实例中分别介绍。

（4）事件处理
事件处理的关键是设计需要的事件处理函数，再将其与事件绑定到相关的组件。为了设计事件处理函数，需要分析一下所涉及 GUI 中需要处理的事件。这一部分的内容，也将在后续实例中结合实际情况介绍。

（5）事件循环
事件循环也很关键，但只用一个调用语句即可完成，并且几乎所有的 GUI 都是以由主窗口调用其实例方法 mainloop() 的形式出现，即：

```
root. mainloop()
```

6.4.4 tkinter 应用示例

1）按钮
按钮（Button）是最常用的图形组件之一，通过 Button 可以方便而快捷地与用户交互。按钮通常用在工具条中或应用程序窗口中，表示要立即执行一条操作，例如输入一个字符、输入一个符号，对于某种情况的确认或忽略，打开某一个工具或菜单，调用某一个函数或方法等。

按钮组件虽然看起来简单，但样式变化多端。例如，按钮可以有大小、颜色上的不同；可以包含文本，也可以包含图像；包含的文本可以跨越一个以上的行，还可以有下划线，例如标记的键盘快捷键；默认情况下，使用 Tab 键可以移动到一个按钮部件等。如此种种，作为 tkinter 的标准部件，都可以通过变换系统提供的属性进行设计与制作。

（1）Button 对象的创建

Button 小组件（widget）的创建语法为：

button = tkinter.Button(master = None, option, ...)

表 6.23 给出了 Button 的主要选项（属性）。需要注意，其有相当多属性与 Label 相同。

表6.23 Button 的主要选项

选项	说明	取值
activebackground	按钮按下时的背景颜色	默认系统指定的颜色
activeforeground	按钮按下时的前景颜色	默认系统指定的颜色
text	显示文本,仅bitmaps或image未指定时有效	文本可以是多行
bitmap	指定位图,仅未指定image时有效	
image	指定显示图像，并忽略text和bitmap选项	
font	按钮所使用的字体	按钮只能包含一种字体的文本
justify	多行文本的对齐方式	LEFT、CENTER或RIGHT
wraplength	确定一个按钮的文本何时调整为多行	以屏幕的单位为单位。默认不调整
underline	在文本中哪个字符加下划线	默认值是-1,意思是没有字符加下划线
textvariable	这个变量的值改变，则按钮上的文本相应更新	与按钮相关的Tk变量（通常是一个字符串变量）
height	组件的高度（所占行数）	若显示图像,以图像为单位（或屏幕的单位）。如果尺寸没指定,它将根据按钮的内容来计算
width	组件的宽度（所占字符个数）	
padx,pady	指定文本或图像与按钮边框的间距	空格数，默认为1
command	指定调用方法、函数或对象	
cursor	指定当鼠标移动到窗口部件上时的鼠标光标	默认值为父窗口鼠标指针
default	设置为默认按钮	这个语法在Tk 8.0b2中已改变
disabledforeground	当按钮无效时的颜色	按钮上的文字颜色
highlightcolor	指定窗口部件获得焦点时的边框颜色	默认值由系统确定
highlightbackground	指定窗口部件未获得焦点时的边框颜色	显示按钮边框的高亮颜色
highlightthickness	控制焦点所在的高亮边框的宽度	默认值通常是1或2个像素
state	按钮的状态	NORMAL（默认）、ACTIVE或DISABLED
relief	边框的装饰	通常按钮按下时是凹陷的,否则凸起。另外的可能取值有GROOVE、RIDGE和FLAT
takefocus	若按钮有按键绑定,则可通过所绑定的按键来获得焦点,如可用Tab键将焦点移到按钮上	按键名,默认值是一个空字符串

（2）Button 的常用方法

① Button 窗口部件支持标准的 tkinter 窗口部件接口。此外还包括下面的方法：

flash()：频繁重画按钮，使其在活动和普通样式下切换。

invoke()：调用与按钮相关联的命令。

如果想改变背景，一个解决方案是使用 Checkbutton 方法，如

```
b = Checkbutton(master,image=bold, variable=var, indicatoron=0)
```

② 下面的方法与实现按钮定制事件绑定有关：

tkButtonDown()；

tkButtonEnter()；

tkButtonInvoke()；

tkButtonLeave()；

tkButtonUp()。

这些方法需要接收 0 个或多个形参。

（3）Button 应用示例

代码 6.14 按钮制作示例。

```python
>>> from tkinter import *
>>> buttonName = ['红','黄','蓝','白','黑']        # 定义按键名列表
>>> colorName = ['red','yellow','blue','white','black']  # 定义颜色名列表
>>>
>>> def button(root,side,text,bg,fg):              # 定义创建按钮及布局函数
...     bttn = Button(root,text = text ,bg = bg,fg = fg)
...     bttn.pack(side = side)
...     return bttn
...
>>> class App:
...     def __init__(self, master):
...         frame = Frame(master)
...         frame.pack()
...
...         for i in range(5):                      # 重复生成相似按钮
...             self.b = button(frame,LEFT,buttonName[i],colorName[i],colorName[(i + 3) % 5])
...
>>> root = Tk()
>>> root.title('按钮制作示例')
>>>
>>> app = App(root)
>>> root.mainloop()
```

执行结果如图 6.20 所示。

图 6.20　代码 6.14 执行结果

说明： 在此例中，说明了按钮中选项的设置方法。其中，创建了 5 个按钮，它们的属性选项各不相同。本来可以一个一个地进行创建。但使用循环结构来创建一种组件的多个不同实例，代码简单，效率更高。这才是本例的真实意图。

2）菜单

（1）语法与选项

菜单 (Menu) 是最常用的 GUI 小组件。在 Tk 中创建 Menu 小组件的语法如下。

```
menu = Menu ( master, option, ... )
```

参数说明：master 代表父窗口，option 代表选项。表 6.24 为 Menu 组件中需要说明的选项。此外，有一部分共享属性。这些选项可以作为键 - 值对以逗号分隔。

表 6.24 Menu 组件需要说明的选项

选项	说明
activebackground,activeforeground, activeborderwidth	当鼠标按下时的背景色、前景色和边界宽度（默认1像素）
bg、fg、bd	项目不在鼠标按下时的背景颜色、前景颜色与所有项的边界宽度（默认值为1）
cursor	当鼠标经过选择时,光标会出现,但只有在菜单悬浮时才会出现
disabledforeground	DISABLED（禁用）状态的项的文本颜色
font	文本选择的默认字体
postcommand	此选项可以设置为一个过程,每当打开这个菜单时,这个过程就会被调用
relief	菜单默认的3d效果是RAISED（凸起）
image	此menubutton显示一个图像
selectcolor	指定用checkbuttons和radiobuttons选择时的显示颜色
tearoff	设置悬浮菜单,在选择列表中位于第一个位置(位置0),其余选项从位置1开始。tearoff = 0,则不会有悬浮功能,其他选项将从位置0开始添加
title	菜单标题

（2）常用方法

表 6.25 为 Menu 组件需要说明的方法。

表 6.25 Menu 组件需要说明的方法

方法	说明
add_command (options)	在菜单中添加一个菜单项
add_radiobutton(options)	创建一个单选按钮菜单项
add_checkbutton(options)	创建一个复选按钮菜单项
add_cascade(options)	通过将给定的菜单与父菜单关联,创建一个新的分层菜单
add_separator()	在菜单中添加分隔线
add(type, options)	在菜单中添加一种特定类型的菜单项
delete(startindex [, endindex])	删除从startindex索引到endindex索引的菜单项
entryconfig(index, options)	允许修改由索引标识的菜单项,并更改它的选项
index(item)	返回给定菜单项标签的索引号
insert_separator (index)	在索引指定的位置插入新的分隔符
invoke (index)	执行与该组件位置索引选择相关的操作
type (index)	返回索引指定的项目类型："cascade"（级联）,"checkbutton"（单选）, "command"（命令）,"radiobutton"（多选）,"separator"（分离）, 以及"tearoff"（悬浮）

（3）应用示例

代码 6.15 菜单制作程序示例。

```python
>>> import tkinter as tk
>>>
>>> def main():
...     root = Tk()
...     menubar = Menu(root)
...
...     filemenu = Menu(menubar, tearoff=0, bg = 'yellow', fg = 'brown')
...     filemenu.add_command(label="新建", command="donothing")
...     filemenu.add_command(label="打开", command="donothing")
...     filemenu.add_command(label="保存", command="donothing")
...     filemenu.add_command(label="保存为…", command="donothing")
...     filemenu.add_command(label="关闭", command="donothing")
...     filemenu.add_separator()
...     filemenu.add_command(label="退出", command=root.quit)
...     menubar.add_cascade(label="文件", menu=filemenu)
...     editmenu = Menu(menubar, tearoff=0)
...     editmenu.add_command(label="撤销", command="donothing")
...     editmenu.add_separator()
...     editmenu.add_command(label="剪切", command="donothing")
...     editmenu.add_command(label="复制", command="donothing")
...     editmenu.add_command(label="粘贴", command="donothing")
...     editmenu.add_command(label="删除", command="donothing")
...     editmenu.add_command(label="全部删除", command="donothing")
...     menubar.add_cascade(label="编辑", menu=editmenu)
...     helpmenu = Menu(menubar, tearoff=0)
...     helpmenu.add_command(label="索引", command="donothing")
...     helpmenu.add_command(label="关于…", command="donothing")
...     menubar.add_cascade(label="帮助", menu=helpmenu)
...
...     root.config(menu=menubar)
...     root.mainloop()
...
>>> if __name__=='__main__':
...     main()
```

上述代码的执行结果如图 6.21 所示。

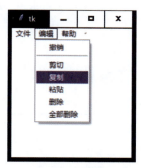

图 6.21　菜单示例

3）标签

（1）Label 对象的创建

标签（Label）是一种仅用于在指定的窗口中显示信息的组件，可以显示文本信息，也可以显示图像信息。创建 Label 小组件的基本语法如下。

```
label = tkinter.Label(master = None, option, ...)
```

说明：

① 参数 master 用于指定设置此标签的父窗口。

② 最终呈现出的 Label 是由背景和前景叠加显示而成。有关尺寸间的关系如图 6.22 所示。

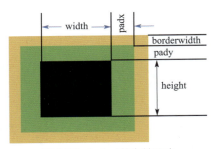

图 6.22 Label 的有关尺寸

（2）背景定义选项

表 6.26 为 tkinter.Label 主要背景选项。它们由三部分构成：内容区 + 填充区 + 边框。

表 6.26　tkinter.Label 主要背景选项

选项	说明	前提	值类型	单位	缺省值
background（bg）	背景颜色		color		视系统而定
width,length	内容区域大小	内容为文本	int	字符	据内容自动调整
		内容为图像		像素	
padx , pady	填充区宽度		int	像素	
relief	边框样式		见表后		flat
borderwidth	边框宽度		int	像素	视系统而定(1或2)
highlightbackground	接收焦点时高亮背景	允许接收焦点,即 takefocus=True	color		
highlightcolor	接收焦点时高亮边框颜色		color		
highlightthickness	接收焦点时高亮边框厚度		int	像素	

说明： relief（样式）的可选值为：flat(默认),sunken,raised,groove,ridge。颜色的取值，可以按 RGB 格式或英语名称。

（3）前景定义选项

表 6.27 为 tkinter.Label 主要前景选项，按内容分为文本和图像两大部分。

表 6.27　tkinter.Label 主要前景选项

选项	说明	取值说明
foreground(fg)	前景色	color
anchor	文本或图像在内容区的位置	n,s,w,e,ne,nw,sw,se,center
compound	控制要显示的文本和图像	见表后说明
text	静态文本	str
cursor	指定当鼠标移动到窗口部件上时的鼠标光标	默认值为父窗口鼠标指针
textvariable	可变文本（动态）	str_obj
font	字体大小（内容为文本时）	像素
underline	加下划线的字符（内容为文本时）	
justify	指定多行对齐方式（内容为文本时）	left/ center/right
wraplength	忽略换行符,给出每行字数	默认值为0
bitmap	指定二进制位图	bitmap_image
image	位图	normal_image(仅支持GIF、PNG、PPM/PGM 格式)

说明：

① compound 的取值：None 默认值，表示只显示图像，不显示文本；bottom/top/left/right，表示图像显示在文本的下／上／左／右；center，表示文本显示在图像中心上方。

② 所用到的图像对象 bitmap_image 和 normal_image 都是需要经过 tkinter 转换后的图像格式。如：

bitmap_image = tkinter.BitmapImage(file = " 位图路径 ")

normal_image = tkinter.PhotoImage(file = "gif、ppm/pgm 图像路径 ")

（4）应用示例

代码 6.16 标签制作示例。

```python
if __name__ == "__main__":
    import tkinter as tk
    master = tk.Tk();master.title('标签制作示例')
    str_obj = tk.StringVar()
    
    normal_image = tk.PhotoImage(file = r'G:\myImg\gif\徐悲鸿的马.png')
    w = tk.Label(master,
                 # 背景选项
                 padx=10,
                 pady=20,
                 background="brown",
                 relief="ridge",
                 borderwidth=10,
                 #文本
                 text = "徐悲鸿画的马",
                 justify = "center",
                 foreground = "white",
                 underline = 4,
                 anchor = "ne",
                 #图像
                 image = normal_image,
                 compound = "top",
                 #接收焦点
                 takefocus = True,
                 highlightbackground = "yellow",
                 highlightcolor = "white",
                 highlightthickness = 5
                 )
    w.pack()
    master.mainloop()
```

代码 6.16 运行结果如图 6.23 所示。

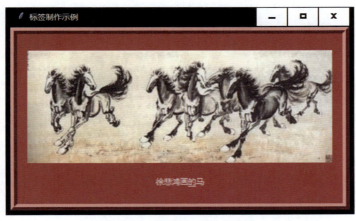

图 6.23　代码 6.16 的执行结果

（5）Label 的其他参数

① activebackground/activeforeground：分别用于设置 Label 处于活动（active）状态下的背景和前景颜色，默认由系统指定。

② disabledforeground：指定在 Label 不可用的状态（disabled）下的前景颜色，默认由系统指定。

③ cursor：指定鼠标经过 Label 的时候，鼠标的样式，默认由系统指定。

④ state：指定 Label 的状态，用于控制 Label 如何显示。可选值有：normal(默认)/active/disable。

代码 6.17 一个简易图片浏览器实现示例。

```
>>> import tkinter as tk, os
>>>
>>> class App(tk.Frame):
...     def __init__(self, master = None):
...         self.files = os.listdir(r'G:\myImg\gif\三春晖')
...         self.index = 0
...         self.img = tk.PhotoImage(file = r'G:\myImg\gif\三春晖' + \
...                 '\\' + self.files[self.index])
...         tk.Frame.__init__(self, master)
...         self.pack()
...         self.createWidgets()
...
...     def createWidgets(self):
...         self.lblImage = tk.Label(self, width = 400, height = 600)
...         self.lblImage['image'] = self.img
...         self.lblImage.pack()
...         self.frm = tk.Frame()
...         self.frm.pack()
...         self.bttnPrev = tk.Button(self.frm, text = '上一张', command = self.prev)
...         self.bttnPrev.pack(side = tk.LEFT)
...         self.bttnNext = tk.Button(self.frm, text = '下一张', command = self.next)
...         self.bttnNext.pack(side = tk.LEFT)
...
...     def prev(self):
...         self.showfile(-1)
...
...     def next(self):
...         self.showfile(2)
...
...     def showfile(self, n):
...         self.index += n
...         if self.index < 0:
...             self.index = len(self.files)
...         elif self.index > len(self.files) - 1:
...             self.index = 0
...         self.img = tk.PhotoImage(file = r'G:\myImg\gif\三春晖' + \
...                 '\\' + self.files[self.index])
...         self.lblImage['image'] = self.img
...
>>> if __name__ == '__main__':
...     root = tk.Tk();root.title('三春晖图片浏览器')
...     app = App(master = root)
...     app.mainloop()
```

代码运行结果如图 6.24 所示。

4）选择框

在许多情况下，让用户从所列多种可能性中选择，相比简短回答，不仅可以免去对问题范围的琢磨，也使用户操作省时省力。一般说来，选择有单选与多选两种。tkinter 分别用 radiobutton（单选框）、checkbutton（复选框）和 listbox(列表框) 实现。下面介绍前两种的制作。

(a) 第1张图　　　　　　　　(b) 第2张图

图 6.24　三春晖图片浏览器运行效果示例

radiobutton 是 Python tkinter 中的一种实现多选 1 的标准组件。它实际上具有按钮和列表两重性质，它所有的单选按钮都必须关联到同一个函数、方法或对象，所列内容可以包含文字或者图像。

（1）语法与选项

radiobutton 小组件的创建语法如下：

rdBttn = Radiobutton (master, option, ...)

参数说明：master 代表父窗口，option 代表选项。其中，表 6.28 为 radiobutton 组件中需要说明的选项。还有许多选项是共享属性，无须再赘述。这些选项可以作为键 - 值对以逗号分隔。

表 6.28　radiobutton 组件需要说明的选项

选项	说明
image	要显示图片时使用，图片必须是gif格式
justify	文本对齐方式: CENTER (默认)、LEFT或RIGHT
relief	边框的外观。默认：FLAT
selectcolor	设置radiobutton颜色。默认为红色
state	设置组件响应状态：默认为state = NORMAL；禁用为state=DISABLED；光标在radiobutton上,state是ACTIVE（活动）的
text	在radiobutton旁边显示标签。使用newlines(" \n ")来显示多行文本
textvariable	要将标签中显示的文本从一个字符串中显示到StringVar控制变量中,应将该选项设置为该变量
underline	在文本的第n个字母下面设置显示下划线(_)。默认：n从0开始。n= -1,表示没有下划线
value	为区别多个单选框而为控制变量设置的不同值，以供控制变量分辨。这些值可以是一些字符串，也可以是一些整数
variable	该radiobutton组中的共享控制变量引用的值：可以是整数或字符串
wraplength	通过设置这个选项来限制每一行字符的数量。默认值为0,表示只在换行时断开行

（2）常用方法

表 6.29 为需要说明的 radiobutton 方法。

表 6.29　需要说明的 radiobutton 方法

方法	说明
deselect()	清除(关闭) radiobutton按钮
flash()	在组件的活跃和正常的颜色之间闪烁几次,以这样的方式启动
invoke()	执行与组件相关的操作,如用户点击到radiobutton旁边改变其状态
select()	设置(打开)radiobutton

（3）应用示例

代码 6.18　制作图 6.25 所示单选框的程序示例。

图 6.25　一种单选框样式

```
>>> if __name__ == '__main__':
...     from tkinter import *
...
...     master = Tk()
...     master.title('请选择您最喜欢的颜色')
...     COLOR = [
...         ("Red", 1),
...         ("Yellow", 2),
...         ("Green", 3),
...         ("Blue", 4),
...         ("Purple", 5),
...     ]
...
...     v = StringVar()
...     v.set("L") # initialize
...
...     for color, clr in COLOR:
...         # 创建可选按钮
...         rb = Radiobutton(master, width = 30, bg = color, text = color,
...                          variable = v, indicatoron = 0, value = color,
...                          anchor = CENTER), rb.pack(anchor = CENTER)
...
...         rb = Radiobutton(master, text = color,
...         fg = color, font = '粗体',
...         variable = v,
...         value = clr)
...
...         rb.pack(anchor= W, side = LEFT)
...
...     mainloop()
```

说明：radiobutton 小组件实际上是一种特殊的按钮。一个单选框由这样的多个按钮组成。因此，这些按钮可以一个一个地创建，也可以用一个循环结构创建。

5）文本框与消息框

（1）文本框

文本框（Entry）是用于输入文本数据的组件，Message 是用于显示（输出）数据的组件。它们有许多相同的属性选项，如背景色、前景色、大小、字体、对齐方式等。

Entry 小组件（widget）的创建基本语法如下。

entry = Entry(master, option, ...)

其参数分为两部分：master 代表了窗口，option 是选项。表 6.30 为 Entry 的常用选项。

这些选项可以作为键-值对以逗号分隔。

表 6.30　Entry 需要说明的常用选项

参数	描述
cursor	指定当鼠标移动到窗口部件上时使用的鼠标光标。默认值为父窗口鼠标指针
font	文字字体。值是一个元组,font = ('字体','字号','粗细')
highlightbackground	文本框未获取焦点时,高亮边框颜色
highlightcolor	文本框获取焦点时,高亮边框颜色
highlightthickness	文本框高亮边框宽度
insertbackground	文本框光标的颜色
insertborderwidth	文本框光标的宽度
insertofftime	文本框光标闪烁时,消失持续时间,单位：ms
insertontime	文本框光标闪烁时,显示持续时间,单位：ms
insertwidth	文本框光标宽度
justify	多行文本的对齐方式: CENTER、LEFT或RIGHT
relief	文本框风格,如凹陷、凸起,值有：flat/sunken/raised/groove/ridge
selectbackground	选中文字的背景颜色
selectborderwidth	选中文字的背景边框宽度
selectforeground	选中文字的颜色
show	指定文本框内容显示为字符,值随意,满足字符即可。如密码可以将值设为*
state	设置组件状态：normal（默认）,可设置为：disabled（禁用）、readonly（只读）
takefocus	是否能用TAB键来获取焦点,默认是可以获得
textvariable	文本框的值,是一个StringVar()对象
xscrollcommand	回调函数,链接进入一个滚动部件

表 6.31 为 Entry 的常用方法。

表 6.31　Entry 的常用方法

方法	描述
delete(from, to=None)	删除文本中指定范围的字符,删除范围从第from到to-1；只提供from参数,仅删除一个字符；delete(0,END)为删除整个字符串
get()	获取当前输入框中的文本
icursor (index)	将光标移动到index指定位置,只有当文本框获取焦点后才成立
index (index)	返回指定的索引值
insert(index, text)	向文本框中插入值,index表示插入位置,text表示插入值
select_adjust (index)	选中指定索引和光标所在位置之前的值
select_clear()	清空文本框
select_from (index)	返回选定索引位置的字符
select_present()	存在选择,返回True, 否则返回False
select_range (start, end)	选中指定索引之前的值,start必须比end小
select_to (index)	选中指定索引与光标之间的值（和selection_adjust差不多）

（2）消息框

消息框（Message）用于显示不可编辑的文本，可自动换行，并维持一个给定的宽度或长宽比。其创建小组件的语法如下。

```
mssg = Message ( master, option, ... )
```

表 6.32 为 Message 比较有特点的一些选项。还有许多与 Label、Button、Entry 相同，就不再列出。

表 6.32　Message 需要说明的一些选项

选项	说明
anchor	指示文字会被放在组件的什么位置，可选项有N、NE、E、SE、S、SW、W、NW、CENTER，默认为CENTER
aspect	组件的宽高比，即width/height，以百分比形式表示，默认为150，即Message组件宽度比其高度大50%，注意：如果显式地指定了组件宽度，则该属性将被忽略
textvariable	关联一个tkinter variable对象，通常为StringVar对象，组件文本将在该对象改变时跟着改变

（3）文本框与消息框的应用实例

代码 6.19　简易四则计算器制作示例。

```python
from tkinter import *
def calc():
    print(v1.get(), v2.get())
    print(v4.get())
    if v4.get() == "+":
        result = int(v1.get()) + int(v2.get())
    elif v4.get() == "-":
        result = int(v1.get()) - int(v2.get())
    elif v4.get()=="×":
        result = int(v1.get()) * int(v2.get())
    else:
        result = int(v1.get()) / int(v2.get())
    v3.set(result)

def button(root, width, text, bg, fg, row, column, padx, pady, command = None):
    bttn = Button(root, width = width, text = text, \
                  bg = bg, fg = fg, command = command)
    bttn.grid(row = row, column = column, padx = padx, pady = pady)
    return bttn

def entry(root, width, textvariable, validate, row, column, padx, pady, \
          validatecommand):
    entr = Entry(root, width = width, textvariable = textvariable, validate = \
                 validate, validatecommand = validatecommand)
    entr.grid(row = row, column = column, padx = padx, pady = pady)
    return entr

def label(root, row, column, padx, pady, textvariable, text):
    lbl = Label(root, textvariable = textvariable, text = text)
    lbl.grid(row = row, column = column, padx = padx, pady = pady)
    return lbl

def clear():
    v1.set("")
    v2.set("")
    v3.set("")

def test(content):
    return content.isdigit()

if __name__ == '__main__':
    count=Tk();count.title("简易四则计算器")
    frm = Frame(count); frm.pack(padx = 10, pady = 10)
    v1 = StringVar(); v2 = StringVar(); v3 = StringVar()
    testEnt = count.register(test)

    entr1 = entry(frm, 10, v1, "key", 0, 0, 5, 5, (testEnt,"%P"))
    v4 = StringVar(); v4.set("+")
    lbl1 = label(frm, 0, 1, 5, 5, v4, None)
    entr2 = entry(frm, 10, v2, "key", 0, 2, 5, 5, (testEnt,"%P"))
    lbl2 = label(frm, 0, 3, 5, 5, None, "=")
    mssg = Message(frm, textvariable = v3, bg = \
                   'light blue', aspect = 800)   #用消息框显示计算结果
    mssg.grid(row = 0, column = 4, padx = 5, pady = 5)
    display = StringVar()
    i = 0
    for op in ['+', '-', '×', '÷', '=', '清空']:
        i += 1
        if op == '=':
            btn = button(frm, 8, '=', 'light yellow', 'black', 1, 6, 5, 5, calc)
        elif op == '清空':
            bttn=button(frm, 8, '清空', 'light yellow','brown', 1, 0, 5, 5, clear)
        else:
            btn = button(frm, 5, op, 'light gray', 'black', 1, i, 5, 5, \
                         lambda c =op: v4.set(c))
    count.mainloop()
```

上述代码的执行结果如图 6.26 所示。

图 6.26　简易四则计算器运行情况

说明： 这个例子的重点也在于介绍用 for 结构创建多个同类型组件的方法。此外，要注意，用于消息框输出计算结果时，其背景会随输出字符串的长短而变化。

一、选择题

1. 关于事件处理的描述，错误的是_____。
   A．用户对组件的一个操作，称之为一个事件
   B．发生事件的组件就是事件源
   C．事件处理器是 tkinter 中的某个类的方法
   D．事件处理器是 tkinter 中的某个组件类

2. 下面关于 GUI 的说法中，错误的是_____。
   A．执行效率非常高
   B．GUI 界面制作需要全部通过编写脚本代码实现
   C．可以制作游戏的 UI 界面
   D．提供从布局、控件到外观的一整套 GUI 解决方案

3. 下列关于创建一个 GUI 应用程序的说法中，错误的是_____。
   A．需要导入 tkinter 模块
   B．必须创建一个顶层窗口对象
   C．程序最后必须调用 mainloop() 进入主事件循环
   D．可以不创建顶层窗口对象

4. 下列有关 tkinter GUI 的描述中，错误的是_____。
   A．事件源是产生事件的对象
   B．事件处理器是实现了指定事件处理接口的类对象
   C．一个事件源只能添加一个事件处理器
   D．不同的事件源会产生不同类型的事件

5. 下列关于事件的说法中，正确的是_____。
   A．事件也是一类对象，由相应的事件类创建
   B．事件也是一类方法，由相应的事件类调用
   C．事件也是一种类，由相应的组件方法创建

D．事件也是一类对象，由相应的组件方法创建

6．下列关于事件类绑定的说法中，正确的是_____。

A．类绑定就是将事件与一特定的组件实例绑定

B．如果某一类组件已经创建了多个实例，并且不管哪个实例上触发了某一事件，都希望程序作出相应处理，就可以将事件绑定到这个类上。这称为类绑定

C．如果希望无论在哪一组件实例上触发了某一事件，都希望程序作出相应的处理，则可以将该事件绑定到程序界面上。这称为类绑定

D．以上说法都有道理

7．每种 tkinter 组件是_____。

A．一个类
B．一个实例
C．一个方法
D．一个数据

8．Python 语言 tkinter 模块中有三种组件布局方法，分别是 pack、grid、place 方法，下列叙述正确的是_____。

A．三种布局方法可以混合使用

B．grid、pack 两种布局方法可以混合使用

C．grid、place 两种布局方法可以混合使用

D．三种布局方法都不能混合使用

二、程序设计题

1．设计一个用户登录界面，要求如下：

（1）用户账号限定 6～20 位字符。用户输入字符数不对，应立即给予提示，允许用户重新输入。

（2）用户密码限定 6 位字符。用户输入字符数不对，应立即给予提示，允许用户重新输入。

（3）按登录键后，若账户名或密码错误，应提示用户重新输入。输入超过 3 次，就不允许再登录操作。

2．设计一个用户登录界面，要求如上题并且要求账户与密码标签采用图形，而不是文字。

3．设计一个用户登录界面，如：

（1）简单的可连续计算计算器。

（2）电子商务客户服务窗口。

（3）按照你自己的想法设计一个用户登录界面。

4．设计一个可以浏览大文本的文本框，并设置垂直和水平两个滚动条。

5．设计一个创建悬浮菜单的 Python 代码。

参考文献

[1] Angelico C, Peters T, Guido V R. PEP 572—Assignment expressions[EB/OL]. [2024-03-15].
[2] 张基温. Python 经典教程[M]. 北京：机械工业出版社，2021.
[3] 张基温. 新概念 Python 教程[M]. 北京：清华大学出版社，2023.
[4] 张基温. 不变性原则与 Python 的亮点[J]. 计算机教育，2024,4：12-16.